U0251059

INTERNET +
REVOLUTION
SOCIAL RECONSTRUCTION, BUSINESS
REFORMATION AND PERSONAL REMODELING

互联网+
时代大变革
社会重构、企业再造与个人重塑

刘 涛◎著

人民邮电出版社
北京

图书在版编目（CIP）数据

互联网+时代大变革：社会重构、企业再造与个人重塑 / 刘涛著. -- 北京：人民邮电出版社，2015.10（2016.6重印）
ISBN 978-7-115-40510-4

Ⅰ. ①互… Ⅱ. ①刘… Ⅲ. ①互联网络－影响－研究
Ⅳ. ①TP393.4

中国版本图书馆CIP数据核字(2015)第225739号

◆ 著　　　　刘　涛
　　责任编辑　刘　洋
　　责任印制　彭志环
◆ 人民邮电出版社出版发行　北京市丰台区成寿寺路 11 号
　　邮编　100164　电子邮件　315@ptpress.com.cn
　　网址　http://www.ptpress.com.cn
　　大厂聚鑫印刷有限责任公司印刷
◆ 开本：700×1000　1/16
　　印张：24.5　　　　　　　　2015 年 10 月第 1 版
　　字数：371 千字　　　　　　2016 年 6 月河北第 3 次印刷

定价：69.00 元

读者服务热线：(010)81055488　印装质量热线：(010)81055316
反盗版热线：(010)81055315
广告经营许可证：京东工商广字第 8052 号

2015 年，"互联网 +"的种子播撒在我们这个商业社会的土壤中，并在各行各业生根发芽。本书通过全新的视角和独到的解构，指出互联网不仅是一次技术变革和速度革命，也改变了市场供需、组织管理和知识传播等众多社会关系范式，过去基于工业经济构建的一整套社会结构，正在出现一次历史转移。

本书分为三个部分。第一部分，讲述互联网是如何从一个虚拟的信息交流工具，慢慢地转化为社会结构变化的推动力，产生了诸如互联网思维、"互联网 +"这一系列富有冲击力的概念和思想。第二部分，详细描写了传统工业社会中产业、组织和信息三大金字塔结构怎样被互联网所逐步改造和颠覆，我们在社会中扮演的六个角色和三类关系范式会出现怎样的转型。第三部分，系统解释了我们看到的这种变化背后所带来的思想观念的转变结果，解析面向未来的互联网时代，企业组织和个人该如何更新自己的头脑操作系统，在复杂化的世界构建全新的竞争力。

书中涉及通信、电商、制造、旅游、传媒、咨询、教育等十多个行业与互联网的融合，也有对 Google、苹果、微软、阿里巴巴、腾讯、小米、海尔等著名企业的转型评价，当下热议的共享经济、工业 4.0、打车软件、网络公开课等新生事物也包括其中。读者可以根据自己的职业背景和个性兴趣，找到对应的章节阅读。当然，从头读起，更有利于全面了解本书的观点与思考过程。每一位对互联网感兴趣，正在考虑自我创业、企业转型以及职业定位的朋友，都可以从本书中获得良好的阅读体验。

互联网＋已成为一种世界潮流，浩浩荡荡，顺之者昌，逆之者衰。互联网是做加法的神器，它加在什么上，其游戏规则就变化了。互联网也是做减法的神器，它削减了各种成本费用，拆除了各种隔墙壁垒。刘涛的这本书用更为深刻的理念体系，去寻觅互联网的本质规律，以及撬动社会发展和商业运作各个层面的关键因素。

—— 中国信息通信研究院副总工
工业和信息化部电信经济专家委员会委员
王育民博士

信息过载的后果是认知过载。本书信息量极大，但难得的是作者耐心梳理、细致思考，将实例与思想有机编缀起来，展现给读者富有启迪的阅读框架。

—— 财讯传媒集团（SEEC）首席战略官
Ziff Davis 媒体集团（中国）战略发展研究主任
《互联网：碎片化生存》《新物种起源：互联网的思想基石》作者
段永朝

对于互联网＋的理解，已经有了很多的观点和思考。这本书最大的特点之一，是跳出对互联网＋本身的含义解释，从科学革命的范式转移这一新的视角，从构成商业社会基本范式产销、雇佣和传受三对关系入手，提炼出互联网对九大维度的影响与再造。将各类案例抽丝剥茧，分析丝丝入扣，内容全面，视角独特，值得每一个互联网时代的职业人阅读思考。

—— 中国人民大学商学院教授，博士生导师
王亚星

刘涛这本书是至今我看到的较为系统地展现互联网＋与商业社会方方面面的专业性研究成果。不仅对于普通的读者，即使对于专业研究者，本书亦是不可多得的参考书。

—— 中天创域专业咨询机构创始人
《咨询改变人生：职业化的工作方法》作者
刘敏女士

老子讲："人法地，地法天，天法道，道法自然。"这里的"自然"是自然而然的自然。互联网络和信息化浪潮已经遍及全球，完全融入到了社会生活的各个领域，正在颠覆性地改变人类的生活和生产方式，形成了人类独立于陆地、海洋、航空、航天之外的第五维空间。我个人的理解是，当互联网产生以后，互联网的发展有它特定之规律，这个规律就是：互联网正在理性地向"人"回归。刘涛同志的《互联网+时代大变革》一书理性地刻画了互联网时代商业社会的变革以及向"人"的回归。

——南京邮电大学信息产业发展战略研究院院长
互联网与法律研究领域知名专家
王春晖教授

今天所有的行业、企业都在寻找与互联网的结合点，谁不进行互联网化转型，谁就可能无法成长甚至生存。我们一直希望能够系统学习传统行业的互联网化转型之道，深入探究互联网给企业战略、商业变革、领导力等方面带来的变化与影响。本书出版恰逢其时。刘涛先生是我的好朋友，在过去四五年的时间里，一路共同成长。看完本书书稿后，我感受到刘涛将这些年扎实研究的经验做了系统地整合，并有非常多前瞻性的观点，一定值得您仔细阅读品鉴。

——中国电信学院领导力教研中心负责人
人力资源与领导力研究专家
郑园

本书不仅以丰富的材料描绘了互联网的发展所带来的巨大社会变革，而且讨论了面对这样的变革，个人与组织应该采取的对策。这是一本针对当今时代的手册，其中不仅罗列着相关的知识，更有洞察的智慧，让每一个不甘心落伍的人找到努力的方向，为每一家不愿被淘汰的企业提出启发性的思路。互联网以形象生动的形式诠释了"联络"的力量，为量子管理写下新的注脚，也与中国传统文化中一体不分的世界观相契合。本书正是以这种"联络"的力量，从广阔的视角为我们勾画出互联网所带来的宏大场景，给读者以跃跃欲试的冲动。

——北大国际（BiMBA）副教授，国际项目部主任
《量子飞跃：改变你工作和生活的 7 种量子技巧》《儒家思想与中国商务》作者
刘芹博士

Internet+ 网聚天下　重塑世界

——《互联网＋时代大变革》荐序

21 世纪，普通大众的生活从在线联网开始。

无论你喜欢还是厌恶，沉迷还是恐惧，一个伙伴如同阳光下的阴影，与你相生相随。这就是互联网，它将每一位民众的生活区分为线上与线下，又将其混合在一起，让你无法分辨真实社会与虚拟空间，让身体与灵魂在其间不断穿梭往返。

全世界已经进入网络空间尽情狂欢。在互联网空间中，无论地域、文化、经济还是社会的差异，统统被比特化的虚拟世界转化为 0 和 1，信息与数据的洪流爆炸式地生产、光速化传播、随时随地的分享，让人类的知识以前所未有的速度创造或毁灭。

截至 2014 年年末，全球还有超过一半的民众没有接入国际互联网。但在我们的国度，网民已经超过一半，手机网民的活跃度和黏性更是跃居世界前列。据 CNNIC（中国互联网络信息中心）第 36 次统计，2015 年 6 月底中国网民平均周在线时长接近 26 个小时。这意味着在网民清醒状态下的时间分配中，接近 1/4 的时间已经被虚拟空间占据。时间碎片化与互联网使用互为因果，成为社会学家们长期关注的问题。

全球互联网从小众变为大众、从稀罕变为流行，不过短暂的三十年时间。在中国这一时间还要缩短十年。不同时代的人们主动或变动地裹挟其中，享受精彩也体会无奈。透过纷繁芜杂、光怪陆离的互联网现象，摒弃人云亦云、云里雾里的术语冲击，人们想知道的不外乎几个基本问题：互联网是什么？为什么？怎么样？

在亿万网民眼中，第一个问题的答案就难以统一和标准化。技术人员看到了连接，管理人员看到了地址，营销人员看到了渠道，内容消费者看到了舞台。至于第二个问题的答案，当然更加莫衷一是。把计算机设备、人类乃至万物连接起来是想干什么，能否通过速度革命、信息数据共享来影响人类行为和组织变迁，进而改变社会形态？互联网的发明者很可能没有这样伟大的理想。这个伟大的虚拟空间居然就是从一粒平等、自由、共享的种子开始，生根发芽，开出芳芳艳丽的花朵。探寻第三个问题的答案，必须定义好自身的社会角色，要看看网民对互联网技术、产品与服务有多高的依赖、多频的使用。理论上讲，接触越多越喜欢，使用越少越看轻。

互联网的突飞猛进离不开大规模的产业化和商业化，在中国，人们常常这样描述互联网产业的运营状况：一群20世纪60～70年代的创业者带领70～80年代的工程师，成天琢磨如何为90～00后的互联网原住民（新生儿）提供个性化服务。这群筚路蓝缕的开创者十有八九由"先驱"变为"先烈"，成功是偶然而失败是必然。今天那些依然豪情壮志的新时代创业者需要面对更加残酷的现实，俨然成为成功标杆的BAT（百度、阿里巴巴、腾讯）已经将互联网企业成功的数量标准改写为"个十百千万"（数亿活跃用户、十亿级注册用户、百亿级业务营收、千亿级公司市值、万亿级平台生态圈）。标准提高了，但巨人也有倒下的时候。基于互联网空间的大众创业与万众创新，不是起跑越早越容易胜利。君不见，那些百亿、千亿级的制造公司、运营服务公司（多数恰好是国有企业），张开双臂去拥抱互联网时，不也是头破血流的结果吗？

五年前，我为地市党政机关干部解读信息化的发展态势，各位受众对ICT技术带来的精彩生活心驰神往，但末尾一位高层官员的发言暴露了其不求甚解的实质。他向下级提出要求，要考核计算机使用情况和服务流程的电子化，却恰恰忘记了互联网的基本精神：没有平等参与，就没有精彩互联。

本书来源于一线的观察和咨询服务实践，作者刘涛是我的一位才华横溢又勤奋钻研的同事。我仔细阅读了全书，感觉本书最大的特点是用形象的语言、细腻的笔法、生动的案例，将互联网与社会经济的各个领域融为一体，探讨了互联网＋产业、＋生活、＋营销、＋产品、＋社会、＋组织、＋管理等热点话题。在每一章中，作者都力图讲述不一样的互联网＋的故事。透过不同行业的特点，剖析互联网对近代以来的商业社会中人与人的基本关系结构的影响和重塑，对比分析工业经济和信息经济社会中，我们身处的基本商业范式、组织范式和信息范式的异同，从中分析与展望未来更加复杂化的社会网络中，企业与个人的全新竞争力的构建和生存模式的变迁。书中理论归纳独树一帜，金字塔结构、头脑操作系统、生态型组织、产品即服务、全民合作消费等观点与术语闪烁着智慧的光芒。阅读这样一本兼具专业性与通俗性的优秀作品，感觉就像欣赏一首壮阔的交响曲，既能享受瑰丽也能体味温柔。

网聚天下，重塑世界。请让本书引导你品味精彩的虚实融合，探索互联网＋带来的颠覆性变化。是为序。

——2015 年 9 月金秋于北京，陈金桥
中国信息通信研究院副总工程师
资深网络经济专家

Internet+ 自序

亲爱的读者，当你打开本书的时候，已经开启了一次有趣的旅行。本书的主题是互联网，但是远远不限于互联网的技术发展，书中描述的是一幅充满时代气息，而又体现历史延续的商业社会变革图景。我们每个人，无论你是否愿意，都已经卷入到了这次伟大的变革之中，能够亲身见证旧时代的结束和新世界的诞生。

我为什么要写这本书？

近些年来，随着传统企业遭遇到的生存危机，身边经常有朋友和客户在向我询问：什么是互联网革命，革了谁的命？革命后的图景是什么样的？我的企业该如何做好互联网的转型？作为一个人，又该怎样重新构建自身的竞争力？……针对这些问题，我在过去几年也不断地在学习和思考，并不断地写文章与业内专家们进行探讨。时至今日，我认为应该将这几年的一些思考所得，整理后做一次完整的讲述，供我的朋友、同仁和所有身处时代变革的人们去评判和交流。

通过本书，我想传递的一个观念就是，互联网并没有改变世界的本质，也没有改变我们对美好生活的向往。互联网仅仅是提供了一种更好的方式，去实现我们追求幸福自由生活的古老愿望，让我们有能力认识更为真实的世界，并与之和谐相处。但是，从另一个层面看，互联网海纳百川，能够容纳进去一切思想观点，一切行为方式，一切规则制度，一切情感智慧，而且彼此并不显得冲突和矛盾。互联网就是这样一个神奇的东西，让我们从对立与抗衡转向了共存与共荣。所以，最重要的是我们需要重构自己的世界观和认识论，更新为符合互联网特质的新思想操作系统。

我的互联网认知路

我最早接触互联网是在世纪之交的 2000 年前后，当时对互联网的认识还停留在用 QQ 与朋友聊天，用电子邮箱发送文件这个层面上。最直观的感觉就是通信速度的提升，让我可以和世界上任何一个人实现即时的沟通交互，就像蒸汽机和计算机发明一样，这是一次速度的革命。

后来，随着电子商务的迅速发展，我也成了一个资深的网购专业户。网购改变了我们持续千年的现场交易模式，是一次商业发展的大变革。从电子商务开始，互联网不再仅仅存活于技术发烧友和年轻网友们的虚拟空间中，而是逐渐向下沉，开始渗透和影响我们的实体经济，并将这种影响逐步向更广泛的行业扩散。

我们传统的商业结构正在发生深刻的改变，"渠道危机"之下，生产者与消费者的连接被极大地缩短，并且开始互为彼此，产销一体化。很多曾经被奉若经典的商业定律也不见得继续有效，产品不再是满足功能解决问题的实物，而是一种长期的服务和情感体验；营销不再是铺天盖地的广告和慷慨激昂的洗脑，而是美妙的大众游戏和热点话题。甚至于我们的工业制造也摆脱了百年来的福特模式，从最初的设计开始，用更为智能化的方式，为每一位用户提供独一无二的服务。这个时候的互联网已经带来了一次全新的商业结构革命。

与此同时，在为企业提供管理咨询服务的这些年里，我也深切感受到传统组织应对互联网大潮冲击之下的被动和困惑。为什么曾经的管理经验变得不再灵验，为什么新一批的年轻才俊不愿意接受各项规章制度，甚至再好的企业也面临留不住人的难题？传统的权威不再高高在上，领导力有了全新的解读。往外看，客户变得越来越难以掌控，市场变得越来越难以预测，过去的行业稳态已经被日新月异的变化彻底改写，曾经的巨无霸企业，作为一个时代的成功标杆，顷刻间便可能土崩瓦解，消失于人们的视野之中。更加可悲的是，他们始终遵循着我们耳熟能详的那些经营之道，没有冒险，没有越界，可是却被淘汰出局了。"成功是失败之母"像是对这个时代的一次沉重的反讽。

我们的媒体在感受着寒冬，自媒体如雨后春笋一般涌现，抢夺着曾经稀有而又垄断的传播权力。受众不再被动地等待节目的播出，而摇身一变成为新闻的制作人，人人即媒体，互为新闻，互动传播，平民掌握了时代变换的话语权，而那些高冷的专业媒体人则在冷风中瑟瑟发抖。

似乎我们的教育体系是在这场大变局中最为稳固的堡垒，但是在表面之下也是暗藏机锋。知识脱离了书本自由流动，传授活动不再专属于学校课堂，每个人都有机会接触到最新的知识，最快的资讯，能够在头脑中让自己的一套知识体系不断繁衍生长。相比之下，平躺在图书馆中的厚厚的书籍，已经跟不上这个时代的步伐。流水线一般的教育模式已经不能够适应网络化的生存发展。

互联网带来的变化，可谓是"三千年未有之大变局"。而且，我们至今所看到的、感受到的还仅仅是冰山一角，未来仍需要我们尽最大的努力去想象，当然也要靠我们去创造。

最大的挑战在于我们的思想

我喜欢透过这些商业变化和企业兴衰的表象，去探索我们这个社会底层的结构到底是如何构建的，又是怎样支配我们的思考和行动的。在本书中，我总结了过去主导我们这个商业社会上百年的基本结构范式，就是金字塔结构。无论是市场上的买卖关系，还是组织内的雇佣关系，抑或是信息上的传受关系，都有一个中心，这个中心控制着稀缺的资源，即产品、资金和知识，继而通过渠道中介向大多数人进行传递和外延，逐渐形成了一个个稳固的、理性的金字塔结构。我们每个人都生活在各种各样的金字塔中，有时候是塔尖，有时候是塔座，有时候还扮演塔身的角色。

我相信，当过去几百年的工业社会所创造的社会结构，开始出现松动和改变时，就是一种新的思想孕育和勃发的风口。

回溯到前互联网时代，统治我们头脑的思想是什么样子的呢？可以说是一种理性与机械的思想操作系统。大约在 500 年前，欧洲理性主义的思潮开始产生萌芽，带来了对上帝和教会的质疑，带来了对人的理性精神的崇尚，相信这个世界是符合逻辑一致性的，可以用数学方程来精确预测的。如果掌握了足够的科技手段，我们可以构建出想要的生活。正是这种理性精神，带来了近代科学的产生，深深地改变了我们的全部生活。

可是，虽然科学在大踏步地前进，但我们似乎总是觉得很多事情、很多现象仍然无法用科学和理性假设，无法用严谨的线性推理和数学表达来准确预测和描述。比如经济学的建立基础就是假设人是理性的，而这种假设，在现在越来越多地被人们所质疑和批判。当每一次经济危机出现的时候，就是大家质疑经济学理论的时候，往往就会出现新修正的理论，来替代原有"失灵"的理论。如果理论是正确的，为什么预测不到危机？

越来越多的技术发现，世界本身呈现出复杂化的态势，这意味着世界本身是不确定的，我们以往接受的科学思维需要做很大的调整，对于习以为常的确定性的偏好，应该适可而止。就像我们做题总是喜欢找标准答案，认为答案一定是唯一的。而现在，你在网络上搜索一个问题，会出现多种答案，很难说谁的一定正确，而且后来人会在前一人回答的基础上做优化，所以答案不仅不唯一，而且在演进。

韦伯认为理性的自由解放了人，同时也奴役了人。正是基于理性主义的科学技术的发展，让人们逐渐树立了一种固有观念，喜欢去构建一个基于中心化的权力和资源分配结构，控制这个世界万物的运动，同时偏爱于总结统一的规律，讨厌不确定性和复杂化的东西。后现代主义者们已经对这种金字塔形的理性精神进行了各种解构、反讽甚至颠覆。而互联网的出现，又加剧了对这种结构颠覆的速度和深度。

一项创新技术运用到社会生活之后，谁也无法预见后来的发展轨迹。因为人类社会不是一部能够精准地测算以后每一步运转的精密机器，而是一个有生命机理的复杂系统。互联网的发展，改变了我们赖以存在的金字塔结构，继而让我们的价值观、世界观出现改变。具体而言，就是那种基于理性思维的工业时代的思想，需要转向更为复杂多变的不确定的思维方向，去观察和理解这个世界。我对互联网的认识就是这样，从技术层面，到产业层面，再到思想层面逐渐递进。在这过程中，我也愈发感受到互联网的内涵实在是极为丰富，没有完整的定论。

成书感言

由于身处信息通信这个大业态之中，所在的单位又是国家权威研究机构，我有某种近水楼台的优势，去体会互联网对传统经济和社会结构的改变。所谓"有道无术，术尚可求；有术无道，止于术"，在我们都希望能够利用互联网获得转型与升华的时候，更需要从广阔的视角去理解互联网化的社会组织和个人生存的动态变迁。这就是我写此书的初衷。我始终不将这本书看成是严肃的专业书籍，当你翻阅时，一定不会感到枯燥和晦涩。因为我希望尽我所能，将互联网对传统社会、企业和个人的影响，用更为形象生动的语言刻画出来。

在这本书的写作过程中，我很幸运能够依托于中国信息通信研究院这个优秀和强大的平台，获得了很多资源支持。尤其感谢王育民和杨子真两位老师，他们多年前将我领进了这个行业的大门，并悉心指导和培养，让我有了一个良好的思考天地。感谢我的团队成员宋超营和崔鹏，与他们多次展开的思想碰撞，触发了我的灵感，推动着我的写作。

与此同时，作为一名管理咨询师，学习企业、分析企业始终是我做研究的核心抓手。客户是咨询师的衣食父母，也是我学习成长的良师益友。正是有了为各类客户提供咨询服务的过程，我才能够身临其境，全面观察企业运作和战略抉择。例如，借助于与中国电信学院领导力教研中心的长期合作过程，让我能够持续跟踪分析互联网行业的变迁和商业态势，并形成了一系列的分析观点和案例解析，这些内容也在本书中有所呈现。感恩客户，是我始终不变的心态。

我亲爱的父母家人，依然是我疲惫时的心灵港湾，给我信心和爱护。我感谢家人的付出，让我可以安心地完成这本书的创作。感谢人民邮电出版社资深策划编辑刘洋先生，在本书的出版过程中他付出了很多辛劳。同时也感谢书易网在本书前期众筹活动中的鼎力支持。

最后，感谢互联网，以及所处的这个剧烈变化的时代，让我们有着更多的机会去创造属于自己的天地。

刘　涛

2015 年 9 月　北京　一个宁静的夜

电子邮箱：superlt2006@163.com

第一部分 旧制度与大革命

第一章

互联网 + 变革——当旧需求遇到新工具 // 003

无论是蒸汽机还是互联网，改变的是我们的行为方式和生活条件，不变的则是我们对更加美好生活的向往和愿景。

第二章

互联网 + 生活——虚拟与现实的碰撞 // 021

互联网不再是一个独立垂直的行业，而成为了一类基础设施，一种新能源，是所有企业所必须接受和使用的全新工具和方法。

第九章
互联网 + 传播——从接受到选择　// 205

网络化媒体的出现，让过去只属于专业媒体机构的信息源迅速弱化，取而代之的是过去的信息受众变成了信息创作人，每个人都可以成为信息源，拥有自己的传播渠道。

我的眼里只有你吗？ / 生命如何而来？ / 上帝不掷骰子吗？

升级我们的大脑操作系统

第十二章
互联网＋企业——森林生态中的新生物系统　　//293

从金字塔到网络化的转变，其关键之处在于将以往的信息连接链条打散，赋予每一个成员同等的连接机会。企业的竞争力不在于固有的连接机制中的快速运转效率，而是能否在更广范围内实现尽可能多的连接和互动。

第十三章
互联网＋个人——不确定世界的成功者　　//331

每个人，都不再是运行在设置好的流水线上的零部件，走着已经注定的成长路径。相反，每个人都犹如绽放出来的缤纷礼花，射向四面八方，形态色彩各异。你无法预先判断十年以后的自己和时代，你能够做的就是创造出这个时代和自己。

第一部分
旧制度与大革命

互联网思维是一场由互联网公司主导的"启蒙运动",面向广大传统企业,将互联网的技术革新力量做了一次广泛的宣传和示范;互联网化是传统企业顺应变革大势的一场"维新变法",将互联网从外部的颠覆力量转化为自身的改革利器。前者是互联网公司攻城略地的看家法宝,后者是传统企业奋起力争的终极目标。在新与旧、快与慢、创新与保守、狂飙与稳进之间,"互联网+"的时代意义和包容格局显得格外及时与重大。

第一章

互联网＋变革——当旧需求遇到新工具

一个概念引发的热潮

2015年"两会"《政府工作报告》中，李克强总理提到了一个词——"互联网+"，由此引发了各个行业的广泛讨论。用以互联网为代表的信息通信技术来改造各行各业，实现产业重构和资源重组，并引领新一轮的价值创新浪潮，是中国产业结构优化升级、提升国家竞争实力的必备途径。

国际电信联盟（ITU）发布的全球互联网使用情况报告显示，到2015年年底，全球网民数量将达到32亿。根据中国信息通信研究院公布的数据显示，2014年中国移动互联网用户数量较前一年增加了7 000万，手机网民占网民总数超过80%，手机和移动设备成为互联网的第一入口。

互联网自诞生以来，其扮演的角色不断增多，影响的范围也不断扩大。最初只是在极少数技术精英手中的联络工具，后来逐渐成为提升社会生产力的新动力，如今又开始渐渐地重构传统的社会关系结构。

这种将新技术融入到老行业的产业变革方式，实际上并不是互联网时代的独创，回首200年来的工业化进程，虽然两次工业革命，包括第三次信息革命都各有侧重，但是透过现象看本质，我们不难发现，三次革命都是一样的范式，即都是通过新技术与老行业的加法来实现革新的。

第一次工业革命是以蒸汽机的广泛使用为标志。这里的蒸汽机就相当于互联网，是一种新技术、新工具的代表，产业革命的"新工具 + 老产业"的范式得到了广泛应用。例如，蒸汽机运用到道路运输之中，产生了火车和轮船，带动了海陆运输的速度革命。可以说，第一次工业革命就是一次"蒸汽机 +"的时代。

第二次工业革命是以电力为标志，我们可以把它叫作"电力 +"的时代，遵循与上一次革命同样的轨迹，将电力运用到生活的各个领域中，又出现了新的一批发明工具，比如电话，可以被视为电力运用到通信产业的创新；收音机、电视机都可以视作电力运用到媒体传播产业的结果。两次工业革命，既带来了生产领域的效率革命，也带来了通信领域的速度革命。信息传递和生产效率的快速提升，必将在"互联网 +"的时代更为鲜明地体现出来。

按照这一范式逻辑，说起第三次工业革命，也就是我们正处于的这个信息革命时代，此时的新工具即是互联网。信息革命最直观的表现，就是将互联网加到了原来的产业中，使之更具效率，更为智能，带来了全新的速度革命。但是，尽管互联网已经诞生几十年，我们也早已经习惯了在网上聊天、查找资料和浏览新闻，但是互联网真正开始在产业界，在我们的社会生活系统中产生颠覆式的力量，年头并不算长。一开始，没有多少人会认为互联网是影响我们每一个人的生活方式，是影响社会结构变化的一种不可忽视的力量。但是，年轻的互联网公司，以一种敢为天下先的豪迈气魄，向传统规则发起了挑战，这种推动力迅速从互联网业界内部蔓延至整个产业系统。短短的几年时间，从政府到民间，已经将互联网视作一次真正意义上的伟大变革动力。

互联网思维与互联网化

互联网思维是一场由互联网公司主导的"启蒙运动"，面向广大传统企业，将互联网的技术革新力量做了一次广泛的宣传和示范。互联网化是传统企业顺应变革大势的一场"维新变法"运动，将互联网从外部的颠覆力量转化为自身的改革利器。前者是互联网公司攻城略地的看家法宝，后者是传统企业奋起力争的终极目标。在新与旧、快与慢、创新与保守、狂飙与稳进之间，"互联网 +"的时代意义和包容格局显得格外及时与重大。

“高冷范儿”的
互联网思维

2013年，在告别了大数据、云计算和智慧地球这些略带技术色彩的专有名词热之后，不经意间，坊间开始流传关于“互联网思维”的传说。最早提出这一概念的是百度的李彦宏，在一次活动中，他与传统企业的老板们探讨未来企业该如何发展，其中便提到了思维的转换，即一定要有互联网思维。但是互联网思维具体指的是什么呢？在最开始的阶段互联网思维并没有引起太多人的关注，但是越来越多的人隐隐约约地感觉到这是一种新的玩法，并带有新的视角和观点。

而真正让互联网思维这个概念走进公众视野并成为各种场合必备谈资的，还是因为雷军和他的小米公司。作为互联网思维的形象代言人，雷军在各种场合都在强调他所理解的互联网思维的关键要诀，总结起来包括4个关键词：专注、极致、口碑、快。很明显这是颇有产品经理特色的互联网方法论。随后，小米还提出了“参与感”的理念，也就是和用户一起做产品，参与活动。在这种重度参与和建造粉丝社群的行动中，小米公司将他们的互联网思维落实到了每一个具体的细节之中。

小米手机创始人之一黎万强曾说，“小米品牌是玩儿出来的”，小米手机和MIUI成功的关键就是“和米粉一起玩”，随后“和我们一起玩小米”更是成为了小米公司在2014年进行校园招聘时的主题口号。小米的“玩”文化已经成为企业发展的核心DNA，渗透到产品创新、用户服务和团队建设等各个方面。

诞生伊始，小米的品牌宣言就是“为发烧而生”，所有创始人本身就是手机产品的发烧友。正如黎万强所言，小米创立之初，他们想的就是能不能做一款他们自己喜欢用，适合他们自己用的产品。从米聊的上线到红米手机的问世，以兴趣为基础的产品开发，带来的是对自身产品设计和创新的极度热爱与极致追求，这也是小米一直以来能够被众多手机发烧友视为“知己”的原因所在。

与此同时，“米粉文化”也成为了小米的一种互联网思维标签。什么是粉丝文化？就是用户对产品和服务的每次升级都感到欣喜若狂。苹果是最成功的先行者，而小米则是中国市场粉丝文化制造的最佳代表。小米如此看重与用户之间的互动，以至于逛小米论坛成了所有小米管理者的重要工作内容。“米粉”的出现正是小米让用户“玩”起来，深度参与产品设计，体会自我创造乐趣的产物。

在小米的产品设计中，从主屏解锁、桌面主题到小米手机DIY配件、手机颜色设计等各个领域，"米粉"发挥着越来越重要的作用，当用户感到自己的声音能够如此被重视，自己的创意能够真正在产品上体现时，他必然会对这个产品充满"爱"，视之为初恋，为其创新和升级而感到欣喜若狂。这时候，死忠"米粉"也就诞生了。

这就是小米的"玩"文化，从市场端的"饥饿营销"方式，到用户端的"粉丝文化"培养，再到产品端的"极致体验"追求，在雷军和小米的不断造势中，互联网思维与小米紧紧地捆绑在了一起，俨然成为照亮众多企业通向互联网之路的一座灯塔。

当然，对于新鲜事物的敏锐嗅觉和驾轻就熟的运用功底，并不只有小米一家，几乎所有互联网公司都有这种本能，360的周鸿祎也有着对互联网思维的独到见解：用户至上，体验为王，免费的商业模式，颠覆式创新。相比之下，360版本的互联网思维较之小米版本，在视野宽度和概括深度上有了明显的提升。

互联网思维的注解实在太多，可大可小，但基本上还是围绕企业与用户、外部伙伴的关系做文章，给出一些比较具体的改进方式。一是追求用户体验，根据市场变化做出快速反应。二是创新但不盲目跟风。互联网时代的"长尾效应"更加明显，企业重在找到细分市场，专注于将其做精做深做到极致，形成自己的差异化竞争优势。三是互动分享，对外重视客户关系管理，尽可能接近消费者，洞察其需求；对内组织结构扁平化，设计灵活的激励体系，增强组织活力。四是产业链的协同和开放合作。互联网思维鼓励产业链各环节之间的协同和开放合作，但这种关系不应以自身在产业链中地位和话语权的下降为代价。

中国人民大学吴春波教授表示："所谓的互联网精神或互联网思维，肯定有，但它到底是什么，恐怕没有多少人能够说清楚，现有的观点大多是圈里人碎片式的、摸象式的描述。对一个新产业形态的深刻把握，需要时间，需要实践，还需要智慧。"

回过头来看，透过两年前的那一次概念热潮，我们其实能够看得出，互联网思维只是现代管理思想的新发展，根本的命题依然是传统管理学上的基本观点，本身并没有纯粹的理论创新。但是，经由互联网公司和媒体的一番炒作，互联网思维搅动了2013年业界的一池春水，让很多备受互联网冲击煎熬的传统企业看到了一线曙光；更被几乎所有互联网公司奉为口头禅，不断地在媒体上向传统企业喊话。就像在很多讲坛之上，少数功成名就的成功者给台下那些渴望成功的人们，不厌其烦地讲解着成功的秘诀，兜售秘制的仙丹。

互联网思维，让从前不被传统企业所看好的那些新兴互联网公司，第一次有了思想层面的优越感，能够居高临下指导还在深耕细作的"土老帽"，怎样华丽丽地转型成功。这种颇具高冷范儿的摩西精神，无形之中赋予了互联网公司一种时代的使命感，就是要身体力行地呼吁传统企业管理者认清形势，重视互联网，并试图教导这些"旧思想"之下的人，如何搭上互联网这艘急速前行的巨轮，免遭被海浪吞噬的厄运。于是，"互联网思维"就成了拯救传统产业脱离苦海的"神器"。用互联网思维改造传统行业的呼声被各种专家喊出来，诸如"用互联网思维改造制造业"、"用互联网思维改造餐饮业"。互联网思维之火大有所向披靡、一统江湖之势。

过去几年，互联网颠覆了很多产业，便捷、参与、免费、数据思维和用户体验等互联网思维影响着所有企业，那些靠增加中间环节获取利润的企业形态将难以持续，资源垄断和行业壁垒也将受到严重冲击。时代赋予了新的生机，而对于"走的太远，以至于忘了为什么出发"的传统企业而言，互联网思维告诉他们的仅仅是回归，回归一切为了客户，便捷地为客户服务的宗旨，而互联网正是其中非常重要的工具。只有结合互联网，运用互联网为客户创造价值，才能在这个时代继续发展下去。

传统企业互联网化的应对

对于数量巨大的传统产业和企业而言，面对互联网这一类新鲜事物的出现，各自反应也不尽相同。身处在最前沿阵地的电信运营商，的确感受到了刺骨的寒风和收入下降的阵痛。随着电信行业市场化进程的加速，OTT 业务带来了剧烈冲击；虚拟运营商提出了新的挑战，如何发挥自身的手机账号优势，以及借助移动互联网提供多元化的服务来提高用户黏性，这些亟待解决的问题困扰着传统电信运营商。

2014 年，美国电信运营商 AT&T 收购 DirecTV 进军数字电视与影视行业的案例给国内运营商带来了新的运营思路，在电话与短信等基础业务盈利能力下滑的阶段，"去电信化"成了必然，而包括视频在内的新兴行业给运营商带来了新一轮平等的竞争机会。其实早在支付业务之前，国内三大运营商已经在阅读、音乐以及游戏等应用领域进行了布局，尝试自行孵化项目，并与相关互联网企业达成合作，但显然在产品上无法与互联网企业相抗衡，较差的用户体验成为产品发展的主要桎梏。在互联网时代，用户至上的理念以及个性化的服务模式是任何产品都不可忽略的关键。但其发展愿景是符合市场需求的，只有基础网络的架子，而没有应用内容，终将被市场所淘汰。电信运营商成为第一批在互联网冲击之下倒逼转型的企业,随之喊出了去"电信化",乃至"互联网化"的口号。

但是,无论在产业经验积累上,还是企业管理成熟度上,互联网公司较之传统企业,仍然像是乳臭未干的毛孩。如今时势反转,毛孩开始教训起老家伙们,这也自然带来了传统企业该如何应对互联网挑战的问题,是战是和?是中体西用还是全盘西化?于是在传统企业内部展开了交锋。

2014年成了传统企业真正认真思考如何适应互联网化的开篇年头,召开的互联网大会,旗帜鲜明地倡导"创造无限机会,打造新时代经济引擎";央视财经频道开播的大制作纪录片《互联网时代》,俨然又是一曲互联网赞歌。不过,更为人瞩目的则是在亚布力论坛上,以宗庆后、杨元庆为首的"反对派"和以梁信军、冯仑为首的"支持派"就互联网的是与非各执一词,针锋相对。

"反对派"评判互联网的基本逻辑就是:站在传统产业的立场上,一方面互联网经济无法颠覆传统产业;另一方面互联网也给社会带来了极大的负能量,需要严加监管。且看:

> 宗庆后:"虚拟经济本应该为实体经济服务,现在纯粹变成了把别人口袋里的钱装到自己口袋里的经济,长此以往,经济就会出现大问题……要警惕互联网经济对国家经济安全的影响,网商公开说要颠覆实体经济,解决了部分就业,却影响了实体零售业的发展……这种做法对国内经济的发展有害而无利,政府应该要加强监管,不能让其无法无规地经营,同时取消对其的优惠政策。"

> 杨元庆:"互联网并不能代替一切,它不能代替产品的创新,不能代替技术研发,不能代替生产制造,不能代替供应链的管理。互联网并没有、也不可能颠覆传统产业的根本价值、核心价值。"

与宗、杨二人的忧心忡忡相比,梁、冯则显得颇为兴奋:

> 梁信军:"我不太赞成杨总的提法,我已经无条件向移动互联网全面投降,全面拥抱……移动互联网的规模将是过去PC互联网的十几倍大。移动互联网跟传统行业嫁接之后,它诞生的是新行业、新产品,跟原来的东西不一样,并且它的规模可能会数倍于原来的传统行业。"

冯仑："房地产行业中销售、服务等几个环节已经与互联网很好地结合在一起，但盖房子这个环节如何互联网化，还没看到真正的成功，我们也在拥抱中，还没抱着。"

从"反对派"的角度来看，互联网没有从整体上给国民经济带来积极的影响，反而带来的更多是消极的影响；另外一个关键认知是，互联网只是一个工具，并无法替代传统产业的核心价值。而从支持派的观点来看，互联网带来的是全新的行业、产品，并且规模巨大；互联网可以跟传统行业的许多环节很好地结合起来。

从互联网与传统行业的结合可以看出，双方在基本认识上并无明显对立，差异无非就是关于互联网能否代替传统产业的核心价值，但对这个问题的回答又牵涉到什么是传统产业的核心价值，很难达成一致意见。另外，对于宗庆后和梁信军的分歧，我们从消费者（用户）的角度来评判，如果说互联网的发展给大多数消费者带来了实惠，那么它当然是有益于整个国民经济的。很显然，无论是从产品的价格、多样性，还是渠道的丰富和效率，以及沟通成本等各方面来看，互联网都给消费者带来了极大的便利和实惠，并且创造了许多传统模式下企业难以提供的产品和服务。因此从这个意义上讲，互联网给国民经济带来的更多是正能量。

互联网化是一个不可回避的趋势，只不过对于互联网公司咄咄逼人的气势和高人一等的姿态，传统企业显然无法接受被教育者的角色。任正非在讲话中提到："不要因互联网的成功而冲动，我们也是互联网公司。""别光羡慕别人的风光，别那么'互联网冲动'。有'互联网冲动'的员工，应该踏踏实实地用互联网的方式，优化内部供应交易的电子化，提高效率，及时、准确地运行。"

任正非并没有否定"互联网思维"，而是否定"互联网冲动"，他给华为指出了明确方向：专注于做互联网数据流量的"管道"，利用互联网思维进行内部的优化。或许华为缺乏有效激励机制，"狼性文化"产生了巨大内耗，但这些问题并不是由于华为缺乏"互联网思维"所导致的。华为的聚焦战略无可厚非，华为的现代管理思想也没有完全过时。其实互联网公司小米的组织架构也需要依靠现代管理制度来支撑。华为并没有落伍，任正非依然坚信互联网化与坚实的科学管理并无矛盾，只有练好基本内功才可以谋求更好的发展。

走进新时代——"互联网+"

我们该如何理解"互联网＋"呢？

在 2015 年 3 月 5 日上午召开的十二届全国人大第三次会议上，李克强总理在《政府工作报告》中首次提出"互联网＋"行动计划。由此，"互联网＋"成了今年以来最为火热的词汇之一。但是在更早的时候，业内就已经有人就提出了这一概念，只不过并没有引起太多的关注。而经历了互联网思维和互联网化的两轮洗礼，所有的人对互联网带来的全新生产方式都有了更为深刻的体会，也对"互联网改造传统行业"这一命题有了高度的共识和紧迫感。

腾讯：
互联网+社交

2013 年，马化腾在一次演讲中提出我们进入了"互联网＋"的时代，"互联网＋"是以互联网平台为基础，利用信息通信技术与各行业的跨界融合，推动产业转型升级，并不断创造出新产品、新业务与新模式，构建能够连接一切的新生态。

移动互联网持续颠覆行业规则，进行重新洗牌。随着智能终端的普及，中国已经超越美国成为使用智能手机第一大国，无线业务增长也已超过 PC 业务，移动互联网给企业带来的冲击不仅是业务上的变革，还有商业模式的变迁，甚至是企业内部组织架构的调整，腾讯的组织架构也进行了多次调整。PC 上成功的业务模式，比如 Q 币模式，不一定适合移动端。反过来说也成立，比如用户预订打车服务大多是用手机 App 而非电脑完成。移动互联网成为一次全新的机遇，从 PC 端到移动终端是一次用户迁移的过程，其商业模式是全新的，精准广告、社交广告和 App、手游、微信支付、移动电商等收入模式都迅速成长起来。

社交是腾讯的元基因，互联网时代永远不要忽视"社交化"的力量。如果仅仅是飞机大战游戏，用户玩儿几天可能也就没兴趣了，但是看见好友排名有人超过了你，是不是就又有斗志了？移动游戏的主要特点就是生命周期短，日活跃度高的日子可能一个月中只有那么几天，但植入互动社交的元素，就可以提高用户黏着度，使得产品生命周期变长。如果再找对付费点，那么这个游戏就能够获取高的 ARPU（每用户平均收入）值了。

　　火热的"互联网金融"融入"社交化"元素后会带来什么新商机呢？比如，未来可以在微信上进行小额贷款。在手机或电脑屏幕上点几下，账户里就能多一笔钱。但如果你不还钱，那么腾讯就会在你的朋友圈里给你贴大字报，让全世界都知道你"没信用不还贷"。不过如果你能按时还贷就不用担心了，而且信用额度也会提升，而你的朋友圈里的人也会因为你"人品好"而获得更高的信用等级。在腾讯看来，"社交化"已经成为一种功能元素，正在全面融合到各类应用中。

阿里巴巴：
互联网＋电商

　　在李克强总理提出"互联网＋"计划后的几天时间里，阿里巴巴研究院便迅速公布了自己的研究报告，阿里巴巴认为，所谓"互联网＋"就是指，以互联网为主的一整套信息技术（包括移动互联网、云计算、大数据技术等）在经济、社会生活各部门的扩散应用过程。互联网作为一种通用的技术，和 100 年前的电力技术，200 年前的蒸汽机技术一样，将对人类经济社会产生巨大、深远而广泛的影响。

　　互联网对传统产业的升级，在产业链条上体现出一种逆向过程，如图 1-1 所示。从距离消费者最近的销售环节开始进行互联网化，无论是零售还是批发都实现了线上买卖交易的模式；然后逆流而上，在制造环节将会引用智能制造技术，实现大规模定制化的生产；最后将上升到原材料和生产设备的提供环节。在这一逆向互联网化的过程中，一个个行业的商业模式和规则被互联网重新构建。

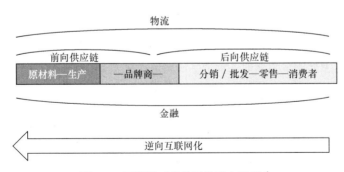

图 1-1　互联网对价值链的逆向改造 *

　　"互联网＋"是一种平台思维，也可以说是一种工具思维。

　　互联网与传统行业的结合将会给传统行业带来颠覆性的变革，传统行业每一个

---

* 出自阿里巴巴研究院关于"互联网＋"的研究报告。

细分领域的力量仍是强大的，当融入互联网因素后，由于互联网能打破信息的不对称，进行个性化、精准化定制，并且有成本优势，就可以衍生出更多的新机会。那"＋"的是什么呢？"＋"的是传统行业，按受影响的速度，是从第三产业向第一产业延伸。目前通信服务受影响最大，其次是个人消费服务市场、生产和公共服务市场等。总之，我们正在进入"互联网＋"的时代，传统商业将在互联网中落地，而能够选择的，只有落地的姿势。

从技术工具到信息能源

2015 年春季，腾讯举办"势在·必行——2015'互联网＋中国'峰会"，作为"互联网＋"战略的呼吁者和先行者，马化腾提出了"信息能源"的全新概念。在他看来，互联网本身是一种技术工具、是一种传输管道，"互联网＋"则是一种能力，而产生这种能力的能源是因为"＋"而激活的信息能源。

能源是能够产生能量的物质，为我们的生活提供各种能力和动力。从传统意义上讲，提到能源，大家首先想到的就是石油、天然气、电力等诸如此类的常规能源，而"互联网＋"的能力则是源于因"＋"而激活的信息能源。信息能源作为当前时代信息技术尤其是互联网技术快速发展的产物，是一种新型能源，同样给我们的生活带来了巨大变化。正如蒸汽机的发明及应用带来了第一次工业革命，电力则引爆了第二次工业革命，而现在，互联网正在悄然掀起第三次产业升级的浪潮。

那么，互联网是否也和之前的蒸汽、电力有着相同的能源形态呢？显然，互联网作为一种信息能源，用新的、创造性的力量替代原有的、低效的生产组织形式和资源配置方式，正普遍、深入地改变着我们的生活。无论是日常生活，还是工业生产，都因互联网的出现而变得更加高效、便利。

然而，不同于传统能源有着具体的物质形态，信息能源是一种全新、虚拟的能源，在无形中改变着各个行业和领域。"互联网＋"实际是"互联网＋×"，×指各行各业，也就是说互联网可以应用于任何领域、任何行业。"互联网＋"对传统产业的改变首先是从融合开始。信息要素融入传统产业各个环节中，通过信息交换节约时间成本，减少重复环节，提升效率，然而传统产业的运作方式和内容并没有发生本质的改变。

例如，目前"互联网＋"在医疗行业的应用，患者能够通过手机端预约挂号，查看排队人数，下载检验报告，等等，但是医生以前是如何给患者看病的，这一点依然是不变的。在此之后，互联网才真正进入到传统产业中，开始实实在在地改造传统产业。例如，时下大热的O2O业态，通过"互联网＋"将供需信息在实际发生之前就通过买家和卖家之间的信息互换，实现最佳匹配。就当前的形势来看，可以说，不论哪个领域、行业，谁能率先正确运用互联网，谁就率先实现了"互联网＋"，也就意味着能占得这轮产业升级浪潮的先机，迸发出巨大的创新及创造能力。

不过，"互联网＋"在创造奇迹的同时，也冲击了不少传统行业。很多B2B的传统企业对这种最新出现的信息能源有本能上的排斥感，还没有认识到衰落，甚至被淘汰的危险，就更不会加以利用了。平心而论，"互联网＋"既是政策引导，又是行业新宠，必将成为经济社会发展的大趋势。传统行业要从内心深刻认知、主动拥抱、高效应用，以期在新的信息技术潮流下能够"旧貌换新颜"，再创新的辉煌。

当前，"互联网＋"愈加火热和流行。不管是在房产、金融，还是餐饮、娱乐行业，不管是CBD商圈，还是街头小巷，人人都在使用互联网，人人都在说"互联网＋"，"互联网＋"似乎都有点儿被玩坏了。不过，这也足以见得这个令人耳目一新的信息能源的确已经进入到大街小巷，融入到我们每个人的生活中。相信在不久的将来，"互联网＋"的内涵会更加丰富，形式会更加多样。它将会以自身无可比拟的优势在新的技术潮流中大放异彩。

互联网改变了什么？

用崭新的技术实现古老的愿望

在互联网诞生前，人类已经在文明的轨道上艰难前行了数千年。为了寻求美好而自由的生活，人类在各个领域进行了伟大的探索和开拓。我们发明了文字，从此可以记录下各种新鲜和有趣的见闻，可以描绘出内心的挣扎和苦痛；我们发明了数字，可以计算收获的粮食，打捞的海鱼；我们发明了货币，可以扩大货物的流通和交易，逐利于天下；我们发明了历法，可以面对时间浩海不再迷茫，对耕种庄稼的时间有了合理的判断；我们发明了法律，可以保护自己的财产，有了清晰的个人权利界定……在人类文明的早期，正是有了这些发明创造，才构成了最基本的、稳定而安全的生活环境，让我们在追求美好生活的道路上顺利前行。

随后，我们有了更多的技术工具，我们发明了造纸术，终于可以摆脱沉重的竹简和羊皮，能够大量地承载文明的信息；我们发明了冶铁的方法，终于可以打造出坚硬的生产工具和生活制品；我们发明了印刷术，终于告别了低效率传播，走上了文化普及和交流的大道；我们发明了指南针，终于在茫茫大海之中不再慌张，开辟出新的航线，将世界连为一体。正是有了无数技术条件的形成、完善，才让我们的美好生活愿景一步步实现。

到了近代，出现了蒸汽机，生产效率实现了质的飞跃，火车、汽船让我们彼此的联系变得更为高效便捷；我们懂得了使用电力，有了电报、电话、电灯和电影，发明了汽车，使得速度革命也再次升档，财富创造更加活跃。到了 20 世纪，我们有了计算机，开启了信息革命，一切的一切，都是为了向着更加美好的未来前行而努力。

冯友兰先生分析历史成为实际发生的现实的原因，认为不是地理、气候、经济条件等因素，这些只是历史成为实际的可能，使历史成为实际的根本原因是人类求生的意志和追求幸福的欲望。

无论是蒸汽机还是互联网，改变的是我们的行事方式和生活条件，不变的则是我们对更加美好生活的向往和愿景。

互联网给我们带来的变革

十多年前谈起互联网，大多数人恐怕认为这只是一种新的技术、新的服务，属于那些学生和年轻人的游戏而已。但是时至今日，再看我们身处的这个世界，我们发现由互联网掀起的这场持久的信息革命，已大大超越了技术和游戏的范畴，越来越多地影响、改变，甚至颠覆着各种行业规则与组织方式，互联网孕育了许多的暴富神话、传奇人物、数不胜数的极致产品，以及眼花缭乱的创新模式。在我们一起追捧互联网的这些年里，我们自己，以及这个商业社会都在被互联网改变着，由外在的形态，向内在的本质逐渐过渡。那么互联网到底改变了什么，我们的世界又将会变成怎样呢？

产品：由功能型产品转变为服务型产品

传统工业化时代，企业是以产品为中心，卖点就是产品功能，比如电视机、汽车和手机，能够解决人们看节目、出游和通话等实际问题，而且功能越多、价值越大。工业化时代的产品基本上都是功能型产品，其核心价值就是有用的功能。

然而到了信息化时代，功能型产品逐渐为服务型产品所替代。没有人会认为苹果手机能战胜诺基亚，是因为后者的功能不全、产品的质量不过硬所致。但是用过苹果手机的人最直观的感受就是操作简单、界面友好，给用户带来了良好的体验和感受。对用户体验的追求，已经使传统的功能型产品上升为服务型产品，我们需要的是一种体验式服务，而不仅仅是全面的功能。

著名品牌管理专家大卫·艾克认为，客户体验产品或服务的内容有三个层面，第一是功能性，客户如何使用你的产品并想从中得到什么；第二是清晰性，即你的产品和服务能给他／她带来什么样的感觉；第三是自我表达，你的产品和服务能够使他／她成为什么。如今像苹果、小米等服务型产品，追求的正是一种能够表达自我的精神。

服务型产品使传统营销理念发生了深刻变革。经典的营销理论更多的是解决如何向尽可能多的客户推送产品，而互联网化的营销，则是通过赋予产品一种独特的价值，吸引与之志趣相投的用户，建立高忠诚度的圈子来实现互动营销。比如，小米的网上销售就打破了传统广设渠道的营销思维；苹果的饥饿营销也颠覆了尽量满足客户需求的传统概念。体验营销、粉丝经济、免费模式等新营销理念不一而足，也就是我们常说的互联网思维。

组织：由机器化组织转变为生态化组织

绝大多数的传统企业，都是采用韦伯所建立的科层制或者官僚化组织模式，这种组织模式的特点就是强调控制、分工和标准化，每一项工作都有固定的制度、流程和生产方式，每个岗位都有明确的职责范围。员工就像是螺丝钉和齿轮，被严丝合缝地整合到运转的机器中。这部机器以不变的模式不断生产标准化的产品，以满足市场需要。这就是机器化组织，能够用最低的成本，不变的模式，快速生产标准化的产品，满足市场需要。

但是随着信息的广泛传播，带来了客户需求的多元化，而个性化的产品服务更有竞争力，这些必须要求企业与客户有深度互动才能完成，机器化组织只能解决既定问题，但无法应对当下的变化。于是，在互联网化程度较深的领域，一种新兴的组织形态出现了。在这类组织中，基本的单元是独立运作的小团队，甚至是个人，能够对外部环境快速做出最优的判断，不断地改变自身以适应环境，无数个小团体通过自我调试，带动整个系统组织在渐进式的进化中，随时随地应对不确定性的外部影响，这种类似于自然界生态系统的组织形态，我们称之为生态化组织。机器化组织的一个零部件出现问题时，往往导致整个机器停止运转。但生态化组织中每个个体都是一个自组织，有充分的资源去及时适应外界的需求变化。

比如，维基百科就是比较典型的自组织形态体，每个网民都可以自发成为词条的撰写者和修订者，虽然大家看似是在进行杂乱的布朗运动，但却有着同一个目标。越来越多的传统企业，也开始尝试这种去中心化的组织形态。又如，中国电信在推进的"划小核算单元"的改革；华为任正非提出的"让听得见炮声的人"做决策。

生态化组织也改变了传统的企业管理理论。传统管理模式服从于机器大生产的需要，是以机器为中心的管理，员工成为机器系统中的"配件"，人被异化为"物"，管理的中心是物。但互联网降低了信息传递成本，极大地弱化了信息不对称的现象，特别是一线员工与外部客户的信息互动，使员工的自我意识增强，团队协作被更加强化。集权化的管理模式不再适用。因此，互联网时代配合生态化组织的新管理模式，即去中心化管理、分布式管理越来越多。管理即控制、计划的思想不断在弱化，反而协调、授权的思想正日益得到推广。

交易：由渠道为王到平台模式

在互联网出现之前，如果企业想要与另一家企业或者客户发生交易行为，最大的困难就在于不知道对方在哪里，什么时候有需求，有什么样的需求。因此中介服务机构便应运而生，成为一种赚钱的生意。比如，我们最熟悉的的二手房中介服务公司，抑或是企业又爱又恨的渠道分销商，都是利用信息不对称来赚取双方的利润。

然而，互联网出现以后最直接的作用就是打破了过去信息渠道存在的时间与空间的传播壁垒。一点接入，全球连通，时时在线。如果我有产品，可以直接与遥远地方的人直接完成交易，而无需借助中介机构。如果我有需求，也可以通过网络最快地找到合适的卖家。阿里巴巴的愿景——让天下没有难做的生意——非常清晰地阐释了这一转变。

平台战略是互联网时代最为重要的发展模式，也彻底改变了传统的"渠道为王"的经营思路。过去，渠道的价值是从买卖双方直接做差价或者收取信息服务费实现的。但是，互联网平台能够直接将买卖双方对接，既省去了中介环节，又降低了交易成本。像京东这一类的网络电商，通过直销打败了传统实体渠道商店。同样，许多行业也开始建立自己的交易平台。比如资源再生行业，通过网上再生商品交易平台来促进经济的发展和市场的繁荣；为了促进减排、发展低碳经济，中国碳交易平台应运而生等。由此可见，无论是苹果，还是传统行业的企业，都在精心构建自己的平台，吸引着内容提供者和消费者的双边市场群体。

创新：从专业化的研究到跨界整合创新

有句话叫"业精于专"，在某个细分领域下足功夫，日积月累便会成为这一领域的专家。工业化生产带来细致的分工，我们的学校教育也着眼于对专业人才的培养，针对细分领域提供标准化的技能培训，培养出了越来越多的专家。在传统商业社会，各行各业彼此独立发展，这种专家式人才能够很好地满足市场的需要。

但是互联网让看似厚实的行业壁垒在信息洪流之下变得脆弱不堪，带来了行业的大融合趋势。一批在甲行业深耕的商人，转眼间跑到乙行业兴风作浪，玩起了颠覆。最典型的莫过于手机行业，如美国的乔布斯，中国的雷军等人，都是外行人进入继而颠覆了手机行业。作为最具扩散性、创新力的群体，互联网人才也开始向传统行业渗透，所谓的"降维打击"思路，用互联网的思维，去改造相对保守的传统行业，如餐饮、金融、汽车、电视，以及资源领域。于是，跨界整合能力成为众多创业家所追求的一种新的横向创新力，为怀揣改变世界、颠覆规则的创业者们所不断追求。

跨界人才的热潮出现，让创新的方式有了更为广阔的维度。过去的创新更多的是建立在单一领域的深入挖掘基础之上，而随着在线信息的分享，互联网时代学习和社交模式发生改变，我们能够及时、广泛、无边界地接触信息，因此，各类专业知识也脱离了学校课件设置和课堂容量限制，能够实现在线传播。像 MOOC 在线课堂、Slideshare 等分享网站，使任何人都可以成为一个基本的通才。另外，信息的传递和分享也成为互联网流量的最主要来源，过去只限于家庭、组织内部的知识传递，如今已然变成了无国界的网络社交互动，文化交流由地域封闭性、内容局限性，变得更加开放、互通、全面和及时。教育与社交的结合，带来了新的学习模式，也方便了不同思想的交流和碰撞：在学科边缘，行业边界之上不断地摩擦出创新的火花。新时代的商业创新，更多的将会是在跨行业、跨领域的横向创新。这种创新能力将会随着互联网越来越深刻地改变各种传统行业的生存法则，传统企业必须学会用互联网的思想去主动变革。而企业管理者，无论身处哪个行业，有着何种专业背景，首先都需要成为一个互联网人。

互联网带给我们的改变，在商业世界里集中反映在产品营销、企业管理、交易模式和创新方法等具体层面，而挖掘其背后的深层内涵表明：互联网改变了人类生存最基本的关系模式，即人与物、人与人和人与信息三种关系。我们处在一个快速变化的网络世界中，未来，我们将以互联网的思维去解决问题；用智能化的工具去满足物质需要；凭借社交化的服务去满足精神需求。最后，驱动我们不断进化的内核，是植入我们内心的、全新的互联网精神。

第二章

互联网＋生活——虚拟与现实的碰撞

互联网1.0——虚拟世界

互联网 1.0 是属于门户网站的时代，基于信息的交互传播，形成了新闻、搜索和社交游戏等内容服务产业，完全在线上建立了一个新的生活圈，一个新的虚拟世界。在互联网 1.0 时代，无论是社交、游戏，还是搜索服务，都是传统世界中早已存在的行为。只不过，互联网将上亿人口逐渐迁移至网上，通过网络技术实现了线下的传统活动，而且改变了我们过去获取信息和结交朋友的基本方式，进而改变了我们的精神世界生活。

**逆马斯洛的
需求满足路径**

马斯洛需求理论是我们都耳熟能详的，已为广大市场所接受，一般的产品发展路径，都遵循着传统的马斯洛需求分层理论。首先是满足人的最简单的生理需求，也就是人生存所必备的衣食住行等生活必需用品。在满足了这些最基本的需求之后，便是高一级的安全需求，这个阶段人的需求主要集中在个人的人身安全、身体健康，以及财产安全、工作稳定、家庭生活的保证等。再往上便是第三级需求——社交需求，在这里人们需要向外界寻找友情、爱情，而交流沟通的需要则是核心；再往上则是尊重和自我实现的需求，这个时候人所需要的不再是物质层面的东西，而是成就感，外界给予的认可和尊重,以及在这之上体现出来的创造性,对知识和信息的需求与探索等。

但是实际上互联网的出现,并不是沿着这个从低级需求向高级需求的规律发展的,而是逆向发展的。我们可以回顾早期的互联网时代,最有代表性的是各类门户网站和搜索网站,人们上网的主要需求是获取信息和新闻,也就是增长知识解决问题,有助于自己的工作完成,获得成效,这正是马斯洛所说的人的较高级的需求。互联网作为高新技术,从起点上就不同于以往的传统产品,而是直接满足于人的高级需求。在这之后,我们看到,像腾讯 QQ 的兴起,带动了人们在网上聊天的热情,这种社交化的趋势,一直是推动互联网以及移动互联网发展的核心动力之一,随后社区、论坛以及 SNS 网站的蓬勃出现,将人的社交需求突出到一个显著的位置上来,人们上网不再是简单的看新闻,找资料,更多的是交朋友,晒照片,分享自己的心得体会。微博的出现,是媒体化与社交化结合的产物,但是还是以媒体为主,主要为了满足高一级的需求,而微信则是社交化更强的产品,直接满足了低一级的社交需求,从微博到微信,预示着人的需求层级在向下发展。

流量变现模式

正是因为互联网 1.0 是较为独立存在的一个虚拟世界,因而它的整体商业模式相对简单,就是将流量变现。这种模式看起来就像是零售与批发的结合,一方面面向数量众多的个人用户,提供网络服务,汇集用户的流量资源;另一方面面向企业,通过巨大的流量将企业的广告推广出去,实现变现。互联网 1.0 的产业链相对简单,互联网公司作为一个平台,面向内容开发者、广告商和用户,实现信息流和资金流的转换。从始至终,都是在网络上完成交易和使用,与线下的实体经济基本上没有联系。

因为流量本身没有所谓的分类,无论是游戏、搜索,还是社交,用户产生的流量都是同一化的,与用户所处的行业没有什么关系。这种流量的同一化,带来的结果便是谁能够拥有更多的流量,谁就可能将其他竞争对手排挤出去,实现独霸市场的目标。所以我们看到互联网 1.0 时代,在各个信息服务领域,都会出现一家独大的局面,百度垄断搜索,腾讯垄断社交,360 垄断网络安全,阿里垄断电商,等等,赢家通吃,流量市场的集中度非常高。

但是,互联网 1.0 时代经过十余年的发展,依然还是依靠广告和游戏这两类收入来源，虽然有着千亿元规模的互联网广告市场（2014年互联网广告市场规模达1 540亿元，同比增长40%）和千亿元规模的网络游戏市场（2014年游戏市场规模达1 150亿元，同比增长38%），而且面向用户的各种应用产品层出不穷，但互联网产业本身并没有革命性的变化，依然是自成一体玩着流量变现的简单游戏。由于局限在线上活动，传统的线下企业对互联网没有近距离的感知，更谈不上多大的威胁和挑战。因此，我们会发现，十年前很多企业大佬在互联网方面简直是小白，看不起、看不懂的情况也普遍存在，把互联网视作年轻人的娱乐工具也是很多人的观念。互联网变成了技术人员和程序员的宝贝，而与实体经济始终隔着一层窗户纸。

捅破窗户纸的那一天迟早会到来。尽管在此之前，很多互联网公司已经预感到与传统企业必将会有终极的碰撞，井水不犯河水的日子也会一去不复返。互联网作为独立的一个行业，将不复存在，转而会成为贯穿所有行业的基本设施和手段，谁也挡不住，谁也逃不掉。

没有结合线下的市场，互联网就永远都是一小部分人自娱自乐的工具，其商业空间有限，增长潜力也不被看好，还容易导致投资过热和泡沫经济。互联网不能仅仅是一种线上的娱乐工具，当互联网公司回过头来看一看传统行业的状态，会发现有着太多的低效行为和使用痛点。于是，随着这种高效的、广泛连接的技术工具从云端走到地面，互联网1.0时代也行将结束，迎来的则是传统与创新之间的一次次的碰撞和磨合，而新的互联网时代也呼之欲出。

链接话题——第二人生和赛博空间

我们小的时候，恐怕都玩过"过家家"的游戏，在一种虚构的家庭关系中，每个人扮演不同的角色，体验一种类家庭的生活模式。但估计我们谁也无法想象，在若干年以后，这种虚拟化的游戏能够真的通过网络实现，让我们真正地开始操作另一个空间中的自己，来实现现实生活中不能实现的各种梦想。

第二人生（Second Life）是全球最大的虚拟世界游戏，目前的注册用户已经超过600万。2003年，由总部位于旧金山的林登实验室（Linden Lab）推出这款游戏。

在这个游戏中，每个人可以建立一个自己的虚拟的"第二人生"，与同在这个虚拟世界中的其他人发生各种各样的关系，实现自己在第一人生中没能实现的梦想。

不同于其他网络游戏，第二人生游戏中没有那些神话世界里的妖魔鬼怪，也没有古代世界中的攻城略地和群雄逐鹿，没有超自然的能力，没有世界大战。第二人生就是我们普通人的生活复制，我们在里面有着独立的身份角色，有着自己的家庭、朋友和工作，有着喜怒哀乐和爱恨情仇，有着为生计的奔波和假日的休闲时光。玩家可以自己购买物品，拥有物品的所有权和支配权，也可以使用特定的货币来进行各种支付交易活动，游戏用最大的可能为我们营造出一个真实的第二人生，在那里去实现我们未尽的人生梦想，弥补现实中的缺憾。

赛博空间（Cyberspace）指的是通过计算机网络构筑的一个虚拟世界。赛博空间一词是控制论（Cybernetics）和空间（Space）两个词的组合，最早是由加拿大的科幻小说作家威廉•吉布森提出。在他 1982 年发表于《omni》(科幻类)杂志上的短篇小说《融化的铬合金》(*Burning Chrome*)中首次应用，从此成为了网络爱好者们的精神家园。

赛博空间可以通俗地理解为虚拟空间、网络空间，或者是异次元空间，等等，总之这个词的本义即是利用计算机、互联网和通信技术，形成能够交换信息和知识的新型社会。这是人类依靠自己的智慧和能力，在虚拟的世界里实现了一次"创世纪"，是独立于我们现实世界之外的精神世界。

从最初的科幻小说的设想，到后来逐渐成为一个现实，互联网推动了赛博空间向着更加具有广度和深度的方向延伸，也将人们的生活越来越多地卷入其中。在赛博空间中，人们可以进行信息的生产、传播和使用，而传播的方式也不再是传统的书面和广播模式，而是网络化的传播，是多对多的交互。于是，赛博空间拥有了现实世界中所不具备的，更多的行为和自由思考的空间，让知识的权威不可能继续存在，少数人的垄断难以为继；同时，信息的复制和传播都是免费的，对于知识产权和隐私也有了全新的定义。现实世界是一个权力集中的阶层世界，而在赛博空间中，权力高度地分散化，人们仅仅通过自己的兴趣就可以与任何人进行连接和交流，这种组织形态对现实世界构成了非常强大的冲击。

互联网2.0——颠覆现实

提到互联网对传统行业的颠覆，最直接的体现是在通信、金融和零售行业，这些行业与广大消费者息息相关，几乎每天都在与消费者发生各种交易关系，构成了最基本的信息、资金和商品的流动体系。当互联网从线上向线下转移，不再局限于网络空间的虚拟生活，真正渗透进实体经济中，首当其冲便是这三大行业，由此也让整个传统行业的企业家们惊呼：狼来了！

互联网 2.0 时代是一个颠覆现实生活规则的时代，是一个改变传统商业范式的时代，是一个用互联网新技术解决以往的痛点，更好地实现人们美好生活愿景的时代。而只有当互联网彻底融入到实体经济中，用来改造落后的商业范式和社会关系时，互联网的市场空间和未来前景才会呈现出爆发式的增长，我们才会真的感受到，每一个人都已经成为充满互联网基因的人，我们的生活，甚至思想已经被互联网深刻地改变，无论是在线上还是线下。

互联网+通信——OTT

2015 年的除夕当天，短信发送量为 828 687 万条，同比下降 25%；移动数据流量为 725.5 万 GB，同比增长 69.5%。很明显，短信早已是明日黄花，风光不再，人均短信发送量出现了大幅下滑。通信需求是刚性的，为什么大家不发短信了？因为有了更好的替代者——微信。微信的快速扩张，不仅占用了大量的信令资源，而且对移动用户的蚕食效应非常明显。2015 年除夕当天，微信红包收发总量达 10.1 亿次，是 2014 年的 200 倍！腾讯也随之成为让电信运营商最头疼的互联网公司。腾讯这一类互联网公司的无穷创造力和破坏力，在以微信为代表的 OTT 业务上体现得淋漓尽致，造成了全球电信圈的集体恐慌，OTT 也随之成了近年来最热门的话题之一。

OTT 是英文"Over The Top"的缩写，原指篮球中的"过顶传球"。在信息通信领域，OTT 泛指基于顶层的业务，这种业务的典型特征是，业务提供者不需要拥有自己的物理网络，而是在互联网／移动通信网上直接面向终端消费者传递内容（如图 2-1 所示）。

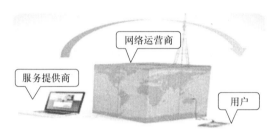

图 2-1　信息通信领域的 OTT

具体而言，OTT 是指互联网公司越过运营商，发展基于开放互联网的各种语音、视频以及数据服务业务。微信，还有国外的 Skype 等即时通信软件并不是 OTT 的全部，OTT 的范围会更大更广，除了让运营商寝食难安的这些通信软件之外，还有各种直接嵌入用户手机终端的 App 应用，视频、游戏、阅读应有尽有（如图 2-2 所示）。通信收入是运营商的命根子，但是在移动互联网时代，话音业务的贬值速度在加快，OTT 的出现让全球移动运营商的日子都越来越不好过。

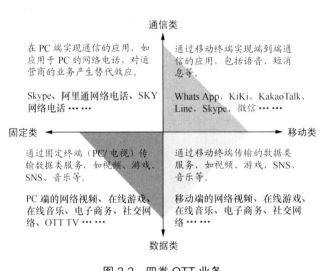

图 2-2　四类 OTT 业务

2011 年 1 月 21 日微信上线，用时 433 天，用户突破 1 亿，微信虽不是国内首个 OTT 通信应用，但却是最成功的一个。腾讯公司凭借自身强大的品牌号召力和影响力，以及 QQ 积累的庞大用户群为微信用户的发展提供了强大支持。微信的目标群体主要是年轻的移动互联网用户，他们热衷在线社交，追求时尚，对新事物感兴趣，而且消费能力强。微信诞生之初，更强调通信功能；随着 LBS、摇一摇、朋友圈等功能的推出，社交与通信的定位开始并举。微信红包出现后，更是将社交带动流量的模式推向了新的高度。

在 2015 年央视春晚送红包互动中，微信摇一摇总次数达 72 亿次，峰值 8.1 亿次 / 分钟，送出微信红包 1.2 亿个。微信的快速崛起也给我国的电信运营商带来了巨大的盈利压力。更为关键的是，OTT 本质上是打断了通信行业业已成型的价值链，给服务提供商与最终用户建立了直接的连接，去中介化的思想成为现实。作为渠道提供者的电信运营商，只能被旁路一边。

链接话题——抵制、竞争与合作，运营商对OTT的爱与恨

OTT 对传统电信运营商的冲击如釜底抽薪，如何应对这股来势汹汹的对手，各国运营商出现了不同的反应动作。就像一个人，面对突然闯入自己领地的陌生侵入者，他的反应无外乎三种：彻底抵制、全面竞争或拥抱合作。

运营商面对 OTT 业务，会本能地去抵制，因为这能够最大限度地保障自身的产业主导地位。但从目前来看，这种抵制越来越不可能实现。即使像韩国政府针对 Kakao 的 OTT 业务，也仅仅是批准运营商有自己处置的权力，可以直接掐断，也可以向其收费。不过行政干预往往是短期行为，政府干预本质上说有违自由竞争的精神，不利于产业的良性发展。想走抵制策略，一劳永逸地解决对手已经不切实际了。

在无法抵制的情况下，最直接的反应就是开展竞争，国外很多运营商已经开始了多层面的竞争。OTT 最大的卖点就是免费通话，吸引走了一大批用户。一种竞争手法就是开展更多样化的流量套餐，降低自身的价格，消除 OTT 业务的价格优势。对此，美国移动运营商 T-Mobile 推出新套餐，仅针对数据流量

收费，电话和短信完全免费。将流量而不再是话音作为主打产品进行收费，实际上是彻底颠覆了传统的话音经营思路，要利用通话免费的策略来留住用户。北欧电信巨头 TeliaSonera 发布欧洲首个移动数据共享流量业务，家庭成员之间可以无限量通话，同时七款设备共享统一套餐流量。统计表明，用户的通话时间，绝大部分是发生在较为固定的亲友通话之中，家庭无限量通话优惠的推出，也是针对此而制订出的策略。同时，多种终端共享流量套餐，从使用便捷度和用户体验上都增加了竞争的筹码。

除此以外，运营商也会选择直接竞争的方式，正面战场真刀真枪地大打一仗。2012 年，巴塞罗那的世界移动通信大会（WMC）上，由西班牙 Telefonica、英国沃达丰、法国 Orange、意大利 Telecom 及德国电信在内的欧洲五大电信巨头，联合推出了自有即时手机短信系统 "Joyn"，正式向以 Blackberry Messaging 及 Whats App 为代表的即时通信应用宣战。Joyn 可以实现语音、短信、图片、视频文件的传送服务，而且 Joyn 取得了除苹果以外的众多终端厂商的支持，将之嵌入手机基础软件中，可以跨网络运行，不需要用户单独安装 App 软件。这种优势是众多 App 业务所无法达到的。Joyn 承载了运营商应对 OTT 竞争的希望，但是效果却并不理想。

还有一些运营商干脆选择更直接的方式，就是推出自己的 OTT 业务。2012年 5 月，西班牙电信在参与 Joyn 的同时，还推出了一款集信息、VOIP 和照片分享于一身的应用 TU Me。这款 OTT 业务目前在西班牙本国以及印度、美国等海外市场拥有了一定市场份额。为什么西班牙电信会推出 OTT 业务？一般来看，运营商经营 OTT 业务，有一点"杀敌一千，自损八百"的意味。在话音业务加速低值化的背景下，运营商自救的时间更加紧迫。西班牙电信推出这款应用，一方面是缓解互联网公司通过 OTT 业务抢走自己用户的局面，同时也存在借此机会，从其他运营商手中抢夺用户的意图。此外，向没有业务开展的海外市场部署 OTT 应用更值得思考和玩味，西班牙电信在这些市场扮演的已经不再是网络运营商的角色，更像是一家互联网公司，为未来提前进行战略布局。

有竞争，自然就有合作。首先对于管道资源的使用，很多运营商不再抱有独占的思想，也不再对 OTT 业务一味地排斥，开始尝试多样化的合作模式。例如，针对Whats App这一款非常受欢迎的免费通信软件，运营商和黄3选择与之合作推出"Whats App Roaming Pass"业务；印度Reliance也推出"Whats App plan"数据套餐；另外一种即时通信应用Facetime，美国两大运营商Verizon和AT&T分别与之开展合作，提供免费通话服务。再早之前，还有Sprint选择与Google Voice的合作案例。

这种合作在当时的通信市场犹如一颗炸弹，让所有人都目瞪口呆，因为从传统的竞争模式来看，这种合作势必会大幅度降低通话费用，侵蚀了原有的话音收入，无异于自杀行为。但是从发展角度看，越来越多的OTT业务的出现，让用户使用数据套餐的需求逐渐加强，对数据流量的依赖越发明显。这反过来为运营商的流量经营积累了新的资源。就像Whats App的联合创始人Brian Acton所说："从长远来看，我们将引领一场数据套餐热潮，而提供数据套餐服务的实体正是运营商。因此，它们从中受益颇丰。"

如果没有这些丰富的数据应用，用户很可能还是依赖于话音业务，那么大数据的时代就不会到来，运营商的管道永远不会智能化，正是像Whats App这类破坏式的创新出现，才让越来越多的用户开始产生数据消费的需求，而这些数据流量将会推高运营商管道的价值。基于此种认识，运营商看待OTT业务也不再是洪水猛兽一般，而更多的是潜在的合作伙伴和商业机遇。

除了在管道通信层面的合作之外，还有运营商着眼于未来的内容服务领域，开始与这一类的OTT公司展开多样化的合作。例如，2012年11月，西班牙电信与微软合作安装全球视频平台；Verizon与Redbox联手进军流媒体视频领域。2012年日本的NTT DoCoMo与亚马逊合作提供电子书下载，收购意大利移动内容公司Buongiorno。可以看出，运营商选择合作的这些OTT厂家，都集中在内容服务层面，与运营商的通信业务没有直接的竞争关系，合作反而能够扩大数据服务的业务范围，在不影响话音业务的同时，增加运营商的数据收入。相比于微信、Whats App这类有替代意味的即时通信服务，与内容服务公司的合作难度会小很多。

顽强地抵制OTT进入已不可能，运营商也无力进行围剿和封堵；直接竞争虽然胜负尚未可知，但必将面临着大量用户流失，运营收入萎缩的局面；而合作的方式，往往一些弱势和非主导的运营商会更敢于尝试，毕竟通过常规竞争无法撼动原有市场格局，而联合外部力量，颠覆既有市场，倒还有乱中取胜的可能。但是对于强势的运营商，想要放下身段，舍得分出一杯羹来，确实是非常困难的。

> **互联网+金融——**
> **互联网金融**

近年来，互联网金融在中国已从星星之火开始呈现燎原之势。特别是 2013 年以来，随着 BAT 三巨头在互联网金融领域的频繁布局，"宝宝"们纷纷降生，一大批 P2P 网站、众筹网络平台如雨后春笋般不断涌现，互联网金融业务更是呈现井喷式发展。

丰富多彩的互联网金融

互联网金融的发展模式主要包括三类：传统金融服务的互联网延伸（如网络银行中开户、存取款和转账等）、金融的互联网居间中介服务（又分为第三方支付平台和信贷融资平台两种）和互联网金融服务（如网络小额贷款、商业信用数据分析服务、金融信息搜索服务和互联网基金等）。

从经营主体的性质分析，互联网金融也可分为三类：第一类是利用互联网进行金融服务的传统金融机构及相关组织等，如银行、证券公司和电信运营商等；第二类是根据自身优势提供金融服务的综合性互联网公司，如百度、阿里巴巴、腾讯和京东等；第三类是专营金融业务的互联网公司，如宜信、人人贷、拍拍贷和有利网等。

根据以上两个维度划分，可以对目前国内互联网金融行业的主要经营主体及其主营业务进行归纳（如表 2-1 所示）。

表 2-1　互联网金融产品分类

经营主体＼业务形式	传统金融机构	综合性互联网公司	专业性互联网金融公司
传统金融服务的延伸	各大银行的网络银行服务，三大运营商的手机银行服务，各大证券、保险、投资公司的网络投资理财平台	—	中民保险网、好险网

续表

经营主体 业务形式		传统金融机构	综合性互联网公司	专业性互联网 金融公司
金融的互联网居间服务	第三方支付平台	中国银联第三方移动支付平台、三大运营商的移动手机支付业务	支付宝、财付通	快钱、国付宝、汇付天下、易宝支付、新生支付
	信贷融资平台	—	—	宜信、人人贷、拍拍贷、点名时间、大众联合、有利网
互联网金融服务		—	阿里小贷、百度金融搜索、京东供应链金融、苏宁小贷	财客在线、挖财软件

互联网对传统金融业的冲击

互联网金融的核心是"互联网"特性在金融业务中的"化学反应"，互联网金融冲击传统金融行业的根源正是互联网特性对金融业务产生的化学作用。

一直以来，金融理财投资都是"高富帅"的游戏，绝大部分银行的短期理财产品都以5万元为最低限额。孰不知，多少"屌丝"手里揣着几百元几千元的闲钱，眼看着通货膨胀不断上升却束手无策。而互联网的草根特性使得金融理财不再是"高富帅"的专属，以"余额宝"为代表的互联网小微金融服务，让更多的低收入者有了投资理财的机会，甚至出现了人们将定期存款从银行中拿出存入余额宝的现象，这已经是对银行存款业务的直接冲击了。

传统金融服务组织往往为了满足客户服务需求，不得不建立足够多的营业网点，这构成了其运营成本的重要部分。即便这样，在很多情况下，人们仍然为寻找银行或证券公司的营业网点而费尽周折，这也极大地影响了很多客户主动到营业网点办理业务的积极性，制约了金融业务的发展。而新兴的互联网金融企业则不一样，利用网络平台，人们可以足不出户，通过手机、电脑或其他智能终端设备即可完成业务办理；互联网金融企业没有铺设现实网点的成本压力，可以把更多的资源投入到服务质量改进和新业务拓展中。同时，未来人们使用手机等移动智能终端来体验金融服务将成为趋势，这将为提升金融业务提供更大的发展空间。

　　传统金融服务名目众多的收费项目，一直被社会公众所诟病。无论是小额存款管理费，还是异地存取款手续费等，都被认为是明显的不合理收费。然而，以银行为代表的垄断性行业特点，使得客户不得不为这样的收费买单。而在互联网金融平台上，情况则完全不同，其利用互联网技术实现全面的互联互通和高水平的电子化服务，让用户可以尽情享受"免费午餐"，这必然会让更多的用户放弃传统金融机构而使用互联网金融企业的服务，这就会给以服务类收费占收入重要部分的银行巨头们带来直接的利润影响。

　　传统金融组织层级众多，业务流程复杂。很多时候，客户的业务申请需要长时间、多部门的审核才能实现，这既影响了客户的服务体验，也制约了业务的发展。然而，这种长期积累的科层制管理模式和企业结构，在短期很难改变。相对于传统金融组织的"千斤重"，新兴互联网金融企业则"轻如鸿毛"。利用网络平台，互联网金融企业实现了扁平化的运作模式，客户能够与业务部门进行最快速、最直接的沟通，这就保证了客户业务需求得以最快速地响应和满足。

互联网+零售——电子商务

　　2014 年资本市场的一大新闻，便是阿里巴巴在美国成功上市。回想阿里巴巴发展的十多年历程，实际上它对于推动社会的贡献，更多的是教会了人们另外一种购物方式和生活方式。电子商务是互联网时代全新的应用服务方式，在 20 世纪 90 年代刚出现时，几乎没有人会相信，在虚幻的网络空间上可以实现买卖行为，与素未谋面的人可以进行钱物交换。但是，就像所有的伟大发明创造一样，最终的目标都是为了更好地提升我们的生活质量，简单、方便、快捷，这就是电子商务的特点。于是，我们见证了一段爆炸式增长的奇迹。中国电子商务研究中心（100EC.CN）发布的《2014 年度中国电子商务市场数据监测报告》显示，2014 年中国电子商务市场交易规模达 13.4 万亿元，同比增长 31.4%。其中，B2B 电子商务市场交易额达 10 万亿元，同比增长 21.9%；网络零售市场交易规模达 2.82 万亿元，同比增长 49.7%。

　　不仅在规模上实现了持续快速的增长，电子商务还深刻影响到了传统行业的商业模式和产业格局，以零售为突破口，电子商务整合了线上交易和线下体验的双向互动价值链，广泛渗透到了教育、医疗、汽车、农业、化工、环保、能源等各个行业，改造着传统的经济模式。

按照交易对象，电子商务可以分为企业对企业的电子商务模式（B2B），企业对消费者的电子商务模式（B2C），企业对政府的电子商务模式（B2G），消费者对政府的电子商务模式（C2G），消费者对消费者的电子商务模式（C2C），企业、消费者、代理商三者相互转化的电子商务模式（ABC），以消费者为中心的全新商业模式（C2B2S），以供需方为目标的新型电子商务模式（P2D）。

2012 年 12 月在中国企业家俱乐部内部主题沙龙上，马云将电子商务与传统零售业比作机关枪和太极拳，完全不在同一个竞争层面上，甚至直呼零售业的死亡。

电子商务对传统的线下零售业的冲击是致命的，因为电子商务利用了互联网打破时空限制的技术特性，将以往远隔万里的卖家和买家建立了连接，消除了信息不对称性这一最大的交易成本。在《无价》一书中讲到，心理实验表明，外行人员对于某个行业的产品定价在心里根本没有底，只需要抛出锚定价格，消费者就会乖乖地被牵着鼻子走。而电子商务能够让消费者绕过中间商，与几乎所有的卖家实现直接的沟通和交易。将一件商品的定价变得比以前更加透明，而且是公开，消费者不再货比三家，而是可以货比全体，真正知道合理的价格区间在哪里，所谓地域性的价格歧视策略无所遁形。

> "传统行业经常讲这句话：不管怎么样，你一定会用我的体验吧。
>
> 我告诉大家，以后的体验跟你今天想象的体验完全不同。传统零售行业与互联网的竞争，说难听点，就像在机枪面前，太极拳、少林拳是没有区别的，一枪把你崩了。今天不是来跟大家危言耸听，大家都是朋友，互联网对你的摧毁是非常之快的。
>
> 不是我厉害，是互联网厉害。如果你增加两万名会员，你可能要买 100 亩地建商场，你要建巨大的仓库，我只要一台电脑就够了。所以我们的成本会越来越低，而效益会越来越好。"
>
> ——网络流传的马云语录

互联网的交互性，还带来了另一个好处，用户可以对店家进行公开的评价反馈，这种评级结果又直接影响到下一位用户的购买选择。这种 UGC 模式创造了买卖双方的理性互动机制，更主要的是从利益博弈的角度，促使了真正的市场信用体系的建立，这种自发的信用制衡，具有传统线下零售业所不可比拟的优势。

链接话题——电子商务创造了"双十一"节

2014 年的"双十一"节的硝烟已经散去，2015 年的"双十一"节又将迎来一次惨烈的搏杀！一个原本没有任何文化与历史背景的节日，就在我们这个商业化的世界中，被凭空创造了出来，而且不断地制造着媒体话题，并牵动着规模巨大的消费市场。"双十一"，一个神奇的节日，伴随着电子商务的发展而出现，又从纯粹的商业噱头变成了一种成功的营销案例，从而成为追求互联网化的传统企业学习和借鉴的标杆。

快速。移动互联网开辟了比拼速度的时代。如果不能同新星一起冉冉升起，那么很可能就变成旧人黯然离场了。因此首先考验的就是小伙伴们追赶的速度。过去"双十一"是天猫的节日，但如今"双十一"已成为电商共同的销售发力时间点，苏宁、当当等不少电商已经提前开展促销。此外，就是天猫的改良速度。你嘲笑我只有慢递，我可怜你流量还不够，你说我"只会上网"，却看不见我已布局 O2O。面对短板，天猫迅速反应，从 2014 年上半年就开始快速布局"菜鸟"网络，此次将首用大数据技术指导物流信息联动。另外，同时打通线上线下。线下的 3 万家门店也将同时参与，消费者可到实体店试穿试戴、抄货号。不禁让消费者又有新的期待。互联网思维的快速不仅包括变革过程的速度，也包括面对变化迅速响应，克服创新乏力和路径依赖思维。

社区化。社区化已然成为在大众社区的网络时代更能激发起用户共享热情的一个重要工具和手段。天猫布局社区化的重要举措就是推"来往"。2013 年阿里巴巴 10 亿元的营销经费 80% 都在"来往"上通过摇一摇来发放，让消费者不得不来往。另外也打通了与新浪微博的底层数据，利用微博的社交关系打造社区化发展模式。而京东也已经开始试水本地化服务，通过配送员线下向消费者发送二维码促销卡片的方式，推动 O2O 社区化服务模式发展。社区化的一大特点就是"兴趣+社交"，通过缺乏个性的繁杂的营销来拉拢用户已经失效，只有让业务拥有独特的个性，彰显人性化的关怀和特质才能让用户"在人群中多看你一眼"。

"屌丝"思维。其实"双十一"本质上是个"屌丝节日"，"2亿天猫现金红包""易迅7亿元优惠券""新蛋极客现身""京东11万本电子书1元抢"更多的是撩拨着"屌丝"们羞涩的荷包，但恰恰是这种让平民消费者能得到实惠的活动才能深入扎根。阿里巴巴、腾讯、小米也都是依托分层市场的"底部市场"实现逆袭，"得屌丝者得天下"。和公务消费、土豪经济不一样，屌丝经济是一种参与型、共享型和匹配型的经济。再大的企业，在互联网时代中想要崛起，就要在"屌丝经济"中成为一流高手。

如今，移动互联网已经成为势不可挡的趋势，就像人类已经无法阻止"双十一"购物节一样，吸收和借鉴互联网思维方式才能在新的格局中立于不败之地。

互联网+工业制造业

互联网作为一项伟大的发明成果，对我们的商业生活和社会结构带来的挑战和转变之大是以前的任何技术所无法比拟的。互联网对与消费者最相关的服务业进行了改造之后，沿着价值链逆流而上，逐渐开始了对中间环节——制造业的渗透与影响。所谓"互联网＋工业制造业"，指的就是在传统工业的生产流程、市场营销、客户服务等领域实现对互联网革命中所涌现的计算机、信息和通信技术的有效利用。

对互联网+工业的正确理解　这里讲的互联网，应该是包括大数据、云计算、物联网等相关技术在内的全互联网技术，以及随之而来的互联网商业模式，将这些要素在以往的服务业中广泛安装，已经产生了很多变革效果。而如果被安装的是作为国家发展基石的工业制造业，那么则会产生全新的运行体系。因此，对于"互联网＋"时代商业规律的理解和把握，除了最直观的纵向速度革命之外，还会从横向来重新构造传统工业制造的内在模式。

首先，"互联网＋工业"改变产品属性，这里的互联网主要是指基本的信息传递与交互网络，工业上融入互联网技术，目的就是将死的产品变成活的产品，也就是实现产品的数据化和智能化。目前发展的最多的还是我们最贴身的设备，也就是智能可穿戴设备。根据 IMS 报告研究，可穿戴设备的市场有望在 2016 年达到 1.71 亿件的出货量，而 2011 年出货量仅为 0.14 亿件。可以预见，工业互联网化将不会仅仅局限在手表、眼镜这类小配饰层面，而是将各类工业产品都安装数据模块，实现远程操控，实时感应，与使用者进行数据交换。

其次，"物联网＋工业"整合生产流程，最集中的体现就是传感器在工业制造过程中的广泛应用，实现各生产设备可以自发地进行信息交换，并自动控制和自主决策，这种生产线上的实时数据反馈调整，能够帮助企业做好资源的配置，减少库存，提高效率。德国的工业 4.0 就是这方面的集中体现，关键在于构建网络化物理设备系统（CPS），实现整体控制。比如，传统的企业生产线是静态设置，奔驰生产线不能生产宝马的部件。但是工业 4.0 畅想的未来，是能够将生产线实现动态化，车辆部件的混装搭配也能够实现，而客户的个性化定制将很好地得到满足。

第三，"云计算＋工业"强化系统协作，互联网企业最为热衷的就是这一模式，运用手中的大数据资源和云平台，为生产企业建立统一的智能管理服务平台，为不同的企业、不同的产品提供统一化的信息技术服务，并加强产品的实时监控与预警、维护，提高稳定性和各个产品的整体协作效率。美国的工业互联网相比德国的工业 4.0，很多时候侧重于这种智能化的产品协作，背后依靠的就是美国强大的互联网企业资源。

最后，"互联网商业模式＋工业"重构产销关系，互联网对于以往的生产—消费的模式进行了颠覆，生产与消费不再是先后顺序，而是同步进行，产销一体，边生产边消费。这就体现了服务的重要性，互联网企业用低于成本的价格出售硬件，换来的却是用户的使用时间成本，并通过配件服务来获取长期回报。工业制造商有效利用这一商业逻辑，改变过去产品的概念，变成服务型生产，而且利用后续服务获得盈利也改变了以往的赚钱模式。后工业时代也将随之到来。

工业互联网价值在哪里？

一是对生产效率的提升。工业互联网提升传统工业生产效率的途径和方式是多种多样的，除了利用移动互联网搜集客户信息来实现产品的个性化定制，以降低生产误差和成本外，还包括通过信息技术提升企业内外部沟通水平，从而简化运营管理和生产流程，还可以通过大数据分析挖掘用户潜在需求，改善产品结构，提高生产效率等。

二是对营销方式的丰富。电子商务的兴起为传统工业提供了全新的营销渠道，而微博、微信等社交媒体的发展又深刻改变了传统企业与用户的沟通方式，这为传统工业创新品牌塑造模式，提升营销效率，创造了丰富的条件和良好的环境；互联网可以让传统企业快速触碰到大量原来没有触及到的长尾客户，企业利用互联网还可以改变传统高昂广告投入的方式，实现低成本打造品牌。

三是对收入渠道的扩展。在工业互联网时代，传统工业不再仅仅是物理设备的生产企业，更应该是充分借助大数据、软件、网络、传感器等新技术的生产服务型企业，传统企业能够卖给客户的不再仅仅是实体性设备和产品，还能提供与工业互联网相关的生产服务性的软件技术和系统集成。

如果将互联网到目前为止的这些影响和改造行为定义为"互联网＋"的第一阶段，那么下一步"互联网＋"的进军方向，一个是从零售领域逆向推进到生产制造领域，另一个是从服务业逆向推进到工业，也就是第三产业倒逼第二产业的转型。可以预见，今后几年，将是工业制造业发生巨大变化的阶段，无论是德国的工业4.0，还是美国的工业互联网，或是中国的两化融合以及中国制造2025，都是此阶段殊途同归的规划。

这种智能化的改造思想，可以被我国已经实现自动化生产的部分企业学习效仿。但是我们也看到，中国的制造业无论是技术实力，还是人员素质都与发达国家有较大差距，地区发展不平衡，"互联网＋"并不能改变这一现状。因而，未来的"中国制造"不能是简单的"拿来主义"，一些制造业发达的地区可以率先借鉴。但更应该看到的是互联网＋作为一个长期的、渐进的过程，中国从中还需要做很多基础的工作，应对今后不断深化和扩散的互联网效应，顺利地将我国的工业制造业指引到2025年。

互联网+农业

当我们跨越服务业、工业的互联网化之后，很自然会想到，农业的互联网化将展开怎样壮阔的图景？这里我们已经不必再去思考农业是否会被互联网化了，而是应该去探索怎样的互联网化是最有价值的？虽然从田间到饭桌的产业链相对比较长，中间的转换速度也不会很快，但事实上，这其中的主要环节，如农资采购、田间种植、农产品的销售、物流运输等都已经开始了信息化的改造，可以说在一定程度上农业已经与互联网开始结合。与此同时，农业生产组织也随之出现新的形态，农业互联网的时代正在悄然来临。只是，在我们被快消品包围的城市里，农业总是感觉离我们很远。

如同工业互联网，大数据、物联网、云计算技术将会应用到农业生产与销售的全过程。2011 年 11 月，美国 Farmeron 公司推出了一款基于云计算的农场管理工具，可收集关于牲畜进食、健康状况、繁殖情况、牛奶产量、药物种类或药物剂量等信息，并上传给 Farmeron 公司进行数据分析，为农场主提供详细的分析报告。在盈利模式上，Farmeron 按农场规模向农场主收取服务费。Farmeron 还提供了数据分析外包的服务，使农场主搜集数据后无需花大力气去分析数据，同时也免去了维护信息软件的投入。精准农业的运行过程，让农场主能够更为科学地进行生产安排，而且可以根据数据分析，判断出农产牲畜的健康状况，及时发现病情，对于所生产的粮食质量也更为安全可控。

而农产品电商也已经成为撬动农业市场的切入点，在国内外都有着很广泛的应用。美国的涉农电商平台 xsag.com，主要从事农药和化肥等农资产品的交易，商家可以发布信息，还提供在线支付、银行信用卡支付等多种支付方式供买家选择。最有特色的是，该网站提供反向竞价模式，买家提出需求，卖家之间竞价提供，最接近买家要求者即可与买家交易。只要提出想买的商品和预期的价格，就会有很多商家前来竞价，最后由买家决定与谁交易。xsag.com 曾 4 次被评为福布斯"最佳网站"。

涉农电商仅仅是农业互联网的冰山一角，农业作为提供人们生存的基础产业，本身的生产模式依旧比较传统和保守，相对于服务业而言，其产业链条上的效率问题和服务痛点只多不少，正等待互联网去发现和解决。

杰里米·里夫金在《第三次工业革命》一书中为我们描绘出了一个宏伟蓝图，信息通信技术与新的能源系统相结合产生的能源互联网，将可能引发新的产业革命。另外一条路线，则是第二产业向第一产业，也就是我们的农林业推进，实现农业互联网化。假以时日，"互联网＋"的范式和模式再造，同样复制到农业和能源领域的时候，我们恐怕真的要面对千百年来人类与自然关系的重新界定，这又将会引发一系列从文化到思想上的巨变。

思维决定未来

10亿赌约引发的两种模式思考

在 2013 年央视"中国经济年度人物评选"盛典上，小米科技董事长雷军和格力董事长董明珠围绕到底是轻资产企业还是重资产企业更有前途起了争执，董明珠阔绰地开出了 10 亿元的赌注更是吸引了众多眼球，好不热闹。不过热闹归热闹，这毕竟是电视秀的主要目的。但如果你愿意较真一下，就会发现，其实这场"罗生门"式的争论暗藏了不少误解和"陷阱"，以至于让马云这样的大师也深陷其中。

格力与小米的差别是侧重营销与否的问题吗？当主持人问起要用一个词总结格力和小米的商业模式的时候，双方分别用了"实业"和"营销"，这就给大家造成一个错觉，即小米仅仅是在玩营销，与格力这样的实体企业相差太远。更甚的是，主持人陈伟鸿现场拿出了一组对比数字，说小米的员工数为 0（实际上说的是工厂员工），仿佛在说小米的商业是一种虚拟的模式，单纯是在卖概念。紧接着，精明的马云在为自己选择格力做辩护，说没有数字能离开实体，没有实体的数字就是空中楼阁。"误会"就这样一层层加深，双方争辩的主题已经不知不觉从小米和格力两家企业未来的发展后劲比拼，转移到了一个企业应当是以实业为重还是以营销为重。显然这种理论假设对雷军不利，于是他竭力为小米辩护，无奈"口才不好"，结果大家都知道。

其实问题不在于营销与否，而在于选择何种方式发展。简单地将小米和营销对等起来犯了一个致命错误，小米公司本身就是实体与实业，其绝大多数员工都是技术出身，整天都是在琢磨如何在现有的产品链上进行微创新，以打造出更能满足用户需求的产品。同样，格力之所以有今天的成绩，也离不开其在营销上大刀阔斧地创新，而且董明珠本身就是以营销起家。但与小米不同的是，格力的体型要庞大得多，实现了研发、生产、销售、服务各个链条的全覆盖，而小米则相对轻薄很多，除去研发和服务，生产全部外包，销售则是全部借助互联网。所以从这个意义上讲，双方的争论焦点更多是在"轻渠道"和"重渠道"之间的孰优孰劣上，"注重营销还是实业"的矛盾显然是被夸大的结果。

那么"格力模式"和"小米模式"到底孰优孰劣呢？应当清楚的是，两种模式其实对应的是不同类型的产品。空调和手机虽然都属于 3C 产品，但相对而言，作为消费类电子产品的手机生命周期更短，产品迭代速度惊人，如果谁想试图把手机研发、制造、渠道全部一起包干，恐怕迟早会死在库存堆积成的坟墓里。不过空调就不一样，其生命周期很长，如果国家不改能效要求，3 年前的库存都可以卖出去，所以自己生产，即使有库存压力也问题不大。

小米和格力，代表着两种完全不同的商业理解，双方就像是在不同空间维度下的搏击手，干的不是同一件事。格力是一家传统意义的企业，要做的就是质量过硬的产品，"我们一直坚信自己，我有这么强大的技术开发队伍，我现在有 14 000 多项专利，这就是我的竞争力。"董明珠说。作为传统制造业企业代表的董明珠，始终认为小米只是一个会制造噱头的营销公司，而没有什么真正的核心能力。

而小米的胃口则远不止于产品，小米的目标是建立生态系统，是一个体系。从小米广泛投资布局即可看出，雷军的注意力早已超出了手机行业，投资了视频内容服务商爱奇艺、互联网基础设施服务商世纪互联，尤其是空调市场排名靠前的美的电器。这是与格力和董明珠完全不同的套路和思维。"心中无敌，便无敌于天下。其实经营小米跟我自己做人的宗旨是完全一样的，我们希望朋友越多越好，敌人越少越好。"雷军这样说。

在董明珠看来，互联网无论如何仅仅是一个工具而已，她表示，"互联网时代也好，其他时代也罢，我们格力都不怕。虽然有了这么多创新的人，假如我们今天没有空调了，没有电视了。我们平常要用的东西，茶杯没有了，但只有互联网，我能喝到茶吗？不能。"

但这并不意味着"格力模式"就没有破绽，在互联网已经如浪潮般席卷各大行业的今天，如果仍然抱着传统的模式不放手，则可能会在高效专业的竞争环境中逐步败下阵来。

所有企业都将成为互联网企业

2012 年年底的马云和王健林 1 亿元赌局大戏让大家开始关注互联网对传统行业的颠覆话题，到后面更是变成了雷军与董明珠的升级版——10 亿元赌局，如果说前者还是聚焦在电商对传统商铺的替代影响，那么后者内涵就更为深远了。

在互联网还处于 1.0 阶段的时候，我们可以区分哪些是互联网公司，哪些是传统企业。可是当互联网进入 2.0 阶段，互联网作为技术因素几乎渗透到所有行业之中，我们已经不可能再区分互联网公司与传统企业。互联网不再是一个独立垂直的行业，而成为了一类基础设施，一种新能源，是所有企业所必须接受和使用的全新工具和方法。

更重要的是，互联网使我们从更高一个层级来看待自身的商业社会中的内在逻辑，去反思我们过去业已形成的一些观念和理论，从而重构自身的思维，这将不再是新旧企业之间的博弈，而是互联网思维和传统企业思维之间的博弈。

正如董明珠所说的，"其实不是雷军赢，也不是我赢，而是一种思维的博弈"。这种思维，就是在互联网重塑整个商业社会基本关系结构的大变局之中，我们每个人是否能够看得清、看得懂和看得准，而这种思考也将决定谁能够在未来走得更远！

第二部分
商业社会结构的范式转移

互联网将我们所有人卷入其中，编织了一张无所不包的天网。原先在一个个独立的层次结构中的人们，可以借助互联网广泛连接，建立脱离现实组织的新的交互渠道。信息获得了前有未有的自由流动和低成本乃至免费的传播。这种传播打破了以往一个个中心点向外逐层延伸的模式，中心开始弱化、弥散化，边缘开始凸起，网络状的交互传播替代了原有的单向传播。我们整个社会结构在这种去中心化的冲击之下，走到了一个新的范式变革路口。

第三章

互联网 + 社会——改变社会的结构范式

Internet+

66 通常一个中心化的权力体系会为其中最有权力的因素进行高效的服务。一个去
中心化的权力体系和自由结社体制肯定会碰到这样的问题，就是不公平这一具
体的问题，比如一个地区比另外一个地区更富裕等。我们寄希望于这些人之本能的
进步，这比寄希望于来自中心化的权力机构所取得的进步要更安全些。我相信，这
些中心化的机构几乎不可避免地服务于它最有权力的部分的利益。"

早在互联网诞生之前，乔姆斯基已经看到了在中心化的社会结构下，权力的过
分集中将会使人性恶的一面膨胀，去侵犯、破坏，甚至毁灭大部分人的自由和利益。
相反，去中心化意味着社会将广泛的信任交付给了更多的人和社群，而不是给少数
金字塔尖的掌控者，相信只有让人自由地选择和发展，才会更好地保证所有人的基
本利益，促进整个文明的进步。

互联网是一个新的信息交流技术，也是一个巨大的社会范式变革推动力，将对
我们的商业世界进行彻底的改造和重构。

分工的2.0时代到来

在互联网之前，传统的产业链已经有了成熟稳定的合作模式。在这点上，互联网

并没有起到逆转作用，企业通吃上下游的做法，即使是在互联网时代，也将越发显得不够划算。但是，互联网保持着传统产业链纵向合作模式的同时，却在横向上实现了资本与产品服务的化整为零和化零为整双向运作模式，进入了分工的更高阶段。

通过互联网，企业在创业最初阶段，可以通过众多小型投资者的众筹模式获得原始资本的筹集，而不再是只能单独向某家银行或投资人申请一笔巨额款项；企业不需要单独建立一条完整的生产线，从无到有生产一个完整的产品，而是可以同时分包给各个专业化的代工厂，进行协同生产与组装；企业也不担心受到大型代理渠道商的供货压价要求，转而通过折扣吸引大量零散消费者，同样实现规模出货。众筹、众包、团购、共享等新经济模式应运而生，将过去基于产业链的纵向分工向前推进了一大步，实现了横向的细分，将长尾理论中的利基市场的活力充分释放，中小企业和用户的话语权得到了极大的提高。

当各个环节都开始化整为零，实现分散化运营，互联网的连接本能起到了关键作用，让每一个脱离庞大组织的独立经济单元，或团队或个人，能够运用互联网与原有产业链上下游的其他独立经济单元建立连接，彼此互动，形成复杂的网络系统。这个系统不再是清晰的链条状，也不再能够将行业的边界清晰化。反之，这是一个融合与交错的大时代，对于分工的理解，从纵向链条的时间维度向横向网络的空间维度迈进（如图 3-1 所示）。

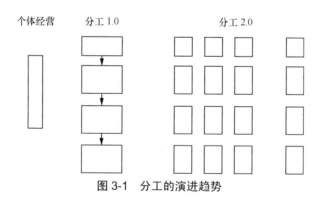

图 3-1　分工的演进趋势

当产业链条不复存在，当主导企业被边缘弱化，一个去中心化的新趋势已经摆在我们每个人的面前。中心化是农业文明到工业文明的发展结果，它强调着控制、标准、统一、确定的思维定势，而去中心化后的网络组织，则是合作、个性、多元、不确定的世界，这是一个生命进化的过程，也是一个伟大的思想进化过程。

从中心化到有机化

中心化城市布局的思想隐喻

城市是文明的图景，城市的布局结构是当时历史阶段文化思想的体现形式。"以中为尊"是中国自古以来文化形态的一大主要特色，"天子中而处"是礼的重要规范，成为"尊上"的重要表征。北京城在修建中，突出了把紫禁城设在中央的特点。整个都城以紫禁城为中心左右对称，前左（东）有太庙，右（西）有社稷坛，在内城外四面建天、地、日、月四坛。即使到现在，北京城的范围已经远远超出了老城区，但是摊开地图，我们还是很容易看出来，北京的这种从中心对外放射的城市布局。

除了像北京城这类依人工设计而建设的城市，世界上绝大多数的城市是由于普通人的聚居活动，在长时间内一点点生长形成的。当然，这类城市的布局肯定是无法用规范、对称、整齐划一这类形容词来描述的。像中世纪的欧洲城市，典型特征是商业区与居民区的接近，以便人们平日的购物之便。受制于当时极不发达的交通条件，在城市的发展中，作为中心位置，较之其他位置的通达性会更好一些，自然而然就成为了很多商业卖店聚集的地方，城市的商业结构开始向着中心化的方向发展。

随着工业时代的到来，城市的规模在不断地扩大，而内部的商业活动更是频繁活跃，经济的增长带动了地价的上涨，而且越是中心区域越是如此，只有那些实力更强，规模够大的大商场才能够占据城市为数不多的中心区域，而相对弱小的商店则会选择在偏离核心区，但是人流量也不错的次级地段，这些地方一般都是围绕着主要中心商业区分布的。剩下的大多数小百货商店和个体经营者们，则主要成为附近居民区的小型商业中心。最后形成了以大型商业中心为核心、以若干次级商业中心与众多邻里商业中心为支撑的金字塔形体系。

中心化是长时间以来城市规划布局的主要思想，这背后的思想隐喻，则是社会权力结构与等级地位的一种表现。紫禁城代表着最高的权力中心，围绕紫禁城附近的则多是朝廷官员的府邸。从与紫禁城的地理距离的远近，就能够感受到一种权力等级的阶梯式结构。而近代以来形成的商业城市，从中心的大型商业中心到四周的社区小商业中心，也能够体现出经济等级的阶梯式结构。

这是一种类似于金字塔形的结构图形，而金字塔形有着很强烈的文化与思想隐喻，塔尖顶部象征控制权力，俯视众生，一览无余。无论是权力，还是资源、财富，甚至是信息传播，都是从塔尖的中心发出，层层传递，也层层减弱，直至最基层的对象。控制、规范、稳定是金字塔形结构的核心要素，这也是金字塔形思想观念的关键所在。我们一直生活在其中，也一直参与到各种金字塔的建设与维护之中。

有机城市取代中心化城市

完美的规划永远赶不上变化。随着经济的繁荣，人口的增加，带来了"大城市病"。世界各国的中心化城市，都有着诸如交通堵塞、人口拥挤、环境污染、空气浑浊、疾病易于传播、犯罪案件增多、居住环境恶化、管理难度增加和公众空间锐减等各种弊端，限制了城市的进一步发展。城市管理者的完美规划并没有带给城市永久的美好生活。

由高速公路、轨道交通等组成的发达的城市交通网络渐次形成，家庭小汽车也得到普及，一些先进地区的城市发展相继进入"郊区化"与"去中心化"阶段。市民不再愿意忍受中心区域拥塞的生活，出现了向郊区发展的趋势。这种居民外迁，引发了城市商业资源的重新流动与分配。因为商业是为城市居民提供服务的，市区居民的外迁势必影响到商业的营业。以往的城市商业中心主宰的格局被打破，城市的中心不再是熙熙攘攘的地方，很多大企业大商场开始追随居民迁往郊区，或者是次中心地带。

居民的需求也开始出现变化，随着现代城市生活节奏的加快，让居民出现了全新的"一次性购物"的新需求。相匹配的便是超级市场和购物中心的涌现，这些企业占地面积广，提供商品服务种类多，一般选建于地价相对便宜的城郊接合部。以超级或巨型市场或购物中心为核心，一些便利店、专卖店等集聚在其周围而形成郊区商业中心。城市的中心化布局和金字塔形的权力结构被逐渐打破，塔尖与塔座开始有了融合混杂的发展变化。

打破金字塔的中心化桎梏

互联网是让这种金字塔结构进一步塌缩的新动力。就像城市交通网络带来了居民流动的便利性，也产生了对城市中心的离心力。信息网络让虚拟空间替代了地理空间，信息交流突破了地理限制，人们不需要再拥挤下去，于是自然而然就开始了从市区向市郊的转移，许多工厂、学校、研究机构都迁向市郊。信息通信技术的发展，让中心化城市的规范整齐的传统布局被彻底打散。

1961 年，简·雅各布斯出版了她的第一本专著《美国大城市的死与生》（以下简称《死与生》），曾在美国社会引起巨大轰动。时至今日，《死与生》不仅被一些著名院校的建筑系、规划系列为学生必读书目，而且其影响已经超出了城市规划的领域，成为社会学研究的重要参考书。书中的一些观点，如著名的"多样性"和"街道眼"等，甚至还被一般市民所熟知和使用。

相比传统的中心化布局思维，雅各布斯推崇城市的多样性。她认为，城市是人类聚居的产物，成千上万的人聚集在城市里，而这些人的兴趣、能力、需求、财富甚至口味又都千差万别。因此，无论从经济角度，还是从社会角度来看，城市都需要尽可能错综复杂并且相互支持的功用的多样性，来满足人们的生活需求，因此，"多样性是城市的天性"。

雅各布斯反对城市走向大而统一的规划布局，她认为小而灵活的社区规划更具有活力。打散以往强调中心控制的思维桎梏，让城市中心与边缘地带不再泾渭分明，而是充分融合。特别是中心化城市逐渐演变为主城市和边缘城市构成的群体，其中主城市和边缘城市通过地铁、高速路等发达的交通网络相互联系、相互作用，在经济文化方面紧密联系，同时又保持着各自的独立与个性。

金字塔思维导致了城市的中心化，而打破这一结构的，正是四通八达的交通网络和信息网络，让被金字塔所隔离的社区、商区能够横向连接，实现互动与交流。城市的格局不再是层次分明的理性设计，而是有了网络化与复杂化特性的有机体。有机城市出现的背后，带有一种文化上的隐喻，那就是我们正处于一种全面的社会结构的改变时期，这种改变，将更广泛地体现在与我们息息相关的商业、组织和信息关系结构中。

科学革命与范式转移

范式，英文为 Paradigm，它源于希腊文，含有"共同显示"之意。由此引出模式、模型、范例等概念。范式作为一个专业名词，引起学术界的广泛讨论，是从 20 世纪中期，著名的科学哲学家托马斯·库恩出版的《科学革命的结构》一书开始的。

库恩在谈到这个词的用法时说："按既定的用法，范式就是一个公认的模型或模式，这一方面的意义我找不到更合适的用语，只能借用'范式'这个词。"

库恩的范式概念，是用来描述历史上，当一些重大科学成就诞生之后，随之所形成的内外部各种因素的综合，可以指代保证这一科学成就发展的一整套机制，也可指代由此产生的科学思想和先定观念。范式成为了已有的常规科学的核心要素，也是新的科学革命所要改变的核心要素。

库恩认为，范式是一个科学部门达到成熟的标志，也是从事这一类科学活动的人，或曰科学共同体，所需要遵守的一般性原理、模式和范例。任何一个常规科学都有自己的范式。所谓"常规科学"，他指的是那些坚定地把一种或多种已获得的科学成就作为基础的科学研究。这些科学成就为某一学科提出一整套规定，提出一些典型的问题及其解答，它们在许多科学经典名著中得到明确的表述。在科学实际活动中某些被公认的范例（Examples）——包括定律、理论、应用以及仪器设备统统在内的范例——为某一种科学研究传统的出现提供了模型，都是科学的范式。

如果新的科学革命，导致原有科学体系的基本假设被改变甚至颠覆掉，那么这种变化就被称作范式转移（Paradigm shift）。按照库恩的科学革命的理论，科学技术的发展会遵循一条规律：前科学时期—常规科学—范式—反常—危机（非常态）时期—科学革命（范式转移）—新范式。一次科学革命带来的稳定态，在后来的科学研究中，会不断发现和揭示一些超出范式效用之外的新现象，被称为"意料之外的新现象"。面对原有范式的新现象，以及新发明，现有理论无法给出合理的解释，也无法将新的现象纳入到自己的体系中。原范式在创新变革的实践中已十分不适应，失去了惯常的指导地位，这就形成了"反常"，反常逐渐积累，增大到一定程度便发生科学范式的"危机"。正是在这种危机中，现实实践催生的新思维、新概念、新范式就会应运而生。

库恩将常规科学在稳定运行时期的科学研究，比喻为"解难题"。因为在一个成熟范式能够起到指导全局作用的阶段，所有的科学命题都是在一种高度确定的条件下进行的，也就是问题都是有解的。过去 200 年，蒸汽机和电力带来的两次工业革命，在我们的工业化发展过程中，都遵守着高度确定的一套运行规律，即通过细致的分工、标准化的操作、严格量化的控制，形成了一整套流水线一般的商业活动，具体体现在商业社会中人与人之间的基本关系结构。不仅如此，我们也形成了符合这一发展特点，并且不断强化的科学的思维观念。这一切都构成了过去主导我们思考、工作和研究的范式。

改变三大关系结构范式

商业、组织和
信息关系结构

社会中构成的基本要素——人，彼此之间每时每刻都存在着关联。这种关联，也可以看成是一种相互作用的关系，类似于牛顿定律所讲的，是有基本的作用力和反作用力。那么，我们生活的社会网络中，存在哪些基本的关系范式呢（如图 3-2 所示）？

从商业活动角度，我们彼此是一种买卖关系，有生产者和消费者两类角色；
从组织活动角度，我们彼此是一种雇佣关系，有管理者和劳动者两类角色；
从信息活动角度，我们彼此是一种传受关系，有传播者和获取者两类角色。

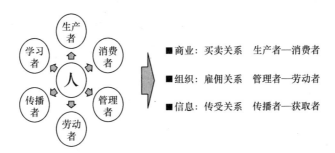

图 3-2　商业社会中的六个角色和三类关系

生产者，顾名思义就是提供某种产品或者服务的一类群体，他们的工作为整个社会提供了丰富的物质和精神生活保证。而生产的目的，是为了满足广大的消费者的需求，这种需求持续不断地推动生产者更好地开发技术，创新产品，给出更为有效的销售服务工作。我们既是某一个产品或服务的生产者，同时也是其他产品和服务的消费者。

管理者和劳动者也是一对有趣的关系，管理者站在组织的角度，去统筹规划一切生产经营活动,按需分配给所有劳动者任务和指标;受到雇佣的劳动者,则存在于组织内部,根据要求提供生产、研发、营销、服务等各项工作。管理成了我们每天都会遇到的问题,要么你在思考如何更好地利用手中的权力去管理好下属,要么你就在等待接收来自上级的指令,开始新的一项任务。在一个组织内,我们往往也是两类角色都在扮演。

走出组织内部,在社会群体中,我们生活在一个充满各类信息的空间内。每天,当你睁开眼睛,就开始获取各种各样的信息。打手机,听广播,看演出,上课学习,与人聊天,等等,全都是获取信息的过程。我们其实也在传播另外的信息,而对方也是一个受众。所以,无论是信息的传播者,还是获取者,都是我们每一天少不了的角色扮演。这是第三种关系中的两个基本角色。

无论你处于人生的哪一个阶段,不管从事一份什么工作,可以肯定的是,你都在社会中扮演着一个,甚至几个必要的角色。更准确地说,我们每一个人,在每一天都在随时扮演着不同的角色,并能够在这些角色中随机切换。

**三个金字塔
关系结构**
在传统的商业社会里面,掌控某种资源的人,在关系互动中将会处于主动和优势地位,这类人构成了社会各个关系结构中的那个"中心"。而大部分人是这种中心资源的需求者,他们与中心形成了互动关系,也就是上文说的三种基本的关系:买卖关系、雇佣关系和传受关系,三者在本质上都可以看成是某类资源的供需关系。买卖关系中的那个资源,即生产者(企业)的产品和服务。同样的道理,在雇佣关系中,维持管理者和劳动者这一关系的,可以看成像金钱财富这类资源,往往以工资福利的形式呈现出来。在传受关系中,维持传播者和接受者的资源是信息和知识资源。

假如在一个小的城市里面,人数不多,邻里之间比较熟知。这里会有一些手艺人店铺,有的开饭馆,有的制作陶瓷,有的修理车子。这个时候,我们所说的买卖关系,就是这些店铺和居民直接的联系,不需要再出现什么新的环节。但是随着城市的扩大,活动范围开始扩大,居民越来越多,分工也越来越细,彼此不可能再相互熟知,甚至都没有什么往来。维持这一买卖关系,就需要有一类专门做中间传递和过渡工作的人群,负责集中采购生产者的产品,然后再输送到目标用户群体附近的地点,进行售卖。生产者和消费者的距离被大大地拉远,渐渐地不再直接往来。

在一个成熟而庞大的商业社会里面，买卖关系会形成一个金字塔的结构，中心是提供产品资源的生产企业，居于主导地位。中间层是提供渠道专业服务、方便买卖关系得以维持的关键层。最底层是广大的消费者，是产品最终的目标市场。

我们可以用同样的思路去分析，组织的雇佣关系和信息的传受关系都是如何从一开始的简单直接的双方关系，逐渐发展成为新的金字塔结构的。其中都多出了中间层，组织的中间层是各级管理人员，负责向上接受高层领导的管理，同时向下直接管理基层员工。信息的中间层是媒体，将信息源的信息传播给广大的受众；知识的中间层是学校，负责将少数专家学者掌握的知识，传播给大量的学生。这些中间层是维系商业社会关系结构稳定和发展的关键，是一种资源的中介（如图 3-3 所示）。

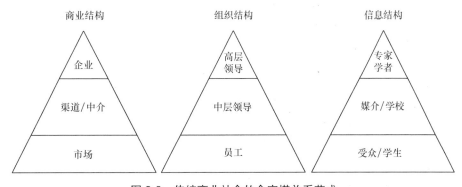

图 3-3　传统商业社会的金字塔关系范式

从另一个角度看，也是我们接下来要讨论的，恰恰就是这种基本的关系结构，也是一种工业社会以来形成的关系范式，已经到了被改变的时候。事实上，这种结构一直在慢慢地进化发展，在互联网出现之前，这些变化就在一点点地酝酿之中，并且在很多细节上有了表现。变化的背后，是人们古已有之的对更美好的生活需求的向往。这种需求持久且坚定，并且通过一次次的科学技术的突破，通过改造已有的范式结构来实现。

所以，作为一个新的技术发明，互联网依然是人们向往美好需求的实现工具，而这一次，互联网带来的改变，已经远远超出了蒸汽机和电力等曾经的技术工具。

**"互联网＋"带来
新的关系结构**

互联网带来的这次产业技术革命已经持续发酵多年，特别是在最近十几年里，孕育了很多很多的暴富神话、传奇人物以及数不胜数的极致产品，还有令人眼花缭乱的创新模式。在我们一起追捧互联网的这些年里，我们自己，以及这个商业社会都在被互联网改变着，由外在的形态，向内在的本质逐渐过渡。那么，既然已经明确地体会到了互联网＋商业社会带来的直观上的冲击，接下来我们需要思考的就是该如何去描述这些纷繁复杂的变化，以及其背后的基本脉络。

我在这本书里，不会采用常见的行业划分法，来阐述"互联网＋"对于每个行业的影响和改变。所以，在本书接下来的内容里，我不会分章节地讨论"互联网＋××"行业的内容。当然，我相信不同的行业与互联网的融合，一定会有很多共通性。这种共通性是行业发展的基础条件，是具有普遍适用性的。同时，行业之间的差异，也会体现在对待"互联网＋"的方式、节奏和呈现的结果上。所以，我会把这些共通性和差异性重新进行梳理和解构，展现一幅不同的"互联网＋"时代画卷。

当"互联网＋行业"，会是什么效果？不同的人会给出不同的解释：

有人认为，互联网像牵引器，带动信息的产生、流动、处理和价值创造；

有人认为，互联网像加速器，被安装在传统行业的硬件上；

有人认为，互联网像转换器，推动传统行业走向高效运转；

有人认为，互联网像水电气，是所有企业发展必备的资源。

让我们跳出各自的叙述，再来看互联网对于企业的价值，无论是加速器，还是转换器，抑或是如水电气一样的基础资源，互联网解决的最本质的问题，在于万物的连接，以及随之而来的，无远弗届的信息的流通和交互上。有了互联网，让过去不太可能相连接的两个主体产生了连接；有了连接，就像是建立了一条信息管道，还是可以互联互通的信息管道；有了这条管道，就让彼此不相关联的两个主体，比如两家企业，两个部门，两个人，产生互动，你知我，我知你。互动带来的就是更有效的协作配合，产生"1+1>2"的神奇效果。

从科学革命的机理上分析，互联网带来的最直接影响是广泛的连接技术，这种连接将打破以往范式结构中的封闭、割裂与边界，实现不同层级、不同群体之间的交流与融合。在这种无所不连的状态下，将工业时代基于理性设计的规范、整齐、统一的结构图谱彻底打乱，呈现一种看似无序的自由运行状态。

互联网改变了商业社会的范式，改变了三个基本的关系结构。在买卖关系中，生产者是主动一方，而消费者是被动一方。围绕这对关系，整个商业活动需要有以下三个要素才能保证基本的运行：产业结构、产品服务和营销模式。第二对关系，也就是雇佣关系，我们也能够对应找到三个构成要素：组织结构、权力配置、管理体系。最后一对关系，即传受关系，三个构成要素分别是：知识结构、传播方式和创新模式。

我们都能够感受到互联网带给商业、组织和信息三个领域的变化，这种变化已经作用于构成这一领域的 9 个要素上。要素的变化，带来角色本身内涵的演变，进而使得传统的、看似牢不可破的三对基本关系出现了变迁。一切确定无疑的事物都将被打乱，一切稳定有序的关系都将被重构（如表 3-1 所示）。

表 3-1　改变三类关系范式中的 9 个要素

领域	核心关系	参与角色	改变范式
商业	买卖关系	企业 渠道 市场	产品 营销 产业
组织	雇佣关系	领导 中层 员工	组织 权力 管理
信息	传受关系	专家 媒介 学生	知识 传媒 创新

为了保存一切，我们必须改变一切！

第四章

互联网 + 产品——从功能到服务

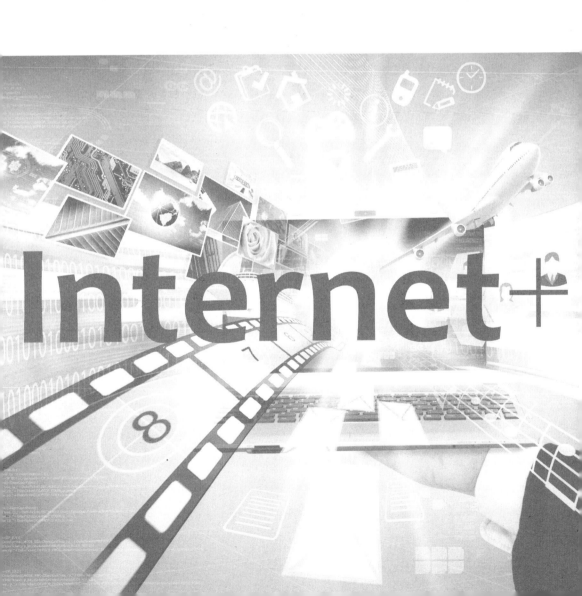

一切产品都是服务

在互联网思维大行其道的前两年，越来越多的人都在谈到一个词——体验。作为互联网思维的一个代表概念，体验背后的意思是说，在互联网时代，企业生产的产品，不能够仅仅满足于解决用户的表面问题，还要更进一步，在解决问题的同时，能够提供一种很好的用户体验。比如手机不仅要能够通话，还要机型设计美观，使用方便；餐馆不仅仅饭菜要美味可口，使顾客能够填饱肚子，端上来的菜品还要外观精致，就餐环境别具一格，服务到位，甚至是餐碟的形状颜色、外放的音乐、灯光、墙纸、桌椅等都要考究万分。

传统工业化时代，我们需要的是能够解决问题的产品，比如电视机、汽车、手机等，这些产品的卖点恰恰就是其所具备的功能，能够解决人们看节目、出游和通话等问题。工业化时代产品基本都是功能型产品，功能型产品的核心价值就是有用的功能。

> 拥有好体验
> 才是好产品

到了信息化时代，产品本身被赋予了新的含义。没有人会认为苹果手机战胜诺基亚，是因为后者的功能不全、质量不过硬所导致。用过苹果手机的人最直观的感受就是操作简单，界面舒服，给用户带来了良好的体验感受。而体验本身与产品的功能多寡并无直接关系，传统评价产品好坏的标准已经不再适用了。产品增加了服务的功能，转化为一种体验服务送给用户。以游戏为例，像 Temple Run、Fruit Ninja、Angry Birds 以及微信飞机大战、神经猫这类火爆一时的小游戏，其特点都是简单易操作，能提供给我们一种简洁舒适，随时都可以拿过来消磨时间的消遣方式，非常符合现代人时间碎片化，注意力稀缺的特点。这就是服务型产品带来的变化，我们需要的是一种体验式服务，而不仅仅是全面的功能。

体验这个词可解释的空间很大，很难有非常清晰的界定，什么才叫好的体验。由于体验是属于个人主观的一种感受，所以不会有统一的标准，1 000 个人眼中有1 000 个哈姆雷特，1 000 个人对于体验的理解和判断也会有 1 000 种。只不过，对于互联网思维的倡导者们来讲，人的一些基本的使用偏好是可以利用互联网技术获取的。从而加以分析并提炼出来，形成产品设计的逻辑，这也就是常说的以用户为中心的设计理论，即 UCD（User Centered Design）。

互联网思维带给我们观念上的冲击，核心就体现在对于产品的理解上，具体说就是在互联网时代，什么是好产品，这个标准和以前的工业化产品的衡量标准有了很大的区别。互联网思维的产品概念是"简单、极致、免费、迭代、差异化、抓住痛点"等，从这些字眼上，找不到我们以往对于好产品的标准认识，比如质量过硬，功能齐全，技术先进，售后服务跟得上等。以往的产品标准是以功能为核心，消费者购买产品主要为了解决生活中的实际问题，这种问题往往是客观具体的。但是如今的产品消费已经超越了这一层面，消费者购买产品，更重要的是要享受产品背后的服务，功能型产品逐渐被服务型产品所替代，这种替代不是简单的产品种类更换，而是原有产品附加的内容丰富了，也就是产品设计者越来越注重服务，以及由此带给用户的体验。

消费社会崛起

服务型产品取代功能型产品，带来了所谓的体验经济，这是工业革命以来生产社会进入消费社会的重要标志。在 20 世纪之前，由于生产力水平所限，社会的总体物质生产并不算丰富，更谈不上有多少盈余，那个时候的经济发展是生产驱动，是为了满足艰难的生存需求。20 世纪以来，社会生产力得到了极大提高，最终让原始的生存需求让位于更高一级的消费需求，按照威廉斯的说法，"消费"一词最早的含义是"摧毁、用光、浪费、耗尽"。在前工业化时期，乃至工业革命刚刚兴起的百年时间里，经济活动的出发点都是为了解决物质短缺的问题，随着资本主义的不断发展，当生产的物质数量超过了维持一般生存所必需的数量的时候，消费文化便会开始兴盛起来。

消费文化催生出体验经济

在 20 世纪六七十年代，欧美国家进入到了这种消费社会，消费成了社会生产的主要驱动力和目标。消费文化成为了商业社会的核心，随之产品的内涵也发生了改变。一方面，符号消费取代了物质消费，从经济文化维度看，消费的符号化过程体现的特点就是，人们购买商品已经不仅仅是为了其中的实用价值，还要接受商品背后文化符号的传播。所有的商品都是消费文化的具体表现，是文化符号化的过程。另一方面，媒介在帮助消费文化的传播过程中扮演了极为重要的角色，广告作为最主要的消费文化的传达方式，完全彻底地融入到了商品经济的各个环节中，甚至也融入到人们的生活领域中。商家借助广告为消费文化推波助澜，消费不再是为了必要的生存以及一般的生活需要，而是与欲望、快感、价值、品位等深层次的人性需要紧紧结合。在研究消费社会著称的当代英国著名社会学家费瑟斯通看来："这一切都发生在这样的社会中：大批量的生产指向消费、闲暇和服务，同时符号商品、影像、信息等的生产也得到急速的增长。"

消费文化的盛行及进一步的强化，终会将人们的消费观念推向一个更高的层级上，就是对于服务和体验的重视，甚至于将其视为消费的最主要的目的。有一段时间，我每天都要去西单，早上去的时候，就看到苹果体验店门口已经排起了长龙，天天如此。这些年轻的消费者实际上就是消费文化的典型表征。苹果的产品，已经不是一种生存必需品，而是一种追求不可言表的快感体验和个体价值的重要载体。对于果粉而言，这种体验与价值是独一的，而苹果的竞争力也就不在产品功能本身了，在竞争的层面上已经超越了其他的对手。

没有创造
只有实现

有很多人误解互联网思维是一种全新的商业理念，是对以往工业社会人们的需求特点的一次大颠覆。互联网提倡的产品理念，是个性化，快速响应，追求极致体验，反对工业化产品的统一标准化，看上去，互联网是这种服务型产品和体验经济出现的源泉。虽然看起来互联网带来的冲击确实巨大，但是这个观点也难以站得住脚。在谈到互联网影响产品之前，有必要澄清一个事实，那就是作为消费者，我们每个人其实都在本能地喜欢那些差异化，有特色的产品，如果这种产品能够为自己量身定制，带有鲜明个人特点和个人体验，那就再好不过了。为什么过去的裁缝店为达官贵妇量身裁制的衣服、旗袍可以备受青睐，老字号的饭店最爱宣传的就是独一无二的看家特色菜，街头手艺人赖以生存的也是独此一家的祖传手艺？由此可见，对于个性化，差异化产品或者服务的需求，古已有之，从未改变。

不是因为互联网，而是随着生产力的不断发展，必然使人类进入消费社会，消费社会的产生与发展，带来了人们对服务的注重，由此促使过去功能型产品转型为服务型产品，带来了体验经济。消费社会产生于前互联网时代，没有互联网，我们也会进入体验经济时代，也会继续追求所谓的简单、极致这些产品服务理念。互联网的价值不是因为它产生了服务型产品和体验经济，而是它让这种古老的需求在技术层面获得了实现的可能性。

重塑产品与人的关系

极简主义哲学

互联网引发的产品理念革命，有一个显著的特点，就是极简色彩浓厚。苹果产品从来都是以白色为主色调，没有任何花哨的修饰，一个开关键足矣。简单至极的产品形象一经推出，便迅速脱颖而出，吸引了对越来越繁杂炫目的产品包装产生审美疲劳的观众的眼球。

极简主义诞生于20世纪60年代，这是一种注重事物本原与逻辑过程的艺术派系，强调通过基本的表现形式为观者提供自主的思考空间，在表现上追求极致。这也得益于技术消费浪潮，极简思维在工业科技领域的延伸不断体现在强调用户体验的产品中，从Flip、大众甲壳虫到twitter。市场更加关注借由极简主义所表现出的产品核心价值，而非借助于附加功能所实现的"夸耀效用"。当前的极简主义已逐渐成为一种价值观念，更多地渗透到产品设计以及组织管理领域，而不仅限于艺术表现。

保罗·兰德&田中一光——品牌形象

保罗·兰德和田中一光在某种程度上塑造了世界上两大著名的品牌形象——IBM和MUJI，这是较早时期公众通过品牌Logo建立对企业定位和形象认知的例子。以IBM为例，保罗·兰德通过八条蓝色横纹的变体标志，以电磁波的概念传达出公司高科技行业的性质，同时寓意了严谨、科学、前卫且充满激情的公司理念。而一向以朴素、自然为主的MUJI也凭借自身简约的品牌形象获得了公众的认可。当然，在品牌形象方面，极简更多体现的还是一种艺术表现力，只是随着品牌设计与产品运营的关联性的不断增强，企业文化逐步渗透到这样一种固化的标志中，反映出企业的发展理念和经营哲学。

唐纳德·诺曼&乔布斯——产品理念

心理学家唐纳德·诺曼最早在《设计心理学》中提出"好设计让复杂的事物变得简单"的理论，而这也恰恰与其曾就职的苹果公司的核心价值观相一致——一切始于简洁，乔布斯所提倡的"简洁"理念促成了最初Mac电脑的诞生，引发了以iPhone、iPad等为核心的产品革命，贯穿了苹果的产品定位和产品设计的始终。

这样一种极简主义的背后要求的是对技术趋势的准确判断，技术能力的严格把控，用户体验的精准认知以及对于产品的高度专注力，而正是这些因素决定了"简约"而非"简单"的理念能够成为产品的核心优势。与之类似的，在软件应用领域，从"flappy bird"到"飞机大战"，从Instagram到YO，其成功的关键就在于把控住了简洁的产品模式、人性化的交互体验以及最直接的逻辑过程，又或者可以理解为抓住了用户最直接、最根本的娱乐和社交需求，保证了产品和用户观念的一致性。

傅盛&张小龙——组织管理

金山网络CEO傅盛曾在内部会议中提出企业应当确立"极简"的目标，即让任何人都可以明确地感知和理解企业战略，并以此为基点，找准路径，利用有效资源从而实现"管理三段论"。无独有偶，张小龙所提出的小团队论也体现了极简的企业管理理念，在组织管理层面上的极简更加强调的是避免复杂的组织架构所造成的信息不对称、流程化以及低效率的问题，同时提倡以市场的摩尔定律和产品快速迭代为导向，不断更新员工技能和团队战斗力，保证整体的灵活性和对市场的敏感度，即更加提倡扁平化的组织架构和运作模式，从而最大限度地优化沟通渠道以及提高解决问题的能力。

用户重于流量

2004 年 10 月，美国人凯文·罗斯创办了第一个掘客网站——Digg 网站。Digg 网站最初只是聚焦于对科技新闻的挖掘，18 个月后即成为全美位列 24 位的大众网站，其 Alexa 的排名是全球第 100 位。当然，据说这小子在 18 月内赚了 6 000 万美元！ 2006 年 6 月网站进行第 3 次改版后，把新闻面扩充到其他的门类，随之带来了流量的迅速飙升。凯文·罗斯与他的 Digg 被认为代表了"媒体的未来"，重新定义了互联网时代新闻的编辑理念的 Digg 也成为 Web2.0 时代最具代表性的明星产品。

Dig 中文翻译为"掘"，Digg 就是"掘客"。掘客网站其实是一个文章投票评论站点。它没有职业网站编辑，编辑全部来自于用户。用户可以随意提交文章，然后由阅读者来判断该文章是否有用，收藏文章的用户人数越多，说明该文章越有热点。即用户认为这篇文章不错，dig 一下，当 dig 数达到一定程度，那么该文章就会出现在首页或者其他页面上。

但是，随着 Digg 的流量快速提高的同时，也出现了不少的问题。尤其是在2012 年，作为世界社交网站先驱的 Digg，最终仅仅以 50 万美元的价格贱卖给了纽约市名不见经传的小公司 Betaworks，引起了互联网行业的轩然大波。究竟是什么原因让曾经的行业龙头老大落得如此田地？

从诞生之日起，Digg 的基本产品形态从未改变：由用户来提交各种文章链接，再由用户来对文章进行"顶"和"踩"，经由特定算法计算出最受欢迎的文章并依次排列在首页上。这种用户创造内容（UGC）的模式暗合了互联网发展初期用户对于"精英定义世界"观点的天然反叛，一时间备受追捧，网站流量激增。

但是任何事物的发展都有其客观规律。在社交媒体的价值体系中，流量固然重要，但是不要忘记，只有用户才是流量的创造者。用户＞流量，是社交应用，甚至是互联网商业逻辑的基本。在快速发展和资本驱动之下，Digg 显然搞反了这个关键的逻辑关系。从流量上，Digg 曾一度高于 Facebook，然而当 Facebook 和 Twitter 都开始关注用户时，Digg 却停滞不前。尤其是 2010 年第 4 次改版，完全从提升流量的角度去考虑，却忽略了用户对全新界面的适应性，奏出了 Digg 走向衰落的基调。

Digg 的基因是自媒体，允许用户控制互联网。然而，出于盈利动机，Digg 和大批的社交媒体顾问操控了网站的内容流。这一严重违背对用户的价值承诺的行为，导致 Digg 开始流失用户。互联网的基因是交互、便捷和快速响应，后来的 Digg 发布链接需要 8 个步骤，以及对外界批评反应过慢和解决技术问题过慢的情况，成为其走向失败的加速器。

俗话说，成也萧何，败也萧何。Digg 的创始人罗斯有着天生的用户体验感觉，是一个好的产品设计师，但他也有颗极不安分的心。在领导 Digg 的过程中，他一直都在投资孵化器，可谓是一位成功的天使投资人，而 Digg 却为此付出了沉重的代价。Digg 在成长的过程中摔过一跤，因为它忽视了用户，过于看重流量。

如果手中已经有了巨大的用户规模，是不是流量就会自然而然地到来？对于中国移动这种巨型运营商而言，似乎背后的 7 亿用户就是其无往不胜的关键资源优势。但是，当中国移动涉足互联网时才发现，这种逻辑本身也是错误的。回顾中国移动在 2009 年推出的自主研发的智能终端 OPhone 命运，发现即使坐拥数量庞大的用户群，以及广泛分布的销售渠道，依然会难逃失败的厄运。很多人用过 OPhone 手机，当然冷暖自知了。虽然移动在推出 OPhone 手机时算得上信誓旦旦，试图做到从操作系统到终端再到内容应用进行全面覆盖，但最终还是由于糟糕的用户体验而名存实亡，比如早期的 OPhone 手机无法兼容安卓软件，众多定制软件粗糙不堪，造成用户体验不佳，最终惨淡收场。

现在想一想，如果移动能在用户体验上做到足够出色，相信 OPhone 手机也会有不错的市场前景。只有用户体验好，才会有持续不断的流量产生，流量的多少只是产品成败的一个结果反映，用户才是原因所在。很多时候那些互联网产品经理把眼睛盯在了流量上，却忽视了根本原因——用户本身，如果不能真正让用户满意，那么下一个站起来又倒下去的可能就是他们了。

链接话题——诺基亚的失败之路

在这个换手机如同换衣服一样频繁的年代，回首往日，很多人的初恋时光是与诺基亚一同度过的。所以当我们后来与苹果、三星乃至小米这些更为年轻的"白富美"频频牵手时，诺基亚正在渐渐地人老珠黄，以致最终被彻底遗弃。只不过，现在再看看诺基亚手机的"毁灭之路"，也正是以往衡量产品好坏的所谓的标准被颠覆的又一例证而已。

从 20 世纪 90 年代开始，诺基亚超越了老牌的摩托罗拉，成为手机行业的领军者，在 1999 年成为全欧洲市值最高的公司，2007 年以净利润 72 亿欧元的成绩称霸整个手机市场。2006 年度世界品牌排名第七，2007 年度《财富》世界 500 强排名第 119。2008 年第二季度，其全球市场份额曾高达 40%。

然而这也是诺基亚迅速走向衰落的开始，仅仅在 4 年后的 2012 年第一季度，诺基亚就净亏损 9.29 亿欧元；2013 年 9 月 3 日微软宣布以 37.9 亿欧元收购诺基亚的设备与服务部门，同时以 16.5 亿欧元购买其专利组合的授权，共计 54.4 亿欧元，约折合 71.7 亿美元。短短 7 年时间，从业界顶峰到彻底退出历史舞台，诺基亚如此飞速的滑落，恐怕不能单单就塞班系统技术落后，以及结盟微软策略失误来解释。其更深层次的原因，还是因为处在从通信到互联网的变革交界处，导致诺基亚一路成功的传统产品哲学的失败。

2007 年苹果推出 iPhone，引发了手机操作系统的革命。然而作为当时的市场领先者，诺基亚却一直没能真正走进这场革命风暴的中心。从最开始固执地坚持使用塞班系统，到后来错误押宝瞄准高端手机的 MeeGo 系统，甚至直到 2011 年，诺基亚自己还拿不出一款勉强能与 iPhone 或 Andriod 相抗衡的手机。据传当年诺基亚也有选择安卓系统的冲动，但长期的领先地位和老大意识使得其缺乏"壮士断腕"的勇气，从而错失良机。结果在高端智能机市场，苹果、三星和 HTC 的崛起让诺基亚渐渐沦为看客，而中低端市场的领地也被野蛮生长的后起之秀们凶猛蚕食。

当然，面对危机，诺基亚从没停止过抗争。最典型的便是与同为移动互联网时代"天涯沦落人"的微软抱团取暖，弱弱联合。2011 年，诺基亚与微软的合作被看作是诺基亚面对危机时进行的最大手笔的自救，而且在当时也让很多人看到了一线希望，毕竟当时诺基亚虽是虎落平阳，但余威尚存，而微软是桌面互联网的霸主。在前些年，很多业内人士都还认为，桌面互联网与移动互联网仅仅是隔着一层窗户纸而已。于是，结盟之后诺基亚将自己绑在了 WP 系统的大船上，大力投入到 WP 系统的开发中，随后重磅推出 Lumia，看起来诺基亚已经积蓄了足够的力量，准备"绝地反击"了。然而，却没有带来新的希望，悬崖越来越近，直到彻底跌落。

事实上，诺基亚和微软的合作，很容易让人联想起当年微软通过与 IBM 合作，借助其在 PC 领域的绝对优势成功上位的历史。然而今时不同往日，今天的微软在智能手机系统的地位跟当年的 IBM 根本无法相提并论。更为关键的是，本来微软在移动终端上起步最早，早在 21 世纪初就推出了 Windows Mobile，而最后却被苹果、谷歌远远地抛在后面，正是由于其没能认识到在智能手机时代建立开放性平台，进行数据服务和应用开发的重要性，错过了夺取市场和用户的最佳机遇。而诺基亚的落败同样是由于其一直以来在操作系统领域封闭的平台建设和迟缓的产品开发理念。

实际上，智能终端领域发展到现在的形态仅仅只是开端，未来还有着广阔的发展空间。除了在硬件方面的外观创新和设计之外，智能手机领域还有一系列问题等待着解答，如：多核处理器会给手机性能带来哪些革命性变化？裸眼 3D 技术在手机领域的应用前景如何，等等。但是在这个新的信息时代，恐怕纯粹的技术性能已经不再是市场考量的最关键参数了，更多的依然还是技术之上的用户体验，这又反映在了对于产品，我们该如何去认识的终极问题上。但是成功企业的悲剧往往就在于难以否定自身，要将多年来所积淀的底蕴和信心转化为直接的实力，最核心的就是要重拾否定自我的勇气和不断创新的精神。但是诺基亚固守着传统的产品理念，未来的舞台就只能留给苹果和 Google 了。

建立与用户的
情感纽带

消费社会下的一种必然趋势，就是全社会的娱乐化程度的加深。放眼今日，可以说已进入全民娱乐的年代。既然是全民娱乐，自然各有各的乐法，同样也激活了各类娱乐服务的产品提供者的奇思妙想。

就拿电视节目而言，便是一个非常典型的产品类型。如今综艺娱乐类节目越来越繁荣，相比于以往"春晚"一统天下的局面，今天的观众有了更多的选择。如今真正吃香的，恰是全国各省市的"诸侯"电视台，一年从头到尾，各路好手轮番上阵，把观众的胃口和眼球吊得又大又圆。

现如今，娱乐节目市场的竞争异常激烈，想博得大家喜爱并赚得盆满钵满，既要能够迎合观众胃口，又要高质量完成节目制作，而且这还只是必要条件。作为最近十年来中国娱乐业领头羊的湖南卫视，2013 年推出的"爸爸去哪儿"一鸣惊人，大获成功。是什么让这个节目如此受欢迎？在市场竞争激烈、观众挑剔的环境下，湖南卫视的产品理念有哪些成功经验值得借鉴？

首先，找准产品的市场进入时机。俗话说，任何成功，天时地利人和缺一不可，"爸爸去哪儿"成功的重要因素之一就是选准了档期。在前段时间各种"好声音""最强音""梦之声"等综艺节目轮番较量之后，在这个相对"沉寂"的时刻，"爸爸去哪儿"悄然推出，瞬间引爆话题。往大了说，任何产品的推出都需要考虑时机是否成熟，不一定是越快越好，但一定得恰到好处，获得最大的市场关注度。先有了关注，然后才能谈别的。

其次，找准中国观众的需求。在各式各样综艺节目的狂轰滥炸下，观众已经麻木了，想要再次调动大家的胃口，还真需要节目制作方多动动脑筋。相比之下，"爸爸去哪儿"的确在把握观众需求上做到了上乘。众所周知，西方文化更强调"个人"，东方文化更强调"伦理"。美国式的个人奋斗、不屈不挠、梦想和故事叙述固然能打动中国观众，但别忘了，东方人共有的一个情结就是对家庭的关注，表现在对家庭伦理、亲情关系、亲子教育等问题上的重视程度远高于西方人。因此，"爸爸去哪儿"这样的关涉孩子教育、父子（女）关系的真人秀节目，自然能博得上至大爷大妈下至三岁孩童的喜爱。此外，"爸爸去哪儿"的原版来自韩国，从韩国到中国能够持续受欢迎，也说明了东方文化中观众的品位有诸多相似之处。

第三，产品制作要精益求精。看得多了，自然就知道门道。节目有没有做好，或者说有没有认真做，观众自然能看出来。所以当"中国最强音"刚出来的时候，其制作上的缺陷马上就被揪了出来。相反，每期将上千分钟的视频浓缩成几十分钟节目的"中国好声音"能够红遍大江南北。在这一点上，"爸爸去哪儿"毫不逊色，仅看庞大的摄制团队，就能知道湖南卫视是在认真做这个节目。在其中一期的结尾处，当5个家庭正在吃饭的时候，镜头扫了一下现场的摄制团队，其规模之大让人汗颜，简直堪比两会的记者团。正是有了这么多人的努力，才能保证后期制作的高水平。

归根结底，"爸爸去哪儿"抓住的还是消费者的情感需求这一个痛点，由此建立起了一个情感纽带，连接着产品与用户，这种纽带坚韧而又刺激。我们说服务型产品区别于功能型产品，其实就是"爸爸去哪儿"区别于"央视春晚"，做一款有温度、有感情的产品，服务于一部分目标受众，释放出产品的诚意，激发出用户的内心诉求，这款产品就成功了。

链接话题——从"2048"谈起

2014年，一款名叫"2048"的数字解谜游戏突然间风靡全球，风头直逼"Flappy Birds"。上线3天，同时在线的玩家人数就达数万人。网友普遍上瘾，直呼"停不下来的2048"。"2048"为什么这么火？

首先，游戏规则简单，容易上手，有趣且有一定挑战性。这款游戏的游戏规则是，通过方向键操作，数字相同的话会合并。如果一个格子的数字达到2048就算获胜。游戏玩家一上手立刻就能明白游戏规则，但是到后面难度递增，游戏通关并不容易，具有一定的挑战性，因而也被归属于"益智游戏"。如今信息传播速度越来越快，娱乐与体验也越来越即时性，体验好、上手立刻能明白机制的游戏非常容易积累短时传播。

其次，多设备支持。2048是一款网页游戏，游戏玩家可以在手机、平板电脑或者台式计算机等各种设备上玩。按照作者的说法，"它是一款网页游戏，支持任何设备，甚至连冰箱都能玩！"当前智能手机和平板电脑的性能已经足够好，能够支撑高质量的网页游戏，能够带给玩家较好的用户体验。

第三，从互联网环境来说，社交化网络也有较大的影响。Facebook、人人、微信等社交应用，成了一个非常好的社交发现渠道，游戏分发模式产生了巨大转变，应用商店不再是主要的渠道。以另一款类似的游戏"Flappy Birds"为例，它的成功并不是应用商店的功劳，而是因为其在 Facebook 和 Twitter 上持续走红，应用商店仅仅是作为 Flappy Birds 的下载源。同样，2048 游戏玩家在微博、朋友圈的截图分享，也让它在玩家中得以迅速传播。

此外，之前 Threes!、1024 积累的玩家，以及 2048 的游戏开发者开放了游戏源代码，也都是 2048 火起来的一些因素。Threes!、1024 之前均有较好的口碑和较大一批游戏玩家，2048 虽为山寨，却优化了用户界面，并能适用于更多的平台，有自身的发展优势。而 2048 游戏源代码的开放，降低了开发门槛，使用者可以根据自己的喜好开发出更五花八门的 2048 版本。这对游戏本身而言，并不一定是最重要的，但对游戏的传播来说，这一点却起着决定性作用。

总的来说，2048 的走红对手机游戏市场的开发有了一定的启示，轻游戏发展前景无可限量。游戏本身开发需要注重三性：简单性，趣味性，挑战性；游戏分发渠道要更加便利，随时体验，不耗费过多资源；而游戏充分的开放性，让游戏玩家参与互动和传播，更是其扩大游戏市场的关键。

抓住人性需求

前面我们讲到，"互联网＋产品"带来的改变，就是所谓的产品人格化，让产品这个客观的事物，变得更加生动、体贴，有感情，通人性。好产品的标志，是用户使用后能够获得超出使用价值之外的情感价值，能够触动用户的心灵深处的某一个点。

当 1997 年乔布斯重返苹果时，对当时苹果的产品评价就是"糟透了""没有灵魂"。为什么？因为在他看来，只有产品拥有灵魂，才能俘获用户的心，让他们怦然心动，甚至成为产品的粉丝。

乔布斯对微软的产品也是毫不留情地批判，"微软唯一的问题是他们一点品位也没有。他们绝对没有任何品位，而且我说这话不是从小的方面，而是从大的方面说，因为他们不去考虑原创的点子，也没有在产品中注入什么文化。""他们做出来的真的只是三流的产品""微软只是另一个麦当劳"。反之，对待苹果的产品，如关于Mac OS X操作系统，他说道："我们把屏幕上的按钮做得漂亮到让人忍不住想要舔一舔！"

我们在前面已经介绍了优秀的产品应该具备怎样的特点，比如简单明快的操作，极简主义的设计，关注用户的使用体验和感受。这些都是好产品的特点，但是单单具备这些要素并不会为你打造出一款能够称得上成功的产品。要想如乔布斯所说的那样做出让用户尖叫的产品，其实功能已经不是最重要的指标，功能所带来的效果，以及效果背后反映的人的本能需求才是最为深刻的东西。互联网化的产品设计理念，本质上就是抓住人性。

产品成功的本质是抓住人性

假如你并不十分明白这里面的人性需求的意思，那么可以讲一个段子来说明。在繁荣的网络社交产品中，有一个很有意思的产品差异化定位说法：找网友，上 QQ；找学妹，上人人；找寂寞少妇，上爱情公寓和陌陌；找 85 后，上 51.com；找 90 后，上劲舞团；找婚恋对象，上世纪佳缘和百合网。这个段子可以说在一定程度上道出了产品背后的人性需求的真实含义。

人性是什么？佛家讲的是贪、嗔、痴，对于喜爱的事物过分迷恋视为贪；对讨厌的事物过分排斥视为嗔；被自己主观认识牵着鼻子走的视为痴。这是每一个常人都会有的本性特征。人性的需求总是介于黑白之间，难说好坏之分，但也总是说不出来或者干脆不愿意说出来。这种需求是隐性的。

有些时候，我们用一款产品，可能真的不是看中了这款产品本身的用处，而是它的存在恰好能够满足我们内心的一种隐性需求。每当节日假期，我们的微信朋友圈都会出现很多人去各地旅游的照片，少则三五张，多则十几张，常常让我刷屏很久。我在刷屏看照片的同时，也在思考这些人拼命拍照片发照片到底是为了什么？从功能的角度来看，这是一种社交需要，让你知道我的存在。从体验角度来看，这是一种等待赞美的感觉。你点赞了，你评论了，我会无比开心。但是从人性的角度来看，这是某种程度的炫耀，希望被人羡慕、崇拜，甚至嫉妒的心理作用。

同样，有些人喜欢时不时将一些企业大佬、×× 名人发的一条微信，截图晒在自己的朋友圈里，正好这张图中还能看到他给名人点的赞。你看到这张图后，会作何感想呢？这就是真实的人性表现啊！在现实世界中，恰恰是这种隐藏在深处的那一点心理需求，你是张不开嘴向别人要的。但是，在一款成功的产品和服务中，你是可以通过自己的操作，去实现这种难以言表的自我感觉，而又不会引起现实中的尴尬、不快，乃至关系紧张这种担忧。所以，若产品通了人性，自然就有了人气。

有人说，3G 的杀手级应用就是 Girl（女人）、Game（游戏）、Gamble（赌博），姑且算是一个笑话。只不过这些都是人性的底层需求，而且这些需求是难以在现实世界中尽可能地获得满足的，甚至很多场合是无法开口说出来的需求。技术并不能代替人的孤独感，也不能抹掉人性最本质的需要，这种需要总是隐藏在很深很深的地方，外表被各种假象所掩盖着，如果你的产品只是被这些假象的需求所吸引，到不了内心深处，那这种产品只能是普通的应用；如果哪个产品可以让用户在毫不焦虑的情况下，舒舒服服地享受到这种服务，那么这款产品就真的算是爆品了。

1960 年，营销学大师西奥多·莱维特就提到，"顾客需要的不是钻头，而是孔。"无论在任何时代，产品设计都只能排在第二位，而服务顾客的生活习惯，并成为这种习惯的一部分，永远都是最重要的那部分。《需求》一书中所言，真正的客户需求潜藏在人性以及一系列其他因素的相互关联之中。互联网让我们能够运用技术手段，去获取用户的需求数据，能够更准确地做出最符合需求的产品，这是互联网对于产品理念的影响。剩下的，就要靠我们的产品经理利用互联网去挖掘人性需求了（如图 4-1 所示）。

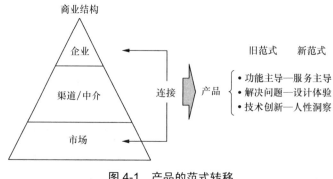

图 4-1　产品的范式转移

链接阅读——简单实用的产品才是好产品

看一看苹果过去两年最火的那些应用，其中既有 Hands up、糖果大爆炸、神庙狂奔等小游戏，也有谷歌地图、网络收音机这些生活中的应用，当然还缺不了 Facebook 这些社交化的应用。如果把苹果公司的评选作为业界的风向标，可以看得出，很多火爆的 App 产品，都是那么简单易懂，操作便捷，又能解决用户某一难题，具备这些特点才是一款好的应用，也才算抓住了用户的需求点。从苹果的这些出类拔萃的应用中，我们能够体会到，越是简单实用的应用就越容易受到追捧。引爆消费者的核心需求点，关键在于简单明快的产品体验。

当前众多的 App 应用，基本上可以分为游戏类、互动类和应用类等，无论哪一类都以简单实用作为自己的核心卖点。

游戏类：用最简单的操作，占领用户的零散空闲时间

还记得当年十分火爆的"愤怒的小鸟"和"水果忍者"吗？无论在地铁、公车，还是候机室，总看到有人在低头猛刷，男女老少都乐此不疲。很简单的一款游戏，成功地达到了帮助用户消磨无聊时光的目的，可谓抓住了用户的核心需求。苹果 2013 年的十大热门 App 中，"神庙狂奔"也是一个典型的案例。这款游戏的操作相比于"愤怒的小鸟"，更是简单得不能再简单了，就是上下左右的刷屏而已，但是依然受到热捧，为什么？还是因为游戏设计者，依然紧紧把握住了移动互联网游戏的本质是为用户消磨时间，而绝非像传统的电脑游戏一样，需要大把大把的时间换取通关和升级。

互动类：用最简洁的界面，满足用户私人通信的需求

说到社交化应用，大家都会想到 Facebook 以及微信，特别是微信，已经成了腾讯的移动互联网船票，让其他公司羡慕不已。微信的成功，有一千个理由可以分析，但是如果换个角度就会发现，微信是踩着微博上位的，微信蒸蒸日上，对应的便是微博的江河日下，再也找不回三年前一呼百应时的风光了。为什么同为社交化应用，微博沦落到如此地步，看看当前的新浪微博的界面便可感知，这已经不再是单纯的社交平台了，上面充斥了各类广告宣传，大量的商家粉丝入驻，让人们感到混乱和无序，用户明显感觉到没有了属于自己的空间。而微信依旧保持了较为干净的界面，避免了大规模的陌生人闯入用户个人的空间，因而依旧有着长久的需求（目前微信也在羞答答地引入一些广告商，但尚给人犹抱琵琶半遮面的感觉）。社交应用，就像是人们在现实中的聊天一样，朋友间聊得火热，自然不喜欢陌生人打断，现实生活中的心理需求，在网络世界依然得到了有效的投放。

应用类：用最简单的服务，让现实生活更加方便快捷

谷歌地图、高德地图这类生活类应用，已经成为了居家旅行等必备的服务，因为满足了用户在陌生地方问路的需求。同样，像滴滴打车，以及后来的滴滴专车，同样是抓住了用户在大城市打车难的问题，用简单的软件有效解决了这一问题，让打车更加方便快捷。现实生活中依旧有很多亟待完善的缺失环节，如果App开发者发现了这个断点，用互联网将之连接上，便能够快速吸引用户的眼球。但是，这类应用的关键要素是，要明白用户既然在现实生活中遇到了麻烦，必然希望通过互联网用简单的方式予以解决，如果做出的产品仍然耗费用户很长时间去使用的话，这款应用就不会有好的市场。抓住用户图省事、怕麻烦的心理诉求，才能够让产品更加贴近生活实际。既然我们的生活本已不易，App就不要添堵了。

社会生活节奏的加快，让我们愈发追求那些能够节约时间、满足需求的产品服务，现在在我们看来已经很简洁的应用，也许过不了几年又将会被更有新意、更加简单的应用所替代。简单实用的产品需求，将会是移动互联网时代用户永不熄灭的需求点，这也就促使着各类公司必须对用户进行更加深入的分析，到底在现实生活中哪些地方还有不尽如意的服务痛点存在。

移动互联网确实让过去很多习以为常的经验受到挑战甚至改写，特别是对于互联网产品而言，我们可以看到，这些年来几乎所有成功的互联网应用，都是让用户不费什么脑筋就能掌握并运用自如的产品。而对于老版本的产品每一次的升级，基本上都是在做有效的减法，尽管性能功能上有了很多提升，但是在用户界面上，使用便捷度上都是尽量简洁再简洁，省力更省力，唯有如此，才能做到轻装上阵，应对越来越激烈的竞争。

第五章

互联网 + 营销——从表演到游戏

the world in your hand

Internet+

重新认识你的消费者

有人问，深度互联网化后的消费者将会是一个怎样的群体，又有着怎样的消费偏好和产品观？在这里，恐怕我们首先要回答的是，互联网化的消费者行为如何表现？那就先看看那些已经崛起的90后们的消费思维吧，他们就代表着这种趋势。

继互联网思维的热潮之后，90后思维来了。90后广义上讲就是20世纪90年代出生的人，而狭义上则是指出生于20世纪90年代具有鲜明特征的一群人。他们有着与70后、80后明显不同的价值观和消费行为，他们更具有理想色彩，重视自我意识和感受，个性张扬，不随波逐流，注重对自己圈子的分享，更愿意通过事物的趣味性而非道德性做价值判断。在互联网如火如荼的时代，90后必将成为主力军和操控者，因为他们是为互联网而生的人。

分众化：不知从何时开始，80后兴起了一股怀旧思潮，网上不断传播着机器猫、葫芦娃这些老动画的情景，还有李雷和韩梅梅的故事。这些是属于拥有集体回忆的80后的专属情感区域。但是90后生长在社会分化的新时期，物质的极大丰富让他们不再只有唯一选择，而是追求自己喜欢的东西，再也没有像80后一样高度一致的成长经历。他们的诉求多种多样，更喜欢自我原创、自我表达。互联网恰恰能比传统的报纸电视提供更多的选项，让 90 后有了宣泄自我的平台。于是，属于 90 后的 AB 站、弹幕等出现了，而且大家玩得不亦乐乎。

极致化：想必很多人都听说过"累觉不爱""不明觉厉""喜大普奔"这些汉语世界的新朋友，也会偶尔用一用来表达自己的心情。在网络世界上，越来越多的 90 后不断创作出这类极化的语言文字。极化也就是打破了所谓的语言约束，用话语让听众兴奋和刺激，乃至认同。这是一种极致化的追求理念，就像互联网人士总爱挂在嘴边的，好的产品一定要找到用户的痛点、尖叫点，一击致命。90 后的语言风格也将是另类的互联网产品，感染着越来越多的"老人"们。

体验性：假如上级交代同一件任务，70 后想的是这事有没有用，80 后想的是这事靠不靠谱，90 后则不管这些，他们会想好不好玩，有没有趣。有趣就干，没趣给钱也不干。很多公司管理者们头痛如何管理所谓的 85 后、90 后，其中最主要的问题就是你无法再用物质激励的老方法，来对待这些"新新人类"。"脸萌"的突然兴起，正说明"有趣"已经成为了 90 后重要的价值判断标准。在互联网越发讲究用户体验的过程中，90 后的评价标准将会成为产品经理揣摩用户行为的最主要的风向标。

所以你发现了吗，90 后就是为互联网而生的一群人，他们体现出的种种特性，其实就是互联网的属性！难怪很多人都在感慨，互联网实际上是为 90 后服务的。如果说 70 后、80 后是互联网世界的拓荒者和移民群，那么 90 后才是互联网世界的原住民。研究懂了 90 后的心思脉络，也就明白了互联网时代下的产品设计该怎样去做了。

互联网的女性化消费思维

产业变革的最终反映仍然是生产者与消费者的关系变化，这也是我们这一章节要讨论的第三个话题。"互联网 + 产业"带给营销理念的变革在哪里？首先要考虑的问题，便是当互联网成为我们平时购物娱乐消费的主要工具时，在互联网中体现出的消费者行为模式。这对营销人员来说，充满了研究意义。在这里，我要讲到的是，互联网化的世界，相比工业化的世界，将是一个减少了很多男性思维，充满了女人味的世界。

有句话说：战争让女人走开。在很多人看来，纯粹的技术领域同样也不适合女性发展，因为对于很多女性来讲，理工类学科是很难被理解的。不过 2012 年，世界电信和信息社会日主题为"信息通信与女性"。国际电联理事会在解释之所以将目光投向女性的原因时，认为 ICT 的力量提供了新的数字机遇，能够消除性别歧视，并赋予占世界人口一半的女性全新的能力，以争取她们在世界上的平等地位；并且，通过 ICT 为全世界的女性提供多方面的服务，使所有女性与生俱来的权利均能得到保证。

信息通信技术与女性是相互需要的。技术的确需要女性。从就业而言，今后 10 年预计信息和通信技术领域对专业人员的需求缺口将超过 200 万个，在当今全球失业青年高达 7 000 万的情况下，这将是年轻女性的难得机遇。同样，女性也需要技术。联合国妇女署副执行主任拉克什米·普里曾表示："在当今世界，电信通信对于性别平等与妇女赋权有重大责任。该行业为人们提供了学习、分享知识与教育的新途径。而这对于女性未来争取平等竞争有着重要作用。"技术为女性提供了新的机会，包括提升她们的政治参与度。最为重要的是，技术行业中应该有更多的女性决策者，只有这样，性别平等议题才会更多地被提上议程。

随着知识经济、服务经济概念日益深入人心，互联网以及信息产业的发展模式将更加鼓励共享、整合、沟通、精细、长期价值、渐进创新等偏女性化的"企业文化"价值观。在技术层面，女性的介入逐步使信息通信等高科技摒弃了以往冷冰冰的面孔，人性化成为推动技术进步的积极力量，并使科技也带上了时尚的色彩。从网络到终端，更加人性化的设计与时尚因素正在改变这个圈子中的原有规则。女性不同于男性的风格、创新思维和决策方式，令传统研发环境更具活力。女性在这个过程中扮演着超越男性同侪的角色。

互联网呈现诸多女性特征

把视角转移到网络应用层面，互联网天生带有社交基因。在当今互联网中，女性是参与网络活动最为积极的群体，也是增长速度最快的用户群。同时女性消费者成为互联网从业者极力争取的用户群体，这也对信息产业产生了重大影响。大体上说，但凡涉及社交消费，如网购、社交婚恋、在线旅游、在线阅读、在线网游等领域，都会比较明显地受到"她经济"的影响。

在电子商务领域，大约 70% 的客户是女性，贡献了 74% 的收入。女性已逐步成为撬动电商的经济杠杆，比如淘宝网、美团网、聚美优品、乐蜂网、梦芭莎、1 号店、美丽说、蘑菇街等网络消费网站都体现了这一点。马云说过："我今天想告诉你们阿里巴巴的商业机密，阿里巴巴 70% 的买家是女性，55% 的卖家是女性，这就是我们主要的资源。所以，我要感谢女性，没有你们，阿里巴巴不可能到纽约来上市。"

在社交网站领域，比如在 Twitter 和 Facebook 中，2012 年的女性用户占比分别为 59% 和 57%。8% 的女性会每天更新 facebook 的信息，而这样做的男性仅占 3%。女性在社交网站上传照片的数量是男性的 5 倍。2013 年的另外一项统计显示，Facebook 上的女性用户参与了其中 62% 的分享活动，平均比男性用户多出 8% 的朋友；而 Twitter 上的女性用户则占到了 62%。女性使用社交媒体的频率更高、方式更多，而且偏爱那些视觉化图像化的展现方式。女性天生更适合社会活动，是社交媒体的主宰，因此从需求满足的角度，今后的社交媒体发展恐怕也需要向着符合女性化思维的方向迈进。

在线旅游领域：如果统计一下诸如去哪儿网、携程网、艺龙旅行网、酷讯旅游网、乐途旅游网等旅游网站的相关数据，会发现女性在旅行决策上所占的比例远远高于男性，越来越多的女性成为旅行方面的决定者。

在线阅读领域：女性情感题材作品是当下各文学网站最重要的垂直分类之一，且 Nook Color 电子阅读器 75% 的用户都是女性。在网络游戏领域，移动应用服务解析提供商 Flurry 报告显示，53% 的手机及移动社交游戏的玩家是女性，这正在颠覆着典型的以男性娱乐为主的游戏形式。玩游戏的女人比男人多，至少在手机和移动社交游戏中是如此，如在 Zynga 的开心农场和 Popcap 的植物大战僵尸中，女性用户喜欢程度排在了最前端。女性已经成为网络游戏市场不可忽视的一股力量。

更有意思的是，在女性消费者话语权日益增强的时候，关爱女性、呵护女性已经不仅仅是一句社会口号，而是真正体现在了产品开发和营销中。2012 年年底上线的"大姨吗"App 在线注册用户量迅速于 2013 年年底突破 3 000 万，"大姨吗"移动团队在内部项目开发中已经和百度 Clouda 轻应用合作，产品借用微博运营和健康问答的创新方式，以一支 15 人组成的专业医生团队作为支撑，随时答疑解惑，备受女性用户喜爱。

互联网思维的女性化倾向

有人预测：互联网已进入"母系社会"，女性尤其是成熟女性成为消费的主导人群。中国市场信息调查业协会市场研究分会会长刘德寰说，成熟女性能够影响她的爱人，这很厉害。她们引领时尚之先，代表了一个社会向前发展的必然趋势。在美国，"家庭主妇族"是巨大的消费群，中国也正在向这种类型的社会结构转化。女性已成为网络购物的生力军，带动了网络从虚拟经济向实体经济的发展。

当然，也有人质疑女性在互联网接下来发展中的主导地位。尽管一部分成熟女性在网络上非常活跃，但是从全国范围来看，成熟女性占网民的比例还是不够大。不过，毋庸置疑的一点是：女性在互联网领域的作用已经越来越重要。互联网越来越重视体验，相较于男性更擅长的理性思维，女性更加感性化，更擅于体验与情感表达。当越来越多的男性也加入互联网时代体验经济时，人类的思想特质，就从理性化表达逐步转向了感性化表达。互联网的社交也越来越情感化。像 Facebook 这类社交网站，人与人之间往往以情感，而不是以满足于自身利益的理智作为纽带而联系在一起的。正因为如此，像 Linkedin、陌陌等陌生人社交网站，男性用户反而更多、更活跃，因为其社交的目的性与在 Facebook 上完全不同。女性通过社交把市场变成了"情场"。面对此情此景，男性的心肠也会变软，因而改变了自己的思想特质，主动寻找智商与情商的平衡状态。

从表面上看，女性在网上更喜欢社交、购物等，但女性对互联网的实质性影响在于通过她们的行为改变我们这个时代男人和女人的共同思想特质，使得人们的思维方式越来越女性化，从而改变了整个世界。

稀缺的注意力资源

近 300 年来，人类经济发展先后经历了工业经济时代和信息经济时代，而信息经济时代是建立在信息通信网络大发展的基础之上的。从 20 世纪最后 10 年开始，

移动通信进入了黄金时代。进入 21 世纪以来，智能终端的出现，让移动通信开始
向移动互联网方向转变。人们在信息通信时代不仅仅满足于人际之间的简单沟通，
而是希望将生活中包括衣食住行、社交、娱乐、学习等元素都在网络中得以映射和
延展。在这种庞大而多样化的需求推动之下，"互联网＋"开始渗入到各种行业中，
越来越多的互联网化的行业产品应运而生。

任何时代都会有稀缺的资源，谁掌握了这类资源，谁就会占据商业竞争的制高
点。如前所述，对于"互联网＋时代"下的消费者而言，消费理念和产品观念都发
生了革命性的改变。所需要的产品不再是那些"高大全"的东西，技术的高精尖与
否也已不再是最有利的制胜法宝。相反，能够让用户实现傻瓜式操作，并且在使用
过程中得到乐趣和方便，甚至获得价值认同的产品，越来越成为当前产品设计的主
流思路。正是因为在当前信息经济时代中，消费者的时间已经取代了工业时代的生
产资料，成为了最为稀缺的资源，因而任何产品和服务都将围绕如何赢得消费者的
关注而设计并实施。

**不同时期稀缺
资源的演变**
在工业经济时代和信息经济时代下，竞争规律有很大
的区别。在工业经济时代，企业生产制造与众不同的物理
产品，比如汽车、家具、衣服、食品等，制造这些产品最
关键的是掌握核心的生产资料（如木材、矿产、粮食、货币等）。没有足够多的资
金与原材料供应，任何企业都不能持久生存下去。所以，在工业经济时代，企业的
竞争能力的强弱，便取决于所掌握的生产资料和货币的多少。

进入信息经济时代后，特别是移动通信和互联网的出现，让以往的企业竞争的
规律开始出现变化。信息通信的产品，变成了语音业务和数据业务，这些非物质化
的产品不再需要宝贵的原材料供应。相反，这些产品的竞争，很大程度上取决于网
络传输质量。于是，对于网络资源的掌控便成为重要的环节。在互联网 1.0 时代，
互联网尚没有对实体经济构成明显的替代革命，更多表现为虚拟空间的信息消费，
那时各大电信运营商掌握了通信网络和宽带接入，于是也就在信息产业链中占据了
主导地位。

后来，随着移动互联网和智能终端的发展，人们对业务丰富度的需求大大增加，
产品已经不再是简单的语音和数据业务，而是如今成千上万的互联网产品，几乎覆

盖了我们每个人生活的各个方面。这个时候，生产资料和货币不再是稀缺资源，网络传输、宽带接入以及存储计算等都随着技术的演进变得越来越强大和富余，也不再是竞争的主战场。相反，由于当代人们生活节奏的加快、选择范围的增多，让人们的注意力和时间反而从过去的富裕变得越来越紧缺。我们的手机上都装满了各种各样的应用，iPad、iPhone总是被琳琅满目的软件、游戏所包围，这使我们用在单一应用上的注意力大大减少，有些甚至只是一瞥而过。显而易见，如何在移动互联网时代的竞争中取胜，关键就在于怎样延长用户在具体应用上的时间和注意力，也就是提高用户的黏性。有了黏性，才能产生流量，有了稳定的流量，才会转换成经济价值（如图5-1所示）。

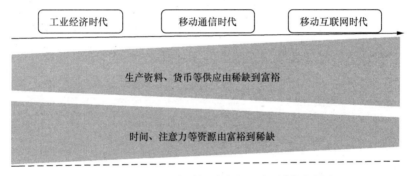

图 5-1　从工业经济时代到移动互联网时代的转变

从工业经济到移动互联网经济的转变历程，实际上就是产业链上游的生产资料和货币供应的重要性逐渐降低，同时产业链末端的用户黏性和注意力的重要性日益提升的过程。正因为移动互联网经济与传统工业经济的显著不同，使得当前的各类公司，在产品的设计和营销中必须充分体现出对消费者的人性化考虑，以便获取用户更多的注意力和更大的黏性。这也是"互联网＋"营销时代下的原动力。

建立便捷和深度的连接

互联网是一门连接的学问，一切价值都来自于这种连接，一切变革也都产生于广泛的连接。互联网＋营销的本质，就是在传统产业中寻求可能的断点，加以连接，以产生新的增量价值的过程。

互联网+音乐　　　2014 年 8 月 2 日，汪峰于七夕节举办的"峰暴来临"鸟巢演唱会被赋予了多重意义：汪峰的鸟巢首秀、首个在鸟巢开个人演唱会的内地歌手以及首个由国外顶尖团队打造的个唱舞台。除此之外，更具革命性的意义在于其与乐视音乐合作首次探索"现场演出＋付费直播"的演唱会 O2O 模式，打开了音乐行业和互联网之间的一扇门，创造了演唱会的商业新航标。

对众多粉丝尤其是年轻消费群体来说，看演唱会买台票可能是优先之选，目的其实就是感受现场气氛，因为即使是场地票也很难看清明星的脸。尽管如此，热门演唱会也总是一票难求，使得大批粉丝无缘演唱会现场，而汪峰演唱会的门票也被炒到万元级。对这些不能亲临现场的粉丝而言，能够退而求其次，欣赏到制作精良、视听效果不错，且票价低廉的在线直播，必然也是再美不过的选择了——最起码他们能"近距离"看到偶像。

截至当晚演唱会结束，共有 48 000 人购买线上直播门票，门票收入达 100 多万元，实际用户覆盖数字则远远大于 4.8 万人这个数字。除了花钱买直播体验，在演唱会后的一天内，又有 1.6 万人付费点播回放这一演出。也就是说，在短短两天内，有 6.4 万人为了一场演唱会的网络视频掏了荷包，给汪峰演唱会新增了近 200 万元的"电子门票"收入！

由于用户付费习惯尚未形成，当今的互联网仍然尚未走出免费时代。之前早期尝试在线直播模式的商家，如试图移植 Stageit 模式的酷狗的"歌友会"、新浪视频的超付费直播等均以失败告终。为了给这种全新的运营模式打下基础，乐视从 2012 年开始就做了大量尝试，截至 2014 年，30 场演出的线上观看人数总共超过 900 万。有了前期服务品质的积累和值得用户付费的演出，推出付费模式就水到渠成了。

值得注意的是，汪峰与乐视的合作是以"顶级音乐人＋完整乐视生态"的结构展开的。除了开拓在线演唱会付费模式外，汪峰的超级官网落户乐视，同时在乐视电视设置中国第一个音乐人 24 小时滚动轮播台（包括歌曲、照片、纪录片、电影以及采访等）。与单纯依靠提供正版音乐来赢得用户、吸引流量、售卖广告的传统互联网音乐运营模式相比，乐视的这种新型互联网音乐模式无论在商业创新还是盈利前景方面都有很大的想象空间，或将成为音乐行业的革命性事件。

汪峰联合乐视的 O2O 玩法，让乐迷们在传统的现场买票观看的方式之外，找到了新的接触偶像的途径，借助互联网，一种新的连接关系得以建立。互联网就是这样，更广泛的连接，一定能够带来更多的增量收益。

互联网+旅游

2013 年 9 月中旬在线旅游网站"发现旅行"上线，在出境游方面赢得了不错的口碑和销售业绩。区别于大多数扮演信息平台角色的旅游网站，"发现旅行"不是一个信息平台，它甚至没有信息检索栏，而是把精心打造的产品和服务直接呈现出来。如果用户对哪个目的地感兴趣，直接点击进去即可获得一切相关信息。

创始人王振华本身热爱旅游，而且已经在互联网领域有过十几年的产品研发运营经验，对本地生活服务和机票酒店预订领域有深刻的理解，这也为他之后创办"发现旅行"积累了经验。在创办"发现旅行"前，王振华发现这样一个事实：跟团游的模式过于死板，整体呈下降趋势；因为自由行形式灵活，需求在不断上涨，将是未来旅游行业的发展趋势。但自由行也有诸多不便之处，如用户需要自己准备攻略或是去各种旅游网站选择适合自己的攻略，还要完成订机票、订酒店、办签证等一系列事情，不得不在旅行前花大把时间安排行程；同时在海量信息面前用户往往很难做出选择，即便做出了选择也可能因为选择不当而导致最终的旅游体验差强人意。这就是阻碍用户和企业建立更快捷连接的问题。

于是"发现旅行"专门致力于为用户提供最佳的旅游体验，利用专业旅游团队精心打造的旅游产品，在提供自由行基本需求的前提下，提供可选服务，用户可根据个人喜好定制行程。相比于传统的在线旅游信息平台而言，"发现旅行"将信息整合成一个个产品，更直接地满足用户需求；同时，给用户留下个性化定制空间，解决了目前在线旅游平台产品同质化的问题。

从策略上看，"发现旅行"利用互联网思维，注重用户旅游体验，不仅创新了旅游产品，还为传统旅游行业在互联网时代的发展提供了可借鉴的思路。而从更为本质的理解看，当"互联网＋旅游"的时候，实际上建立了以往旅行社没有建立的、企业与用户之间更为方便快捷的连接。与演唱会 O2O 模式的连接不同的地方在于，旅游产业已经存在了类似的连接，但是不够简单方便，体验不佳。而"发现旅游"做到的是让这种连接更加牢靠和便捷，营销的效果自然不同以往。

链接话题——房地产业的社会化营销

"社会化"是互联网时代的显著行业特征。越来越多的企业开始应用互联网思维推进开放式的社会化生产与社会化营销，并以此来获取更广泛的合作资源，促进盈利增长。

万享会是万科集团采取社会化营销的理念打造的一个基于微信服务号的全民营销工具，对全社会自然人开放。它兼具优质传播内容、信息扩散渠道和有效分享机制三种功能。万享会平台令人人都可以成为一个媒体、渠道，成为促成有效成交的"房产经纪人"，同时分享收益成果。其意在更好地获取客户信息的源头数据，并在房地产价值链条上逐步剪除"代理商"的利益分配额，提高自身利润。

用户需要通过简单的线上注册流程成为万科的"自由经纪人"。自由经纪人可通过"万享会微信服务号"获取房源信息与楼盘代理权，然后便可在其同事、亲人、朋友中询问、接洽买房意向，或直接在其微信朋友圈内发布万科房源信息。一旦获得意向用户，自由经纪人便可通过"万享会微信服务号"在线登记潜在购房客户信息与购买意向。相关信息则通过云服务连接进内场，由专业经纪人团队负责后续追踪。促成交易后，自由经纪人与专业经纪人将以一定比例分成佣金。

对自由经纪人：释放自身人脉圈的潜在商业价值。

对万科：争夺客户源头数据，实现更快去库存化；通过微信平台的社交属性更好地推广产品信息，促进销售；重构房地产价值链，提高自身利润；采集用户推介模式及购买习惯等相关大数据，挖掘用户需求，发现意见领袖，优化营销策略。

时至今日，万享会可以说是社会化营销模式的一次成功实践。西安万科一组数据显示，西安万科全民营销平台上市 20 天，注册经纪人即达到 10 150 位，推荐客户 2 029 组，成交额达到 2 560 万元，推荐成交的经纪人获得了最高达 10 万元的现金大奖。这个案例也能折射出社会化营销的基本理念与基本落地方法。

社会化营销借力互联网社交媒体与病毒性传播理念，实现了线上社会化营销，从用户的社交网络中挖掘商业价值。在社交网络内，每名潜在客户都既是信息接受的节点，又是信息传播的节点。企业可面向社交媒体，与客户充分互动，激励受众有偿转发商业推广内容。使得企业的营销对象不仅限于单点客户，而是客户背后的整个社交网络，也使得信息推广不再是点状放射，而是网络状指数传播。

社会化营销 1.0：商家在自己的 SNS 账号上发布宣传信息（包含激励政策），使用社交媒体作为宣传渠道，物质奖励为激励手段，驱动用户向自己的社交圈层发布产品或品牌的推广信息。如此形成传播的连锁式反应，释放广大民众社交网络的商业价值，但本质依旧是商家向买家推广信息。例如：转发××微博至 50 名好友可获得 ×× 奖励等。

社会化营销 2.0：充分利用互联网连接一切的特性，强调用户与企业的双向信息联通。除包含社会化营销 1.0 中的推广模式外，2.0 模式更加注重激励用户向商家逆向反馈市场信息，为企业获取更直观的商机与利益。通过建立客户与商家间便捷的信息交互平台，同时制订并推广用户反馈信息的奖励机制，商家可通过社交媒体有针对性地向其网络中的用户采集相关信息。而该信息的反馈渠道与反馈激励则可通过社会化营销 1.0 的推广方法在社交网络中指数型传播。"万享会"便是典型的社会化营销 2.0 应用范式。

不要过于迷信免费

2014 年，北京市教委一纸通知叫停校讯通。2015 年年初，重庆市教委又下发通知，明确要求学校不得组织学生及家长使用有偿校讯通等类业务。校讯通愈发成为争议的热点，市场上有些互联网思维的拥戴者们，提出了一个观点，认为校讯通收费是死路一条，唯有免费才能浴火重生。但"免费"真的能够拯救校讯通吗？

校讯通被叫停的原因有很多，收费只是压垮它的最后一根稻草。理所当然会有观点认为若是因收费而"死"，便可因免费而"活"。但事实却不尽然。除了"收费"这最后一根稻草，还有千千万万根稻草，哪怕是免费的商业模式，也不一定能拯救校讯通。

从技术的角度来看，随着智能手机的普及和网络覆盖的完善，移动互联网时代手机的短信功能被弱化，以短信为信息传播方式的校讯通技术已经过时。智能手机作为移动互联网的主要载体，提供着重要的沟通功能。依托智能手机搭载的许多OTT 软件逐渐发展成为校讯通的替代品，并对其产生冲击。重庆在叫停有偿使用校讯通的同时也提倡运用微信、飞信、QQ 等信息交流互动平台。微信、QQ 等信息交流平台不仅可以帮助老师和家长之间进行双向沟通，还能十分方便地发送语音、视频等流媒体内容，功能之强远超短信。哪怕校讯通不再收费，和微信、QQ 等信息交流平台相比，也有着其先天的劣势，其以短信为主的信息交流传播技术决定其即便免费也无法带来新生。因此，从技术升级的角度看，校讯通这一业务即使现在不被叫停，将来也必将被淘汰。

免费不是尚方宝剑

从产品的角度来看，校讯通是服务于教育的一款业务产品，既然是产品，就要求其能够满足用户的需求，做好用户体验。校讯通符合这样的产品要求吗？答案是否定的。首先从基本功能需求上来说，校讯通的基本功能不完善，其沟通方式仅限于文字，家长了解的也只是孩子简单的学习状况，而且校讯通不具有双向交流功能，家长无法反馈需求，信息的提供由老师掌握，家长只能被动接收信息，在信息交流上颇有"强买强卖"的味道。再从深层次的情感需求上来说，校讯通让"家校联系"过度依赖"电子渠道"，缺乏人性化、情感化的联系方式。因此，即使校讯通开始免费使用也不能弥补其产品本身的缺陷。

校讯通被叫停，不仅是给电信运营商提出了警示，也在提醒所有期盼互联网转型成功的传统企业，若是在产品上故步自封、不做突破，便难以跟上移动互联网的步伐；若是在价格上利益至上、刚愎自用，就会丧失民心；若在发展上不未雨绸缪、安于现状，便会因为不适应政府调控下越来越多的新常态而手足无措。

传统企业忌惮互联网颠覆者的一个杀手锏，就是免费策略。正是因为互联网公司的一个个"免费"，将很多固若金汤的行业防线摧毁，把沉寂已久的市场规则搅得不得安宁。再加上大家不断宣传炒作的免费法宝，一时间似乎免费就是一把尚方宝剑，对传统企业而言就是转型互联网的最直接船票，对新进入者来说就是改变格局的最佳路径。

但是，免费不是让诸如校讯通这类产品涅槃重生的法宝，充其量只是让它和其他提供类似功能的产品站在了同一起跑线上。所以，作为营销理念的又一次告诫，就是不要迷信免费策略，要爬得高、走得远，做好用户的人性化创新服务才是硬道理。

从免费到收费的三个注意　2014 年夏季，随着欧洲五大联赛陆续开幕，各路球迷在世界杯后开始了新一轮盛世狂欢。不过英超球迷在期待新赛季精彩盛宴的同时，开始有了几分小小的纠结，这是因为以前每场可以在网上直播收看的比赛在 2014 年被打了折扣，只有 40% 的比赛可以免费看，剩下 60%"重量级"的场次则需要付费收看了。

针对赛事版权方和播出方这次联合"预谋"的收费行为，市场的反应倒是较为理性，广大球迷并没有针对这次的收费行为表现出强烈的反感或抵制情绪，许多人认为只要播出服务足够好，价格不离谱，付费收看是可以接受的。球迷的这种温和反应使得市场观察人士普遍认为，未来在中国市场，通过互联网平台的赛事直播将更多的向付费方向发展，即便今年只有英超尝试，保不齐过几年德甲、西甲、意甲等联赛转播机构也会学习英超的先进经验。英超如何从免费走向收费，可以为我们提供一些借鉴。

第一，最开始阶段的免费必不可少！其实传统的电视平台也是免费的，播出方获取收益主要来自广告，后来出现各式各样的互联网平台（包括新闻门户性质的和专业视频性质的）也只有通过免费形式才能扩大影响，积累更多的受众。如果一开始就收费，根本不会有人理会，因为在起步阶段，互联网平台的服务质量（或者说用户体验）还很难与电视平台相比。所以这一阶段的主要商业模式是，赛事版权方以较低的价格卖给电视平台和互联网平台，播出平台则依靠广告获取收益，用户可以免费收看。这种模式在国内持续了许多年，至今仍然是主流，包括西甲、德甲、意甲的全部赛事转播都是这样。

第二，收费模式不能期望一蹴而就。 在欧洲五大联赛中，英超在竞技水平上可能不是第一，但商业化水平绝对最高。这种"向钱看"的文化使得英超的版权费用越来越高，版权方压力陡增。2007年天盛斥巨资购买英超内地版权，尝试强制推行付费模式，如不再允许电视台播放比赛，而改以自己成立的欧洲足球频道作为转播载体。但其业余的推广制作能力和高昂的价格，令人敬而远之。即便天盛其后将价格一降再降，并开始转卖版权给地方电视台，也已无力回天。天盛失败的逻辑很简单，那就是由于意识到当时推广付费模式的客观环境不成熟，于是决定自己单干，通过垄断市场获取定价权，但无奈自身的水平不高，服务质量低下，自然难逃一败涂地的命运。2010年，天盛宣告破产。

第三，循序渐进、培养习惯、提升服务是关键。 俗话说，若要取之，必先予之。只有当用户习惯并喜欢上你提供的服务，才可能有掏钱包的理由。天盛模式失败后，当时的投资人重整旗鼓，成立新英体育，再次接管英超在国内的版权分发资格。吸取天盛的失败经验，新英体育先是通过电视台放了3年的免费英超，以恢复英超在内地的人气。然后等待市场条件进一步成熟。3年多以来，网络速度大幅提升，终端进一步多样化，令观看直播的体验产生质变；另外，网络支付的便捷培养了用户网络消费的习惯，大大降低了支付门槛。最后，在付费模式的推进中，采取免费和付费叠加的模式，同时采取更灵活的价格策略，关注细分群体，尽可能给用户带来高品质、选择空间大的赛事服务。

免费无论被包装得有多么高尚，终归不是企业提供服务的根本目的，毕竟企业是要赚钱的。可是从免费到收费的这条道路，并不是那么好走，免费容易，再想收费可就难了。目前的电视转播节目，特别是受到关注度比较高的体育比赛转播，本身也在免费与收费之间进行了多次的探索。对于营销者而言，免费是一个敲门砖，是为了能够获取稀缺的用户注意力资源，从而与用户建立一种更为直接简便的连接。但是在这之后，"师傅领进门，修行靠个人"。如何让连接的用户转化为付费的客户，营销的功夫还不在于费用高低本身，而恰恰在于如何与消费者形成更深层次的共鸣。

链接话题——乐视，免费增值模式的终端厂商

2015 年春，乐视超级手机发布会拉开序幕，备受期待的"无边框"让我们感受到现实和梦想之间的差距。贾跃亭虽指责苹果封闭落后，但三款乐视手机的设计似乎并未带来惊艳之感。反倒是其首创的定价和消费模式让我们思考：中国第一家免费增值模式的终端厂商到来了？

何谓免费增值模式，即通过开发免费的产品或服务吸引用户资源，进而通过增值服务来盈利。这种商业模式在其他领域早有先例。360 安全卫士依靠免费力量迅速攻占市场，2009 年年底成为仅次于 QQ 的第二大客户端软件。凭借庞大的用户基数，360 建立起自身的品牌影响力，通过杀毒软件、游戏、浏览器等产品获得了可观的增值服务收入。那么问题来了，乐视在手机行业首推免费增值模式，用意何在呢？

传统的手机厂商定价无非是按照"成本＋利润"，其中一直标榜性价比超高的小米也在其成本基础上加价 20.4%，而如 iPhone、三星这些具有大幅品牌溢价的厂商加价率甚至高达 150%。乐视超级手机想要做的，是颠覆传统定价模式，一如 1984 年苹果发布 Mac 计算机时的颠覆与震撼。

乐视采用 CP2C 营销模式，最大程度降低营销及渠道成本。进一步，公布BOM 成本，将定价权交予用户。这种开创性的做法目的只有一个：展现自己的诚意，吸引用户眼球，锁定用户资源。

乐视超级手机同时为用户打造了新消费模式，以购买乐视全屏影视的会员费减免硬件价格，使得用户第一次真正意义上实现运营商渠道以外的硬件免费，实现了从消费硬件到消费服务的转变。

对比 360 的例子会有助于我们更深刻理解乐视的模式。360 免费的是杀毒软件，而乐视，可以让用户"0 元购机"；360 的目的在于攻占市场，吸引用户群；乐视亦如此。不同的是，入口流量费和广告分成构成了 360 的盈利基础，而乐视则希望打造乐视的生态闭环，不断提供后续超值的产品服务，获取收益以持续提升服务，真正开启了手机终端的免费增值模式。

乐视超级电视的成功，为乐视形成了数量可观的用户资源和经验。拥有国内最大的影视剧视频版权库和最多体育赛事直播版权，乐视全屏影视会员服务将打通全生态终端，在电视、手机、汽车上通用。而乐视打造的大咖台，也使得影视内容更加丰富。乐视独家的应用商店，则成为超级手机的内容（如图5-2所示）。

乐视手机作为智能终端，将整合乐视自身资源，形成独特的内容＋服务增值服务。通过现有的用户基础，乐视将从增值服务中受益，进而持续完善其服务。虽然未来智能终端市场还存在不少变数，但我们也愿意相信，终端商免费卖手机的时代或许很快就要到来了。

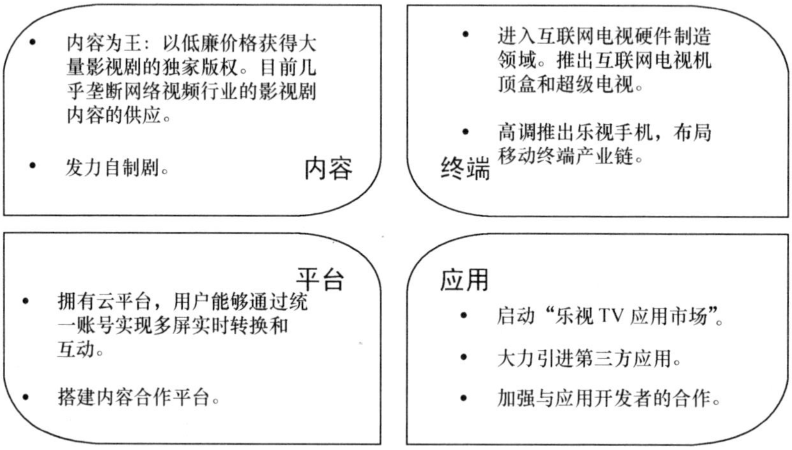

- 内容为王：以低廉价格获得大量影视剧的独家版权。目前几乎垄断网络视频行业的影视剧内容的供应。

- 发力自制剧。

内容

- 进入互联网电视硬件制造领域。推出互联网电视机顶盒和超级电视。

- 高调推出乐视手机，布局移动终端产业链。

终端

平台

- 拥有云平台，用户能够通过统一账号实现多屏实时转换和互动。

- 搭建内容合作平台。

应用

- 启动"乐视TV应用市场"。

- 大力引进第三方应用。

- 加强与应用开发者的合作。

图5-2　乐视的商业版图

右脑营销与有性格的品牌

互联网化的消费者群体行为，更加偏重于感性化和情感表达。这本身就是一种本质需求，这导致作为营销者观察改进我们的传统营销理念的第一步——重新了解用户需求。紧接着需要做的就是把目光重新放回自身，看一看在互联网来临之际，我们的营销理念应该怎样去革新？

左脑营销和
右脑营销

营销的成熟理念始于"二战"之后的美国，经济的发展让企业开始系统性地探索市场营销的方式方法。早期对于营销的理解，基本上就是将生产出来的产品推向市场，送给有需求的消费者。这个时候的产品往往都是标准化和统一的，没有什么复杂的细分，所以对于消费群体也不会有明显的划分，营销的核心思维就是尽可能多地将一款产品卖给所有的人。企业追求的是交易量和规模营销，而消费者购买产品的主要目的就是为了使用其功能以解决实际问题。

这个时期最有代表性的营销策略是由美国营销学者麦卡锡教授在20世纪60年代总结提出的"产品、价格、渠道、促销"4大营销组合策略，即"4P理论"。同时，大范围的广告宣传也成为企业营销的不二法宝。毕竟，在互联网产生之前，媒体具有信息传播的垄断权，信息只能从少数的媒体渠道上获取，自然更容易使大量的受众相信。所以，在一开始，这种单向式、批量轰炸般的广告模式还是挺奏效的。至少到了20世纪90年代初期，在中国的县城和农村地区依然可以看到三株口服液这一类简单粗暴的刷墙广告宣传。以当时中国的商业社会成熟度来看，这类广告恰逢其时，自然让企业赚得盆满钵满。这种纯粹依托客观的产品来大面积推广的营销，可以叫作"客体营销"。

后来，由于生产的产品数量越来越饱和，同时消费市场受到经济危机的影响，购买力也存在波动，此时仅仅满足表面上的存量需求已经无法维持企业的持续发展，如何创造顾客的需求问题就摆在了所有企业的面前。

如何创造需求，需要企业真的实现从以产品为中心走向以客户为中心的战略转变。当企业走进市场开展顾客的需求调查时，会发现不同的顾客有着不同的需求，差异化的策略便由此而来。企业千方百计地去设计不同的产品来让顾客挑选，产品的种类随之日渐丰富，顾客的选择面也随之扩大；另外，当企业走进顾客时，也会发现顾客对产品的需要除了解决实际问题以外，还会考虑性价比、售后服务、企业承诺等多种因素。我们将这些因素统称为是一种维护自身消费利益的理性考量。于是，企业不仅要做大差异化产品形态和功能，还要在功能之外增加更好的服务以提高用户的体验和满意度。这个时候，营销进入到认真考虑顾客需求的时期，而这时用来吸引顾客的营销策略，更多的是建立在理性人的决策之上，选择最符合顾客经济利益的营销手法和产品推送，所以我们称之为"左脑营销"。

但是无论如何，这个时候的营销依然是以企业为主导。虽然融入了对顾客需求的考虑，但顾客本身在产品的生产和营销过程中仍然居于被动的位置，区别只是前一种是被动接受唯一的答案，而后一种是去做一道有限选项下的单选题而已，无论怎样，顾客的心理依然不会舒服。毕竟，就像我们早已重复过的一样，个性化和定制化的服务体验需求如影随形一般，是我们每个人的终极消费追求。

于是，在互联网连接你我他的时代，企业的边界在模糊，原本隔离企业与顾客的中间环节均被互联网所消除掉，企业与顾客瞬间变得零距离，甚至是负距离。这个时候，营销已经不仅仅是企业向顾客推销一种产品，而变成了企业与顾客的一次次交往，顾客与顾客的一次次交流，一个社会化网络正在逐渐形成。

营销走到今天，已经从过往单纯的产品营销，向着越来越贴近顾客的需求演进。"互联网 + 营销"对传统营销的改变，是从以往企业—顾客这种纵向线性营销，逐步转变为顾客—顾客的横向传播营销。在社会化营销的大舞台上，很多时候看不到企业卖力宣传自己的产品，更多的是社交媒体上用户群之间对于最新的产品的激烈讨论、转发和分享活动，而企业的营销效应就在这种朋友圈的互动中逐渐建立。互联网本身具有感性传播的特质，互联网上的消费行为更容易受周围人群的影响，而不是企业自己的宣传，这是一种口碑传播的效应。但是口碑传播本身就带有很强烈的直接感受，难以用理性将具体的得失计算清楚，往往是众口纷纷点赞，自己也会追风的一种感性消费行为。所以，在互联网强调营销从线下转移到线上的过程中，一种强调以情感共鸣为抓手的营销模式应运而生，这即是"右脑营销"（如表 5-1 所示）。

表 5-1　三类营销理念的对比

	客体营销	左脑营销	右脑营销
营销对象	所有人	理性人	感性人
核心需求	解决实际问题	维护自身利益	满足内心主张
营销物品	产品	产品+服务	产品+服务+情感
营销价值	功能	功能+体验	功能+体验+共鸣
营销策略	单向式广告	交互式顾问	网络式传播
关键词	质量度	差异化	认同感

<table><tr><td>情感共鸣是
营销的最高目标</td></tr></table>

在"互联网＋"时代，营销的最终落脚点仍然是企业的品牌效应。只不过，这种品牌效应需要区别于传统工业时代的那种品牌。过去的品牌与当时的产品理念、营销模式相匹配，是一种刚性化的、客观的、没有生命活力的品牌。而当引入了互联网之后，消费者的情感需求被引爆，营销便被赋予了很多理性之外的心理诉求和价值主张。这个时候的品牌效应，应该具备三个方面的因素（如图5-3所示）。

首先还是产品本身，这是品牌的载体，产品的影响取决于功能和质量的高度。但是，在制造工艺越来越发达的今天，产品功能上的差异会越来越小，甚至会同化。比如智能手机在纯粹的通话功能上，基本上没有什么明显的差别。而其他的功能，如拍照、游戏、音乐等都已经成为了基本的标配。从功能角度看，产品将是企业品牌的一个基础，但并没有太多的升值空间。

其次是服务的水平，衡量服务的好坏关键在于用户的体验，我们在前面已经详细论述过好的体验是什么。这里提到的体验，就是用户在对产品的理解基础之上，上升到自身感受的层面。所以一切能够让用户感受到美好、方便、舒畅的体验都是好的服务标志。苹果手机没有突出技术创新和功能创新，但是赢在了产品的设计上，重新诠释了智能手机，这个好就体现在用户良好的体验感上。

最后决定营销胜败的制高点，在于营销本身能够带给客户什么样的价值主张，这种价值主张是否与客户自身的情感诉求产生共鸣。也就是俗话说的，你我是不是一路人？品牌讲究忠诚度，互联网营销让客户之间彼此频繁地交流和沟通，渐渐地形成了基于兴趣和爱好的众多小圈子，每一个圈子都有自己的个性和追求，最终都会反映到所使用的产品上面。当企业评估自身的产品属于哪类文化属性之后，营销就要锁定哪一个圈子与我们的产品气质最符合，与我们的价值理念最相称，这个圈子就最有可能成为我们的忠实用户。互联网营销已经不再是漫天撒网的无目的性营销，而是精准打击外加口碑传播，让顾客营销顾客，让粉丝圈子自我成长扩大的营销过程。企业本身则退居幕后，提供产品和话题作为推动力。

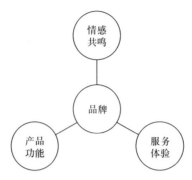

图 5-3　品牌营销模型

　　著名品牌管理专家大卫·艾克认为，一个客户体验产品或服务有三个层面，第一是功能性，客户如何使用你的产品，想从中得到什么；第二是清晰性，即你的产品和服务能给他或者她提供什么样的感觉；第三是自我表达，你的产品和服务能够使他或者她成为什么。如今像苹果、小米等服务型产品，追求的正是一种自我表达情绪的效果。

　　服务型产品大行其道，让传统营销理念出现了深刻变革。如果说过去的营销理论聚焦的问题就是如何向尽可能多的客户推送产品，那么在互联网时代，营销更多时候是在围绕一部分用户，建立忠诚度较高的社交圈子。网上销售打破了传统广设渠道的营销思维；饥饿营销也颠覆了尽量满足客户需求的传统概念。最后，正如罗永浩发布会说故事一样，罗振宇喊着伟大商业模式试验，就是更高一级的营销手法，即卖产品先要卖情怀。

　　互联网式营销不应是尽可能多地满足所有顾客，而要学会聚焦，学会选择一个目标群体，不曲意逢迎，做一个有个性的品牌（如图 5-4 所示）。

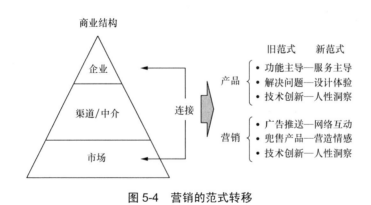

图 5-4　营销的范式转移

链接话题——把产品当人看，把用户当朋友处

当年马云和王健林的 1 亿元赌局大戏让大家开始关注互联网对传统行业的颠覆话题，到后面更是变成了雷军与董明珠的升级版——10 亿元赌局，如果说前者还聚焦在电商对传统商铺的替代，那么后者内涵就更为深远了。作为传统制造企业代表的董明珠，始终认为小米只是一个会制造噱头的营销公司，而没有什么真正的核心能力。的确，小米横空出世这几年，给大众最直观的印象就是其采用的互联网式营销。

"互联网＋产业"带来的变革，首先是商业形态更加生态化，其次是生产开始向规模化定制发展，还有一类变革就是互联网式营销对传统营销理念的变化。我们已经描述了互联网化的商业世界，消费者的需求变化以及营销的理念变迁，那么作为传统企业，如何理解互联网对过去的营销理念的冲击和改变，又该如何利用互联网实现自身的营销模式升级呢？

互联网对传统企业营销策略的冲击和颠覆

企业做营销活动，简单说就是怎么卖东西，但是要思考这个问题，首先要搞清楚的问题是"卖什么""卖给谁"和"在哪卖"。这些问题影响到企业采取什么样的营销策略。回过头看，互联网给企业营销的颠覆和改变，恰恰就是从改变这三个方面开始的，即市场形态、产品特征和用户需求的改变，让以往无往而不利的市场营销法则遇到了瓶颈甚至无解的难题。

首先，开放和扁平的市场让信息不对称的价格歧视策略很难再起作用。得益于信息的低成本甚至无成本的快速传播和共享，互联网打破了过去地域的限制，打通了各地信息屏障，还打破了中间商和渠道商的枢纽地位，让企业与用户直接对话，缩短了价值链，这也让过去基于信息不对称之下形成的价格歧视更是难以长久维持。

其次，服务式产品的大量出现让以宣传功能为主的传统广告模式不再受宠。互联网导致产品力需要重新被定义，过去全面的功能和过硬的指标是产品的核心卖点，但是现在的产品更多注重服务甚至情感体验，这就要求营销要有温度，

有感情，有味道，以往单向的宣传无法让用户切身获得这种体验需求，效果自然大打折扣。

最后，习惯于网络社交的用户群让以往对用户一视同仁、全面覆盖的方式遇到了挑战。"宅文化"的出现，让用户愈发依赖于网络获取信息，同时空间距离的拉大也让用户更需要虚拟社区的互动交往，这就使得对个体需求的尊重与参与感加强，营销的目的不再是尽可能地卖给所有人，而是要找一群同道中人尽可能地满足他们的个性需求，地毯式轰炸思路已经过时。

投身互联网式营销需要的关键转变点

正是因为传统营销模式生存的三个前提要素，包括市场、产品和用户都发生了改变，所以要想继续玩转营销这盘棋，企业只能从自身的营销惯性中走出来，主动进行转变。这一两年来，互联网思维成了很多人的口头禅，小米公司的快速迭代、简约极致等口号广为流传，但这些词汇更多的是描述了生产产品的具体表现。而我们所说的互联网式营销，其实就是将产品视角转换为用户视角，将企业习以为常的"做好产品推给用户"变成"找到用户一起做产品"，这是互联网式营销与传统营销最为本质的区别所在。

如何做到"找到用户一起做产品"的目标，关键动作是把产品打造成有个性的"人"，会讲一个有趣的故事，吸引趣味相投的朋友作为用户，大家一起玩。

第一，把产品打造成有个性的人，实现"产品人格化"。产品以及品牌不再是冷冰冰的东西，而是要有血有肉有感情，就是一个活生生的人。《罗辑思维》的罗振宇说："品牌是基于人格魅力带来的信任与爱！是品牌的去组织化和人格化。"如果把《罗辑思维》想象成一个人的话，那他就是一个有种、有料、有趣的读书人！这样的产品才能够让人们喜欢，才能够继续进行我们所说的一系列的互联网策略。

第二，会讲一个有趣的故事，引爆"话题营销"。我们都看过电视广告，有些广告叫人拍案叫绝，大部分广告让观众看过后只剩吐槽。细想一下，那些叫人印象深刻的好广告，一定是有场景，有角色，有故事，又有惊喜，总之看起来不像广告，但却传达出一种理念。信息爆炸的时代，最稀缺的恰恰是用户的注意力，企业营销产品必须能够找到好的故事吸引用户，找到所谓的用户痛点。雕爷牛腩通过"500万的食神秘方""韩寒携妻吃饭被拒"等一系列争议话题实现了自我营销，即是明证。

第三，吸引趣味相投的朋友作为用户，建立产品朋友圈。我们试想，人们彼此成为好朋友的基础，基本上可以算是三观一致，臭味相投。同样，已经具备人格化的产品，它的朋友，也应该是那些认同这个产品所代表的精气神的粉丝们。就像奔驰和宝马，其买主肯定不是一类人，前者代表的是身份地位，政府机关最为匹配，而后者代表活力自由，富人老板尤为合适。锤子科技的罗永浩说："我不是为了输赢，我就是认真。"顿时俘获了喜欢匠人精神的一批粉丝。有什么样性格的产品，就能吸引什么样的群体，营销不再是把一款产品拼命推销给所有人，而是根据产品人格，找到最契合的那个小群体，建立个性化朋友圈，大家一起围绕产品玩。

第四，大家一起玩，在互动中逐步培养感情和黏性。我们每个人在与朋友的交往中，都会不断地调适自己的脾气秉性，使自己更加融入群体，获得快乐。同样，既然把产品当作一个人，那么营销活动也就变成了志同道合的朋友一起碰撞的活动。现在互联网越来越讲究开放式创新、社群化研发，小米MIUI手机系统升级前都会针对更新内容向用户征求意见，会收到10多万用户参与投票，不知不觉中产品生产已经变成了朋友圈的社交活动，用户不再是打开门看见一个陌生的销售员推销陌生的产品，而是主动开门迎接久已熟悉的老朋友的拜访，营销在一片欢声中润物细无声地完成，而且既然是一起打拼的朋友，黏性自然不必说了。

在互联网普及的今天，企业做营销，就是在以用户的视角去谈朋友，建关系，找乐子，育感情。这种关系型的互联网式营销的实现基础，在于准确把握用户的喜怒哀乐，也就是行为规律和内心需求，这就离不开对大数据的应用。以往由于获取信息的渠道单一，企业了解客户需求只能通过问卷调查的方式得到少量抽样的数据，以此做出概率统计猜测市场需求。而今通过互联网和新媒体技术，获得的海量数据，可以让企业更为全面精准地了解每一类客户的独特兴趣，更为真实可靠。像趣多多产品，利用大数据敏锐洞察，锁定18～30岁年轻群体，定向投放感兴趣的广告，在愚人节实现6亿多的页面浏览量，品牌提及率增长近3倍。可以说，对用户数据的储备和挖掘，已经成为所有立志向互联网转型企业的必备技能，不具备这个能力便不要再想其他的了。

可以看出，互联网式营销，绝不仅仅是一些传统企业所不屑的噱头伎俩，而是深刻洞察人性特点的一次商业上的返璞归真，产品终归到底是为人服务，企业活动无论何时也不能违背人性。只有真正了解用户的内心世界，才能依循用户的心声去做产品，倾注最大的热情追求极致，那么营销自然就在这其中悄然进行了。

马化腾说过去看到很多互联网企业对传统行业进行了颠覆或替代，但那可能只是初级阶段。现在逐渐发现，传统行业专业度很高，也很复杂，并不是纯互联网可以替代的。相反，很多传统行业都会利用互联网完成升级。竞争的压力更多来自同行，谁利用好互联网技术，谁就容易抓住机会。"采用互联网式营销，就是传统企业自我升级的第一步。

第六章

互联网＋产业——从独占到共享

从渠道为王到平台致胜

中介渠道的
危机出现

2009 年年初，携程网与入驻的商家格林豪泰发生了一次严重的商业冲突。这次冲突的导火索，是来于 2008 年年底格林豪泰单方面的一次客户优惠活动。在 2008 年年底，格林豪泰宣布从当年 12 月至次年 2 月，酒店推出四周年庆的"8 000 万元回馈会员酬宾活动"，向其注册会员提供一定数量的现金消费券，还有会员积分兑换券等系列优惠。很显然，这是一次单方面对其注册会员的促销活动，但是由此却惹上了麻烦。

很快，格林豪泰收到了携程网的告知，要求这项活动应该惠及携程网的注册会员，而不仅仅是格林豪泰自己的注册会员，否则应停止此项优惠活动。很明显，格林豪泰拒绝了携程的这个要求，于是，携程于 2009 年 1 月 16 日，将格林豪泰与之合作的单店全部下线，被业内称为"1·16 携格事件"。紧接着，在同年 3 月 2 日，格林豪泰方面宣布，以"侵害商誉"起诉携程，指责携程是"以垄断地位挤占下游利润"。

这起事件分析起来并不复杂，实际上就是作为商家的格林豪泰，希望绕过中介者携程，直接与消费者建立起联系，扩大直销规模，而这恰恰触动了作为中介者角色的携程网的立身之本，矛盾必然爆发。

中介者就是一种渠道资源，在以往的任何行业的产业链条里面，都少不了这一环节，因为渠道是与用户直接接触的"最后一公里"，其价值不言而喻，谁掌握了最多最好的渠道，实际上就等于控制了产业链的主动权，在传统产业里面，渠道为王就是这么来的。

渠道为什么牛？因为渠道本身的出现，是为了解决以往商家和消费者之间交易成本过高的问题。假如，新疆出产的阿克苏苹果，其主要市场在内地省份，作为供应商，要想完成交易，需要跨越地域的距离，付出很大的时间和空间成本，这就需要渠道商在中间作为对接双方的中转集散地。由于时间和空间的限制，供求双方往往是信息不通的，彼此并不知道对方的情况，也就无法直接完成交易。比如我要租房，可我不知道哪个小区有合适的房源，同样房主也不知道哪里有租客，中介渠道的利润就建立在这种信息不对称的现实条件下。

再把视角转移到互联网时代，由于互联网的广泛连接的技术条件，突破了过去时空因素带来的信息流通障碍，让任何地方的供求一方都能够快速找到合适的另一方，因此，信息的广泛流动解决了最基础的交易困难问题，解决了信息不对称的问题。当企业可以直接找到用户说"我们做交易吧"，当用户可以直接找到企业说"我要买××商品"时，传统的渠道和中介角色也就失去了原本生存的基础，渠道危机就这样到来了。正如在《网络社会的崛起》一书中写到的那样：网络能够提高社会的透明度，削弱中介机构的作用，而让消费者得到更多选择的权力。仅仅几年时间，携程网便已经体会到了商家"造反"对自身的冲击了。

平台成为主流商业模式

平台的出现，早于互联网的到来。最典型的平台模式，当属报纸和电视台了。从信息的传播角度看，一边是读者和观众群体，付费获取新闻信息；另一边是内容提供，由所属的新闻记者提供或者创造出来。从商业盈利角度，一边依然是读者群体，而另一边则是广告商，媒体平台收入高额的广告费用。这种双边市场的模式，构成了平台的基本商业架构。

双边市场是一种市场形态。在这种市场形态中，至少有供给方和需求方以及平台三个主体。供需双方具有相互依赖性；平台扮演中介作用，为双方用户在信息流、资金流、物流及规范确定上，提供便捷性、安全性、对称性等专业服务，并收取相应费用。随着市场经济全球化，特别是互联网大发展，打破了以往存在的时空限制，市场形态从早期的自产自销、供需方较少、区域性的单边市场，向具有平台组织的双边市场发展（如图6-1所示）。

　　平台的价值显而易见，因为平台满足了人们在市场交易中最基本的需求，那就是供求双方直接交易，省去中间所有环节。而互联网作为信息连接和流通的创新技术，促使这一需求成为现实。还是那句话，就像互联网不是体验经济出现的原因一样，互联网也不是双边平台市场出现的原因所在，但是互联网让这种新的形式成为了市场的主流，这就是"互联网＋产业"带来的直接效果。

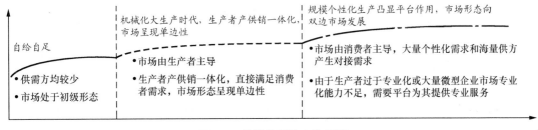

图 6-1　供需关系的变化历程

构建自己的生态思维

　　"互联网＋产业"带来的变化，可以说起始于产品经济，继而转型为平台经济，再之后成为垂直领域的平台大佬，随后目光又转向更大的生态系统经济圈。1935 年英国生态学家坦斯利（A.G.Tansley，1871 ～ 1955）最早提出了生物学意义上的生态系统概念，具体是指在一定的空间和时间范围内，在各种生物之间以及生物群落与其无机环境之间，通过能量流动和物质循环而相互作用的一个统一整体。随着对生态系统及社会组织结构认识的不断深入，人们发现，人类社会的组织、运转和生物学意义上的生态系统极为类似，并将"生态系统"这一概念大量引入到社会科学领域。1996 年，美国著名经济学家穆尔（Moore）在《哈佛商业评论》上首次提出了"商业生态系统"的概念。

**生态思维
实现共赢**

所谓商业生态系统，是指以组织和个人（商业世界中的有机体）的相互作用为基础的经济联合体，是供应商、生产商、销售商、市场中介、投资商、政府、消费者等以生产商品和提供服务为中心组成的群体。它们在一个商业生态系统中担当着不同的功能，各司其职，但又形成互赖、互依、共生的生态系统。商业生态系统中，每个企业都可以和其他的组织共同演进、共同进化。主要是指"三生"的原则：共生、互生、再生。

共生就是搭建一个平台，让感兴趣的人都进来，大家有着共同的兴趣点，而且都可以利用这个平台，这个叫共生。互生是大家在这个平台上相互依赖、共同进步。互生是在共生的同时，大家彼此还能够相互促进对方的增值，就是同一个平台，同一个梦想，大家一起赢，实现各方利益的最大化。

在这一商业生态系统中，虽有不同的利益驱动，但身在其中的组织和个人互利共存，资源共享，注重社会、经济、环境综合效益，共同维持系统的延续和发展。商业生态系统具有几个明显的特点。

第一，生态系统打破了以往行业间的区隔，实现了跨行业的融合。生态系统使得不同的行业成员能够真正地走到一起，形成利益共同体，继而能够创造出新的价值空间。例如，通信运营商给各个行业的企业客户提供信息解决方案。

第二，生态系统中的成员是一荣共荣、一损俱损的关系。就像生物界的生态圈一样，任何一个环节的生物的弱化，都会导致与之相关的其他生物受到损害，最终导致整个生态环境的恶化。在商业生态系统中，成员之间不再仅仅是你死我活的竞争状态，要知道共赢的思想才能超越一切。

第三，生态系统是一种网络化结构和自我进化的生命体。传统的产业链有着非常清晰的前后协作关系和产业边界；生态系统则是呈现出内部看似混乱的网状连接，以及已经模糊不清的产业边界两种特征。这体现了一个大的生态系统中同时有着众多小的生态系统，而彼此之间没有固定的边界划分，随时随地都在变化和调整。在这其中任何一个企业都有可能同时存在于多个系统之中，或者是一种连接型的系统桥梁。整个系统必然随着环境的变化在进化适应中生长，很多时候，我们说的外部环境，比如客户，技术，政策等，也逐渐成了系统中的一分子。

第四，生态系统改变了以往企业对待资源的独占态度。在《共赢：商业生态系统对企业战略、创新和可持续性的影响》一书中，作者马尔科·扬西蒂和罗伊·莱维恩写道："战略正日益成为一门管理自身并不拥有的资产的艺术。"无论是正在构筑自己生态圈的互联网企业，还是寻求转型互联网的传统企业，都已经不再将目光聚焦在自身能够占有多少资源能力上，而是放眼于可影响和可借助的外部资源范畴，寻求借力与共享。

换句话说，互联网对于产业战略思维的最大影响，就是从过去工业时代对资源的独占思维，转变为在生态系统中资源共享的思维模式。

阿里巴巴的"航空母舰"生态战略

"今天的中国，以战略取胜，我们是高于腾讯不少。以战略见长的阿里将会迅速拉开与腾讯和百度的差距。阿里打造的是一个航母舰队……航母强大的战斗力不是来自单一的舰载机，而是整体的力量！今天，百度和腾讯如果没有搜索和微信，就完了。而阿里的今天已经不仅仅是淘宝。"

这是 2014 年阿里巴巴上市之前，马云与方兴东的对话内容。言语之间，马云对阿里巴巴自信满满，并认为阿里巴巴在战略高度上已经远领先于腾讯和百度。许多人或许认为马云的这段话水分太多，经不起仔细推敲，不过如果真要较真，这话就变成纯粹的口水了。

抛开他对腾讯和百度的"低看"不说，简单地讲，马云说阿里巴巴是个航母战斗群，而并非只靠单个舰载机作战，说的是阿里巴巴的强大在于战略的强大，而非单个产品的强大。而马云所说的战略，就是对自己核心竞争力的谋划。

没有谁能从一开始就想到"布局"所有的领域，当年的阿里巴巴也不会想到今天它竟然在做电影、做民营银行……但阿里巴巴自始至终都很清楚自己喜欢做什么，不喜欢做什么。"阿里巴巴做的百分之百是电子商务，但是阿里从来不卖一件商品；马云做的百分之百是互联网，但是他说他不懂互联网；阿里巴巴是典型的技术公司，但是马云说他不懂技术，阿里巴巴也从来不追逐任何技术热点。当美国的高科技巨头在憋着劲研究更新的产品和技术，比如当苹果谋划智能手表期望再次颠覆世界，谷歌为谷歌眼镜埋头苦干，国人为特斯拉而神魂颠倒，创客或奇客成为顶礼膜拜的新潮流之际，阿里巴巴对这些好像都无动于衷。

追求技术热点，追求酷炫的产品，不是阿里巴巴的兴趣所在，阿里巴巴真正感兴趣的是利用现有的互联网手段尽可能拓展现实世界的商业界限，从这个意义上说，阿里巴巴绝非一家以技术为本的科技公司，而是一家成熟老道的商业模式创新公司，它玩的不是技术，而是资源。看清世界大势，找准自身的定位，既不局限于一城一池，也不超脱于市场之外，应当是一个成熟企业必备的战略素养。这一点，我们还可以透过历史看得更加清楚。

东汉末年，起初刘关张组建义军，期望能除暴安良，救国家于危难。但他们的战略眼光只看到了自家的兵卒多一个又少一个，以及董卓、袁绍、曹操等势力的你强我弱，而不知他们要保的君王已经名存实亡，也没有看到这个国家短时间内难以恢复实质上的统一，于是只能在你争我夺、南逃北往中喟然感叹时运不济，这就是没有战略眼光的表现。得亏碰到了诸葛亮给他点拨三分天下之势，刘备这才明白过来，否则这哥仨也就是个在别人帐下混饭吃的将军而已。

必须承认，阿里巴巴的成功主要得益于以马云为首的创业者独到的战略眼光，而且正如马云所说，阿里的确不是一家严格意义上的科技公司，更多是依靠搭建互联网商业平台进行资源整合的商业模式创新公司。阿里巴巴通过横向的广泛投资布局，形成了一个围绕阿里巴巴平台的企业群，这类似于一组航母战斗群。

也许在马云的心目中，未来的战斗群中的各个战舰，是要形成内部的资源与信息的自循环体系，协同作战，共同生长。尽管阿里巴巴可能永远不会生产一件有形的产品，但是如果这种航母群的战略思维能够真的练就成功，那么在未来的商业世界与消费生活领域，阿里将是一种无形的存在。如同我们的大自然生态系统，你看不到具体的边界，但已经身在其中了。

链接话题——好说难圆的互联网生态梦

生态系统，原本是生物界的专有名词，如今使用频率最高的却是与生物圈八杆子打不着的互联网界。众多大佬小佬，无论生意如何，张口闭口都是要打造生态系统，而实现的途径无一例外都是首先创建自身平台，引入外部内容服务商，聚拢用户资源，再或收购或控股相关领域的关键企业，形成众星捧月、环环相扣的商业体系。之后就是谓之整合的体系化运作，一个以自身平台为核心的生态系统就这样诞生了。

当然，这只是大家口头常说的生态化的一种思想路演而已，正是在这种类似于生态梦的驱动下，近些年来我们看到国内外互联网界一波波的收购高潮，巨头们纷纷布局产业链上下游，甚至跨界进入其他领域，大手笔频频出现。如今的 BAT 已初具生态规模，而后起之秀 360、京东、小米也在迎头赶上。

马云和阿里巴巴的生态梦之路，在 2014 年的初秋到达了一个里程碑。上市当天，阿里巴巴的股价就暴涨 38.07%，收盘为 93.89 美元，市值达 2314.39 亿美元，超越 Facebook 成为全球排名第二的互联网公司。但这还不是上市最出乎意料的场景，相反，不是马云和他的管理团队，而是由 8 张陌生的面孔组成的敲钟队让世界瞩目，两位网店店主、快递员、用户代表、一位电商服务商、网络模特和云客服，还有一位是来自美国的农场主。马云在这一历史时刻，偏偏用一种不同寻常的行动，向世界表明阿里巴巴的生态化运作理念。于是，关于阿里巴巴的生态梦，又一次让各路投资者眼前一亮，对阿里巴巴的未来无疑又增加了几分好感。

马云是一个造梦师，这些年在公众媒体上给我们呈现出的都是一个极富前瞻性和伟大理想的领导者。由他领导的阿里巴巴集团，已经从一个简单的交易平台商迅速发展成为集电商、金融、娱乐、社交、媒体等多重角色为一身的联合舰队，回首阿里巴巴过去 10 多年的发展历程，我们能够很清晰地感受到阿里的转型意图。一开始搭建 B2B 的平台交易网，让各路中小企业方便快捷地找到合作伙伴。近几年开始跨出电商领域，不断地大手笔收购或者入股与电商关系松紧不一的企业，在几乎涉及人们生活的方方面面都在做布局。阿里巴巴并不像腾讯或者百度那样，围绕自身业务需求展开纵向收购，阿里前所未有的横向扩张，似乎是要做覆盖人们生活各个方面的全业务服务商。

这个时候，很多人似乎能够感觉到阿里的鸿鹄之志绝不在陇上，而是瞄准了凌云之巅。有梦想就有希望，而投资者最喜欢的就是能制造出梦想的公司，阿里巴巴这些年纷繁复杂的收购布局，已经在上市前给投资者编织梦想攒下了足够的素材，巨大的想象空间让阿里巴巴如愿以偿地获得了资本市场的热捧，一个大互联的生态梦，就在敲钟的那一刻诞生。

恋爱是浪漫的，婚礼是梦幻的，但走完红地毯之后，将面对着琐碎的柴米油盐。亢奋之余，还是要回归现实。历史上因为整合不力导致失败的巨型集团又何止一两家。很多企业最终又回到化整为零，走回专一化道路上来。反观年轻的中国互联网企业史，腾讯收购易迅，盛大收购酷6，或者雅虎中国收购3721，等等，大手笔挥金的豪迈，合并时无限的畅想，到最后都不敌市场表现的残酷。马云在2014年上市前回答美国投资者提问时，已经表明："我们在2013年进行了10次并购交易，投资了70亿美元。这是非常正常的情况。我们注重的不是财务上的回报，而是策略上的协同。"但上市之后很多事情就身不由己，策略要协同，但短期的市场和资本压力也不可忽视。

到了2015年1月最后一周，距阿里巴巴上市不到半年，股价便遭遇重挫，当周跌幅超过13.6%，市值蒸发了370多亿美元，股价一度跌破90美元，相当于跌去了一个京东或三个唯品会！上市前，马云提到了孔子的话"兴于诗、立于礼、成于乐"，回首过去15年的艰辛历程，给予全体公司员工新的期许。只是在更为严格的监管制度和短期的报表压力之下，今后阿里巴巴怎样将多年来布局的多个不同业务、团队、文化的公司，捏合在阿里的大生态梦之中，我们只能抱以期待的目光。

全民化合作消费的时代

共享改变
我们的生活

互联网促使产业形态由链条转化为生态系统，同时，企业的战略思维也随之转变，从对资源的占有变成系统内的资源开放与共享。在互联网推动信息交流高度发达的基础上，这种共享资源的经济模式，不仅节省了企业的成本，而且激发了业余服务的新形态。换句话说，在互联网时代，你想要的服务，不一定非要去买嘛！

由于互联网能够让消费者和生产者快速地对接上，使得市场中原本非常分散、个体规模非常零碎、看来微不足道的力量得以迅速、高效地整合起来，进而形成强大的生产力，"众筹"如此，C2C 电子商务如此，"自由快递人"也是如此。这个出现于 2013 年的新兴职业竟然能让众多上班族 / 出差族在例行的征途中赚点外快，创意十足。

如果你有固定工作，且愿意利用闲暇时间或者是在上下班路上，根据自己的行程选择捎带一些快件，那么你就可以在人人快递网上申请成为他们的"自由快递人"。人人快递会每天推出快件信息，自由快递人可以根据自己的时间或行程安排，自由选择就近接件、派送，收益在个人和平台之间自主分配。显然，这种创新的"快递"方式是一种典型的众包服务。对自由快递人来说，利用闲暇时间顺路捎带一些快件是举手之劳，既能赚取收益，也有助于节约社会资源，让快递达到环保、低碳的目的，何乐而不为？

和之前我们谈到的产品人格化趋势一样，共享的模式也不是"互联网＋"所带来的新鲜事物。最早是由美国得克萨斯州立大学社会学教授马科斯·费尔逊（Marcus Felson）和伊利诺伊大学社会学教授琼·斯潘思（Joe L. Spaeth）于 1978 年发表的论文《Community Structure and Collaborative Consumption：A Routine Activity Approach》中提出了这个经济学的词语。其实我们每个人几乎都有过这种共享经济的经历，比如大家互相借书阅读，而不是花钱购买。在学校和社团内部，开展以物易物的活动，变废为宝，处理闲置物品。这些都是最基础的共享经济雏形，只不过这种经济模式在信息交流不够发达的过去，只能停留在小范围组织内部，无法扩大到社会层面，形成真正的影响力。

但是，一切因为信息交流不畅带来的发展制约效应，都会因为互联网的普及而逐渐消除。共享经济就是这样，有了互联网，已经不再是小圈子内部的临时性活动，它开始在越来越大的范围内呈现更多的形式了。"合作实验室"创建者、作家瑞奇·柏慈曼（Rachel Botsman）和企业家卢·罗格斯（Roo Rogers）在合著《我的就是你的》（What's Mine is Yours）一书中表示，共享经济源自人类最初的一些特性，包括合作、分享、仁慈、个人选择等。信誉资本带来了正面、积极的大众合作性消费，创造了一种财富和社会价值增长的新模式，共享经济将颠覆传统消费模式。

　　理论上，互联网的广泛连接，让世界上广大的网民连接成为一个紧密的信息交流网络，通过各种智能设备，我们可以轻松地知道在世界的另一端，有个家伙需要我的旧书本，而我需要一根棒球棍。借助于网络的力量，需求者和提供者能够跨越时间和地域，实现对接促成交易。"一对一"的交换模式一旦在网络效应影响下，就会呈现几何规模的增长，结果用不了多久，你就会发现人们的需求会出现集中和聚合。例如，总有大部分上班族在抱怨每天早上打不到出租车，总会有一些懒家伙希望周围的邻居去超市购物时能够顺带帮他买点零食。于是，渐渐地就会有一些面向规模化需求的第三方平台出现，个人借助这些平台，不仅可以交换闲置物品，还能够交换自己的思想、创意，集中租用一些服务设施，甚至筹集创业资金。

> **共享经济带来
> 人的解放**

　　共享经济不仅能高效匹配前端需求和后端资源，充分挖掘闲置资源利用效率，而且它更代表一种消费模式的转变，商品为所有人共享，无需购买产权，只需购买使用权。共享经济的好处就在于其为参与者提供了足够的灵活性，你分享，你也获得服务，而且来去自由，毫无门槛。共享经济是一种全新的 O2O 模式，它将前端用户需求和后端商家能力采集汇聚云端，通过中心调度实现前端需求和后端服务的快速匹配，相比于过去仅提供营销平台的传统电商模式，共享经济进一步提高了后端商家资源的利用效率。

　　美国 Uber 是共享经济模式的典型代表，目前已在全球 30 多个国家的 250 多个城市开展专车、出租车、拼车等共享服务，企业估值已高达 400 亿美元。许多 Uber 司机都有另一份收入稳定的长期工作，把开 Uber 作为额外的收入来源。国内以滴滴打车、快的打车为代表的共享经济也呈现井喷式发展。例如在北京市，城市人口不断增加，现有的交通运营体系很难满足人们的出行需求。一项关于"专车服务"的调查数据显示，59.5% 的专车服务用车是自由的闲置车辆，96.9% 的司机表示，如果有额外奖励，愿意在出行高峰阶段提高接单频率。这能促进专车与传统出租车形成良性互补，提高城市交通运力。

　　美国另一家共享经济的代表：Instacart，是为那些整天待在屋子里的宅人准备的福音。其他人可以在自己购物的同时，加入到 Instacart 中成为其一员，这样就可以去超市购物的时候帮附近的宅人购买商品，顺路送货上门，而且获得每小时 25 美元的报酬。条件是只要你有最新的智能手机、年满 18 岁以上，能搬动 12 磅（约合 11 公斤）以上的重量，能在周末和晚上工作，就一切都不成问题。

目前，共享经济模式已经向房屋短租、家政服务、美容服务等多个消费性服务领域拓展，不仅提升了汽车、房屋等用户闲置资源的利用效率，而且帮助服务人员实现了低成本创业和就业。随着共享经济的普及发展，未来将有部分人无需购买汽车、房屋，而只需通过共享经济的方式购买相应的服务即可。

互联网给予生产者和消费者的选择自由，是过去的商业社会所无法给予的。但自由带来的另一面就是不确定的风险。对于组织相对松散的众包快递服务，就会面临着诸多亟待解决的问题。比如在安全方面，由于自有快递人和快递平台没有符合法律程序的雇佣关系，一旦出现问题，维权就会很困难；人人快递里面没有进行安检和相关的监控等措施，这也容易导致物流风险增大；自由快递人的准入门槛低，也存在一定安全隐患。专车服务，同样存在司机和乘客的不确定性带给对方的安全风险。所以，互联网经济依托信息便利而崛起，但真正的持续还需要依靠后续的监管，以及建立人与人之间的信任关系。

无论如何，像"自由快递人"这一类共享经济模式，带来了一种关于快递的全新思考方式。当所有人都认为电子商务的兴起使得一个个独立的快递员成为维持社会机体正常运转的红细胞的时候，而现有的快递方式仍然存在着诸如效率低下、堆积爆仓等一系列的问题，自由快递人的出现恰好让所有可能利用的闲置资源充分而有序地整合起来，最大限度提升快递效率、节约社会资源。

据福布斯估计，2013 年共享经济价值达到 35 亿美元，增长 25%。2014 年叫车服务平台"Uber"成功融资 12 亿美元，其价值已超过 180 亿美元；房屋出租平台"Airbnb"也成功融资 4.5 亿美元，其价值已达到 100 亿美元。而在 2011 年，合作性消费被美国《时代周刊》称为将改变世界的十大想法之一。整体来看，作为一种全新的业务模式，尤其是一种随着移动互联网的兴起而诞生于草根、服务于草根的互联网服务模式，共享经济这类大众合作消费方式，正是互联网技术带给传统行业专业化服务的一次改变。正如《纽约时报》的一篇文章所说，共享经济能让人们根据自己的日程来选择工作，而不是让工作来安排自己的日程。人的解放恰恰就是"互联网＋"的一次最深刻的体现。

链接话题——专利还重不重要？

　　都说互联网带来的是开放共享的经济和思想，同样，在互联网公司进军传统行业的时候，也是打着开放的旗帜，而把对面的传统企业描绘成封闭、保守、行将没落和等待拯救的老者。互联网精神就是开放的精神，共享的精神，这已经成了全球共识。但是在这种开放的大趋势之下，依然有与之相悖的事物存在。如同在奔腾不息的大河中，却有着一块岿然不动的石头，任凭河水冲击拍打，就是奈何不了，也搬不动。现代商业社会发展走到"互联网＋"的时代，各种技术的、设计的、品牌的专利权，就是这块让人难以忍受的石头，奔涌的河水只能改道而行，而不能正面相向。

　　当然，专利到底该不该开放？一直有着无尽的争议，历史上专利权是为了保护行业创新者的利益而出现的，但事实上，专利制度始终是一把"双刃剑"，它在保护发明者利益方面固然功不可没，但一般技术的发展往往是呈阶梯式向上的，后来的技术总会建立在前一个技术之上，这样谁拥有了更多的技术积累，谁就有可能继续占领技术高地保持竞争优势。拥有专利技术的企业，在起跑线上就会领先其他企业很大一步，有时正是因为这一步的距离，决定了今后各自的命运。如此一来，先发优势的企业积累的专利越来越多，最后带来的就是企业走向了专利垄断。反过来又不利于市场充分竞争以及产品的更新、新技术的诞生。这与互联网时代强调的开放、共享背道而驰，甚至与最开始设计专利制度的初衷也相违背。

　　比如在全球贸易中，横亘在中国企业面前的一座大山，就是外国的专利霸权，跨国巨头总是利用这一武器阻拦中国企业的发展壮大。在智能手机方面，尽管中国企业拥有强大的制造能力，但在专利方面一直受制于人。微软和诺基亚都拥有与智能手机通信相关的众多专利。同时，高通、谷歌、三星、爱立信等企业都是专利大户。而其他企业除了去收购一些经营不佳的老牌企业以获取专利权，也只能靠自己埋头苦干一点点去逆袭了。

在过往的工业化时代里，一切发展都是基于线性逻辑逐渐递延的。所以在某一个行业，一旦有巨头出现，很容易就形成一种垄断的局面，后来者很难再超越过去。不过自从有了互联网之后，情况出现了很大的变化，信息的无边界流动，促进了全球范围的生产协作，无论是效率还是深度都得到了前所未有的提高。行业壁垒越发模糊，交叉领域更多出现，破坏式创新的机会大大增加，颠覆式的变革几率也提升数倍。对于行业领先的巨头企业来说，依靠专利积累的优势，躺着挣钱的事情不再那么容易做到了。

专利的多寡只说明你从前的荣光和实力，但不代表你能够在下一次的竞争中获得胜利。还是以智能手机领域为例，诺基亚和摩托罗拉长期占据着前两把交椅，在手机领域的研发始终处于世界前列，但是最后的结果却是苹果取得了新时代的话语权，而苹果的手机专利权绝没有前两者积累得那么雄厚。同样，据统计，2010 年微软在美国获得专利 3 094 项，排名第 3；苹果拥有专利 563 项，仅排名 46 位。但手机市场的占有率与专利数完全不成正比，而 Google 更是利用 600 项专利，就让安卓系统在两年内占据了智能手机近一半的市场。安卓的成功，可以说是开放思想的一种胜利。因为对于 Google 而言，开放安卓意味着可以调动全世界的聪明头脑为系统做各种升级与二次开发，这是互联网对于资源广泛动员的优势所在，自己独占的专利多寡实际上已经和最后的成果关系不大了。

反过来试想，如果乔布斯的苹果公司更早时间选择开放自己的电脑操作系统，允许其他计算机能够安装兼容，也许就不会有微软后来的辉煌了。同样，如果乔布斯把 iOS 操作系统开放给全世界的手机硬件平台，那么 Google 的安卓是否现在还一家独大也是疑问了。不管怎样，苹果依然坚持硬件软件产品的一体化和独占性做法，把更多的市场份额分给了对手。

当然，以 Google 为代表的新一代互联网公司，对于专利的认识，与传统工业时代的企业家思维有着很大的不同。2013 年 3 月谷歌就宣布了自己的《开放专利非主张承诺书》（*Open Patent Non-Assertion（OPN）Pledge*），承诺书中明确提出，Google 不会因为专利问题起诉开发人员、经销商或者开源软件的使用者，除非谷歌自己先受到起诉，同时呼吁更多的专利持有人加入到 OPN 阵营中来，开放专利，建立一个共享平台推动产业的创新发展。这是一个很有意思的举动，标志着我们传统的商业竞争思维——其中充满了资源稀缺、零和博弈等字眼——在遇到互联网以后，走到了一个岔路口。

无独有偶，当苹果三星们还在为专利在全世界开打的时候，特斯拉却在2014年6月，通过官方博客贴出或许载入电动车史册的开放专利宣言，电动汽车产业再起波澜。马斯克在博文 "*All Our Patent Are Belong To You*" 中表示，特斯拉将承诺不向任何善意使用特斯拉技术的人发起诉讼。特斯拉逆势发起的这场专利开源运动在一定程度上表明了在行业不成规模情形下，意图携手大家将电动汽车市场做大做强的决心，至少这种开放的做法符合产业发展的整体利益，激发了电动汽车行业的强劲发展。

目前，不同电动汽车生产商和不同国家对充电桩技术采用的标准不同，使本来就属于小众市场的各种电动汽车之间不能共用充电设备，依靠个体力量在全球范围内布局充电桩不仅是特斯拉也是其他汽车厂商面临的严重挑战之一。充电桩等各种基础设施不到位、标准不统一等原因导致消费者对电动汽车的认同度低，电动汽车在汽车销量中的占比仍然不足1%。特斯拉审时度势地提出的专利技术开放必定会给电动汽车行业带来重大影响。

技术开放一方面可强烈刺激充电桩的标准化，加速电动汽车产业的快速发展；另一方面可吸引众多缺少资源和技术优势的创业者和中小型企业加入到电动汽车阵营，推动整个行业的升级转型。开放技术的结果可能会如马斯克所说的——"特斯拉和其他电动汽车生产商，以及全世界，都将受益于一个共同的、快速发展的技术平台。"

专利开放对于加速电动汽车领域的发展作用是毋庸置疑的，但也不难看出此次马斯克所提的开源精神背后的大战略与大视野，即用共享的互联网思维建立行业标准与游戏规则，依靠大家的力量完善生态，自己则成为全球电动汽车产业链的真正盟主。最终的、最大的得益者只能是特斯拉。此种设想绝非空穴来风、危言耸听，谷歌开放安卓系统时谁也没有想到随后安卓系统生态的爆炸式增长，以及如今依赖此生态而生成的不计其数的寄生体企业。

"互联网＋专利"的影响，本质上依然建立在企业构建自己的生态系统的目的之上，所以当特斯拉开放专利，准备下一盘很大的棋局的时候，看看传统的各大汽车厂商也不难发现，宝马、奥迪等都在紧锣密鼓地加大新能源汽车的技术投入，且大部分已经具有了自成体系的充电技术或电池管理技术，在势均力敌的情况下谁都不会主动放弃成为行业主导者的机会，而投入到竞争对手特斯拉的技术阵营。但对于小企业来说，他们应该很乐意接受"免费"的开放技术，因为可以在极少技术投入的情况下依靠特斯拉轻松获利。但是，企业的大与小又怎么能够固定不变呢？今日的大，也许放到明日就会萎缩乃至消失；而今日的小，也许借助下一次的创新风口，一跃而成为新的规则制订者，继而做大起来。互联网不仅提高了后起之秀颠覆老大的机会，也加快了行业改朝换代的节奏。当然，一切都源于开放，虽然我认为，专利不会被互联网彻底消灭，但"互联网＋专利"，肯定会不同于工业时代的专利，毕竟开放的思想才能进步，相互交流才能共同建设持续的共赢生态系统。

私人化订制、规模化制造

对于产品的个性化需求，一直以来都是消费者的最基本需求。如果从玩具的角度看，其实最能够把玩家吸引住的玩具，不是那些精美制作的成品玩具，而是需要通过玩家自己设计创造，形成独特样貌和风格的玩具。比如我们小时候经常玩的橡皮泥、积木，还有农村孩子擅长的捏泥巴等，套用现在的流行语，那就是一种私人订制的游戏。如果可创造的空间足够大，所使用的方式足够先进，制作出来的样式足够精美，这种玩具谁都会喜欢。

> **大规模定制是最好的生产模式**

回到商业世界来，对于定制化的需求是人的本性需要，但是作为生产制造企业而言，定制化必然带来一种问题，就是无法大规模、低成本、快速度地复制生产。定制化与低成本一直以来是传统工业时代的生产矛盾，这样导致了从农业社会转型到工业大生产时代之后，我们会发现，标准化的产品逐渐替代了过去手工作坊那种独门绝技的制造工艺，因为规模上去了，边际成本下来了，企业为了追求规模效应，只能牺牲消费者的深层需求，我们逐渐被一个简化了的商品世界所统治。

但是，对于个性化和定制化的需求始终是我们内心深处的一种强烈渴望，这种渴望积累到一定的阶段，必然会对那些继续生产制造标准化产品的企业提出挑战和宣泄不满。老福特在 100 年前曾经无比自信地声称："无论你需要什么颜色的汽车，福特只有黑色。"但结果又怎样呢？当标准化达到一定极限的时候，也就是人们忍受这种简单产品的极限，之后必然要走向产品的丰富化道路。

探索既能够大规模生产，而且还可以满足定制化需要的新模式，成了很多人的思考方向。1970 年美国未来学家阿尔文·托夫勒（Alvin Toffler）在《*Future Shock*》（未来的冲击）一书中提出了一种全新的生产方式的设想：以类似于标准化和大规模生产的成本和时间，提供客户特定需求的产品和服务。1987 年，斯坦·戴维斯（Stan Davis）在《*Future Perfect*》（完美的未来）一书中首次将这种生产方式称为"Mass Customization"，即大规模定制（MC）。

大规模定制实际上是试图从供求双方的出发点寻求一个有效契合的产物。我们来看一下图 6-2。图中利用两条轴线，区分出生产制造的四种基本类别：标准化—小规模、标准化—大规模、定制化—小规模和定制化—大规模。从生产的发展演变来看，早在工业革命之前，人们的手工作业更多的是在第三象限（标准化—小规模），因为没有机械化的生产，只能依靠手工方式，所以效率无法提高，只能是小规模。另外，由于处于物质匮乏的阶段，更多的是卖方市场，定制化需求也不可能充分满足，市场上的东西就那么些种类。

就像我们上文所提到的，人们的本性需求往往是各种好处都想得到。既要能够实现个性化定制化的产品，同时还要能够大批量地生产出来满足需求。于是我们就可以看到，随后的工业发展历史，向我们展示了如何从第三象限逐步向最终的梦想之处，即第一象限（定制化—大规模）演变（如图 6-2 所示）。

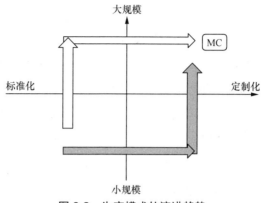

图 6-2　生产模式的演进趋势

当机器代替手工劳作，自然而然，很多充满灵性的设计就被一一剪除了，毕竟在机器没有实现智能化的时代，只有标准化以后才能够做到批量生产。所以我们看到绝大部分的工业生产开始沿着第三象限向第二象限发展，为了追求规模化满足市场需要，舍弃了定制化的需求。但是这并不是工业化时代唯一的发展路径，因为我们也看到了少量商品的确做到了定制化，依据用户的喜好来设计产品，当然在早期工业时代，这种定制化的满足背后的代价就是只能少量地出产，自然而然，这种产量很少的产品只能限于高档奢侈品，以及具有纪念意义的工艺品了，而且价格不菲，远离普通消费群体。

但是，无论是第二象限，还是第四象限，都仅仅是一个阶段性的产物。随着人类科技水平的不断发展，尤其是信息技术的出现，我们终于可以奢望有一天能够实现两种优势有效结合的梦想，即大规模定制化时代的来临。在互联网技术出现以前，这种大规模定制化的生产设想仅仅停留在头脑之中。但是当互联网作为一种信息交流和感知的工具，进入到工业生产的领域中，我们就会发现，这种大规模定制化的生产方式开始有了实质性突破的可能。

Google的积木手机项目

2014 年有一件让人脑洞大开的事件，就是 Google 推出一项新服务，用户根据自己的喜好，组装一部手机来用，这款手机是独一无二的，只属于组装者自己。这项服务叫做"Project Ara"项目，就像小时候玩的积木玩具一样，你可以随意挑选各个手机的零部件，然后组装成一款属于自己的智能手机，而不是接受手机厂商为他们设计的手机，就是这么酷。Google 提供的是一个手机的外形框架（被称之为

"Endoskeleton"），其中被分成几个很小的矩阵模块位置，用户可以将每个零部件模块拼凑在框架中，可以自己选择用多少像素的摄像头，用多大性能的处理器等，不仅可以定制硬件，而且其中的软件服务也可以根据自己的需要进行定制。

大规模定制化成功实施的关键，就是模块化的生产，定制化并不是完全随心所欲，毕竟定制化本身必然会带来成本的上升。那么只有一种方式，就是在最终成品的定制化的同时，尽可能地将构成成品的模块标准化生产，这样不仅能够降低制造的成本，而且可以实现在定制需求完成后快速组装提升产品的制造速度，实现规模化的生产。

生产效率是企业维持运转的关键所在，而生产效率依托于信息的快速交互，也就是消费者的需求能够快速地传达到生产线和设计端，并能够及时给予调整改进，实现柔性化的生产。所以大规模定制化本身即是信息技术应用于工业制造领域的产物，这其中起到关键作用的自然是互联网。

在传统的生产模式中，从企业研发部门进行技术的创新和产品的设计开发、企业生产产品、产品销售到售后服务，整体上呈现一种线性的格局。但是由于互联网的加入，让企业的信息化呈现出前后端信息即时交互的状态，从而彻底改变了所谓"下游等上游"的顺序生产这种格局，即生产模式不再是线性的，而会形成一种以知识信息为中心的互相联系的网络状结构，企业成了收集整理并运用各种信息的中心。企业生产的各个环节，即从市场分析、产品设计、产品制造、营销管理到售后服务的全部活动将形成一个有机的整体系统，而不再是各个模块的组装，生产过程将需要统筹考虑，彼此紧密连接。

> **实现大规模定制的
> 三个条件**

实现大规模定制化生产，一个首要条件是能够快速准确地获取客户需求信息，毕竟大规模定制生产所要提供的就是高度契合每一位用户的个性化需求产品，因而快速准确获取用户的实际需求，这种信息获取能力尤为重要。只有在互联网和各种智能终端普及的今天，这种获取信息的能力才能够实现。实际上，整个生产过程就是一个信息采集、传递和加工处理的过程，最终形成的产品可以看作是信息的物化表现。这种生产方式是随时找到问题、改进、调整的不断反复的过程，在这个过程中，实现各种生产要素的最优化配置，即高效率、低成本、高质量、低能耗这种"两高两低"的目的。

第二个条件就是生产过程的去刚性化，传统的生产线都是为了生产固定一类产品而制造的，比如我们改革开放早期为了生产彩色电视机，只能去日本采购特殊的生产线，为此付出了昂贵的价格。但是这种刚性生产线是不可能满足定制化和多样性生产的，也无法实现像 Google 手机那种自主混搭式的生产。所以大规模生产需要将生产制造变得更加柔性化，可塑性更强。这就需要一种中央调控信息系统，及时处理来自消费者一线的个性化需求，并在生产过程中灵活改造生产流程，满足柔性化制造的需要。说到这里，我们就自然会想到，最近一年刚刚兴起的工业 4.0 制造，本质上就是通过互联网技术实现这种大规模定制化生产的目标。

第三个条件，大规模生产的基础是模块化生产专业化程度的提高，这样必然要求企业不再需要大包大揽从头到脚都自己来生产，外包服务替代了企业全流程生产模式。各种中小型的企业可以专注于某一模块的专业生产，而大企业则负责设计与最终的组装。据报道，Google 的定制化手机项目公布之后，东芝和迈阿密手机制造商 Yezz 已经公开表示，他们正在为模块手机打造零部件。东芝已经为 Project Ara 手机开发了两款处理器和一款 500 万像素摄像头模块。Yezz 也已经在开发自己的模块。这些企业之间的协同依赖于信息网络化体系，一种基于互联网的企业联盟将替代现有的大型企业组织，随之会带来对于企业组织深远的影响与发展。对于互联网带来的组织的变革，我们后面会有详尽的描述。

总之，"互联网＋产业"带来的第一个变革是生态系统这种商业形态的出现，第二个变革即是大规模定制化生产逐渐发展起来（如图 6-3 所示）。

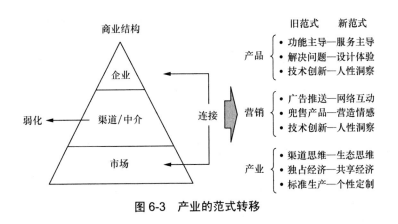

图 6-3　产业的范式转移

链接话题——不要过度炒作工业4.0

最近几年，越来越多的新概念充斥着我们的耳朵，从各地政府搞"智慧城市""物联网"；从打着"大数据"旗号干的还是数据分析那点事儿，再到过去两年据说包治百病的所谓"互联网思维"。这年头大家都希望找到那个"风口"，无论是肥猪还是瘦肉，都盼着一口气给吹起来。我们真的进入了概念炒作的时代。

一般而言，股市才会炒概念，图的是人们的预期；创业公司热衷于造新词，为的还是多圈点钱。如今，这股概念风又浸入了实体经济中，从2014年开始，"工业4.0"不知不觉搅动了大家的注意力，在中国制造业面临转型升级压力的日子里，似乎找到了一种能满血复活，甚至还毕其功于一役的终南捷径。随之我们也提出了"中国制造2025"的宏伟蓝图，但是，仔细想来，工业4.0这种新概念，对于中国的工业制造业，虽然的确有用处，但目前实际效果却有限。

德国人提出工业4.0，因为在他们看来，自己的工业已经经历了1.0自动化、2.0电气化、3.0信息化，如今到了第四次产业革命的当口，需要利用互联网技术实现工业的智能化。德国联邦教研部与联邦经济技术部联手资助，在德国工程院、弗劳恩霍夫协会、西门子公司等德国学术界和产业界的建议和推动下，工业4.0已经上升为国家级战略。目的很简单，就是我们常说的降本增效，在互联网时代继续占领制造业高地。

我们都知道德国的制造业是全球顶尖水准，所以由它率先提出面向未来的4.0战略也不奇怪，还不是为了把持住自己的领先优势，不被中国这些后起之国超越。无独有偶，美国也提出了自己的概念，"工业互联网"战略，最早是美国的GE老总伊梅尔特在其演讲中称，一个开放的、全球化的网络，将人、数据和机器连接起来。在工业革命和互联网革命之后，将是工业互联网的阶段，目标是升级那些关键的工业领域。

为什么这两个传统制造业强国纷纷提出了新的口号，原因是金融危机之后，发达国家意识到必须重视起实体经济的重要性，美国就提出要使制造业重回美国，这里当然指的是高端制造业。这是其提出新口号新战略的发展必然性。而可行性呢？无论德国还是美国，早就实现了工业农业大规模的自动化、电气化，乃至信息化生产的水平，本身处于工业 3.0 阶段，地基牢靠，再往上层层加盖实属必然，也顺理成章。

那么，我们引入工业 4.0，是否能与我国的制造业现实相吻合呢？

首先要弄清楚我们是否进入了工业 3.0？我国的制造业虽然也有一些大块头企业，但是不可否认的是，目前为止我们的制造业还是主要集中在中低端环节，技术含量不高，人力密集型居多，比如就自动化水平而言，目前我国每万名工人机器人拥有量为 23 台，而德国的这一数字为 273 台，日韩则是 300 台，整体落后于发达国家水平，自动化尚未完成，智能化何以谈起？

由于自动化水平低，因此我们的制造业还是属于人力密集型产业，过去 30 年我们靠着人力成本低廉的优势，占领了中低端制造市场。这又带来了一个问题，工业 4.0、智能工厂、智能物流等的目的就是要解放人力，减少人工。可想而知，我们这样一个劳动力人口大国，政府到时候又该如何安置被淘汰下来的广大的劳工人员？就业率偏低自然会成为社会稳定的隐患。

再有，工业 4.0 背后的核心是德国人说的 CPS（信息物理系统），通过充分利用信息通信技术和网络空间虚拟系统相结合的手段，实现智能化转型。接下来的问题就是自主研发技术一定要跟得上才行，我国的企业很多时候还是要靠进口先进设备、全自动生产线，以及高级机器人，如果依然是依托外部技术资源的话，我们的工业 4.0 充其量是德国技术的出口市场而已。

抛去就业和技术能力这些基本因素，推动工业 4.0 的真正动力归根结底还是企业主，如果对企业没有巨大的利益，无论政府如何呼吁鼓励，也不可能实现这一目标。企业是追逐利润的，"高大上"的战略口号与生死存亡的切身利益相比，总还是相隔甚远。

2015 年《政府工作报告》正式提出了"互联网＋"的计划，同时也提到"中国制造 2025"的规划。对于"互联网＋"最热衷的基本上还是互联网企业，让大家感觉到"互联网＋"其实就是"微信＋"，"淘宝＋"，这就容易产生一个错觉，仅仅依靠网络服务提供商就能够带领中国实现全面的产业升级和竞争力提高。显然，互联网企业先天具备造势和宣传的基因优势，但如今，在互联网化从靠近消费者一端的服务零售业逐渐逆推至生产领域的工业制造业，这个时候需要的恰恰不是互联网大佬那种唾沫满天飞的炫酷词汇和各式炒作，反而是真正懂得硬件生产规律、踏踏实实深入工厂车间做基础改变的互联网人。

工业制造业的发展有其自身的规律，必须一步一个脚印练好内功，德国工业是站在 3.0 的门口才谈 4.0，而我们自身的发展水平还参差不齐，少数大企业完全可以跟进 4.0 的步伐，以此带动行业整体的进步，但这不等于说大部分的中低端企业也可以实现产业升级"大跃进"，西方工业国百年走过的路，我们可以缩短时间发展，但无法跳级。

现阶段，国内企业不宜过度炒作"工业 4.0"，更不能把这种舶来品变成另一个"互联网思维"，总是梦想着手握此利器，便可一步登天，赶英超美，这是一种浮躁的商业文化现象。

第七章

互联网 + 组织——从机器到生态

Internet+

金字塔组织的历史纠结

从现在的眼光看，企业类似于微型的政府组织。而真正意义上的企业是在工业革命后才出现的，而且是仿照政府组织而设定的。企业与政府，虽然存在目的不同，但面临的管理问题基本相同。传统社会中的金字塔组织，是在较为确定性的环境下成长起来的一种组织形态。尽管传统社会远不如今日互联网时代变化莫测，但是金字塔组织在历史上依然显露出无法克服的纠结态势。这里主要体现在三个方面：分权化的矛盾心态、决策权的摇摆不定、科层制的制度困境。

分权化的矛盾心态 针对组织的分权和集权问题，在历史上就有关于"分封制"和"郡县制"的争论，而且争议和反复从古至今始终不断。历朝历代对于如何处理中央和地方的关系，为了实现"分而不乱，收而不死"也做了很多制度上的尝试。集权会带来信息沟通成本（效率低），分权则会有委托代理成本（风险大），如何找到其中的结合点，还真是伤透了历代皇帝的脑筋。

楚汉争霸时期，刘邦曾经有过两次分封改革，一次是在公元前204年冬，当时项羽率领的楚军将刘邦围困于荥阳，双方久战不决。这个时候，项羽的军队截断了汉军的粮食补给和军援通道，导致汉军粮草匮乏，眼看就要难以为继，汉王刘邦颇为焦急，询问群臣有何良策。

他的一位谋士，也是著名的高阳酒徒郦食其随即献计道："昔日商汤伐夏桀，封其后于杞；武王伐纣，封其后于宋。秦王失德弃义，侵伐诸侯，灭其社稷，使之无立锥之地。陛下诚能复立六国之后，六国君臣、百姓必皆感戴陛下之德，莫不向风慕义，愿为臣妾。德义已行，陛下便能南向称霸，楚人只得敛衽而朝。"

郦食其的计策翻译过来，意思就是劝说刘邦为了解决眼下的困局，干脆把手下那些吃闲饭的六国贵族分封出去，恢复战国时期的诸侯国，那么这些复国的诸侯们肯定会支持刘邦反对项羽，这样楚军自然败退下来。当然，这一招其实挺臭的，相当于是饮鸩止渴，虽然有可能解决眼下问题，但是后患无穷。可是当时刘邦也急于脱困，并没有看到这种策略背后的深远危害，反而拍手称赞，速命人刻制印玺，使郦食其巡行各地分封。

不久张良外出归来，刘邦正在吃饭，顺便把这个主意说与张良，还询问这主意怎么样？得知此消息，张良大吃一惊，急忙问道："这是谁给陛下出的计策？照此做法，陛下的大事就要坏了。"刘邦顿时惊慌失色道："为什么？"张良伸手拿起酒桌上的一双筷子，连比带划地讲了起来。张良认为封土赐爵是一种很有吸引力的奖掖手段，赏赐给战争中的有功之臣，用以鼓励天下将士追随汉王，使分封成为一种维系将士之心的重要措施。如果反其道而行之，还靠什么激励将士从而取得胜利呢？

张良的解释使刘邦茅塞顿开，恍然大悟，以致辍食吐哺，大骂郦食其："臭儒生，差一点坏了老子的大事！"随后，下令立即销毁已经刻制完成的六国印玺，从而避免了一次重大战略错误；而没过多久，刘邦又搞起了第二次分封，这次是把手下的韩信、英布、彭越等大将分封为王，合力攻楚。而正是这次分封为刘邦带来了最终胜利。

两次分封有何异同，司马迁认为，第一次是臭招，因为这些六国贵族本身没有开疆拓土的能力，分出去也是刘邦现有人马，等于分的是自己的蛋糕。相反，第二次对韩信等人的分封，则更像是付出一种期权，分出去的是空衔和承诺，要想换成真金白银，需要这些武将自己去项羽的地盘抢，不仅不会损失自身人马，反而调动了手下人才的积极性，最终合力灭楚。

天下初定之后，往往皇帝都会搞起内部分封制。作为一个金字塔形的传统组织，分封制下的皇帝（董事长）最担忧的就是引发家族内战，中央失控。这种王爷（子公司）叛乱历史上屡次发生。刘邦建汉后分封刘氏诸侯，等到刘邦死后，这些刘氏子孙尾大不掉，酿成七国之乱。晋武帝司马炎也在三国一统后，搞起同姓分封，可最后引来八王之乱，拉开五胡乱华的惨烈历史帷幕。到了明初，朱元璋仍旧分封儿子们守边疆，结果燕王势大，反而颠覆了中央。这些都是分权带来的失败案例。所以，越到后来，帝国统治者往往不相信分权，而更侧重于集中权利。

但在漫长的帝国统治时期，分权也不见得就是一定会引发内战的坏事。晚清时期，太平天国从广西揭竿而起，自西向东迅速扩张，直捣南京城，几年下来占得江南半壁江山，几乎断了清政府的主要财路，而且还兵分两路，北伐西征。更关键的是，当时的八旗士兵早已经丢掉了祖先的骁勇善战，200 年太平日子过久了，战斗力直线下降。

当中央八旗军队无法抵御太平天国，眼看河山不保之际，清政府终于痛下决心，改变祖制，允许汉人自建乡团武装，相当于发动群众来抵御来势汹汹的反抗者。于是就有了曾国藩的湘军和李鸿章的淮军，靠着这些地方的汉人武装，经过几年的奋战最终成功平乱，将满清社稷又延长了近半个世纪。

但是，在江山稳固之后，中央政府依然会想尽各种办法削减地方势力，再把权力重归中央。曾国藩在平定太平天国之后，功高震主，引起了清政府和满洲贵族的猜忌，最终被迫通过放弃兵权，换来了后半生的安定。在传统组织中，中央永远有着集权的偏好，分权往往只能是在打天下的时候，为了争取各路资源；或者是发生动乱，亟需发动地方力量予以平定的危急关头，万不得已采用的临时之举。一旦天下安稳之际，也就是中央重新集权的开始。

如果把当时的帝国天下大势换做现今的市场环境，那么可以认为，当市场稳定，组织平稳的时候，最稳妥的方式就是集中权利，保持现有组织的稳定和对既有存量市场的控制；这个时候贸然大幅分权极有可能带来内讧；反之，当外部环境巨变，组织面临危急存亡之际，就必须要授权给基层组织，调动一线的创造力，在快速变化的市场竞争中抓住转瞬即逝的生机。总之，**环境的确定性带来集中化管理，而不确定变量的出现则会松动这种集权的态势。**

决策权的摇摆不定

金字塔形组织的第二个纠结的问题，是决策的时候该如何平衡民主和效率。就提出问题的解决方案来说，如果要充分以民主为导向，那就需要成员共同参与、广泛地提出自己的意见。这样一来，解决方案的提出就会遥遥无期，甚至最终难以提出，因为集百家之长、符百家之愿，实在不是一件简单的事情。大到对于国家整体发展规划的确定，中到一个企业战略的提出，小到一个项目实施的针对性提案，民主与效率的平衡永远是一个被不懈追求却难以完美的目标。

在古罗马共和国的政治体制中，就有着很典型的两类决策机制的互搏和妥协。当时罗马共和国既有掌有王权的执政官，又有代表贵族权利的元老院，还有充分民主的市民集会，王权政治、贵族政治、民主政治这三者的矛盾而有机地结合在一起。其中，非常有趣的一点是执政官和独裁官之间分权与制约的平衡。

执政官是共和制罗马的最高官职，定员两人，由市民集会选举产生，经元老院批准后上任，任期一年，可以连选连任。罗马共和国时期的执政官实际上就是国家元首，负责统帅军队，主持元老院（Roman Senate）会议，执行元老院通过的法令，并在外交事务中代表国家。

两位执政官的地位相同，每个执政官都可以充分地实行统治，除非他的同僚通过行使否决权阻止他。如果两人没有同时认可，任何政策都无法得以实施，以此达到互相牵制的效果，避免一人独裁专断。而且两名执政官任期都只有一年，造成"兵无常帅，帅无常师"的局面，避免长官和士兵建立长期的私人亲密关系，培养出军阀政治。

执政官主要有三大任务，一是主持各种宗教仪式；二是召集市民集会和元老院会议，担任议长，依照会议结果签发并执行各种法令；三是有战事时，要负起全面指挥和统兵作战的责任：两位执政官通常各统罗马军的一半，如果入侵的敌人不强大，就只有一位执政官带兵出战，另一位则防守罗马兼修内政；若敌人众多，两人便分统全军迎敌。总的来说，两位执政官在互相支持的同时，又互相牵制，事实上两人分担王权，各执半权。

那么独裁官是怎么回事呢？独裁官是指国家处于危急情况下临时就任的全权执政官，由一位执政官指名，元老院认可便可上任，任期六个月，两位执政官在指名独裁官的瞬间便开始归于独裁官的命令之下。独裁官制度是罗马的危机管理制度，当紧急情况发生时，两位执政官难以迅速果断地做出适当的决定，而通过委任独裁官，将权力集中于一人，便能在危机时刻做出迅速的决断，维护国家安全。独裁官是特殊时期设置的临时性职位，是一个特殊长官，他的职能是执行特殊的任务，权威上超过任何一位正规长官。独裁官往往是在战争危机比较严重的情况下设置，例如，因违法而被迫流亡海外的将领卡米路斯，在罗马被凯尔特人大加践踏之后被召回国——罗马人二话没说就把这个流亡的犯人直接任命为独裁官，一人独揽6个月的大权。

古罗马共和国在决策与执行的组织机制上，实际是执政官与独裁官相结合的制度，在很长一段时间里都是民主与效率达到平衡的一个经典案例。在这一制度下，既有民众需要的民主，又能在特殊时刻实现应有的效率，其中的关键是目标导向。罗马人民的目标感十分强大，甚至平民都十分通情达理——只要战争发生，无论是否和贵族之间正在"火并"，立马可以放下自己的利益冲突，全力以赴配合贵族的指挥奋勇作战。

但是，这种平衡最终没有持续下来，随着罗马对外的征服战争越来越多，战争的周期也逐渐超过一年时间，而战场也远离意大利本土，在当时的交通和通信条件下，无论是一年一换的执政官，还是半年一换的独裁官，实际上都已经不可能完整地领导国家实现一个具体目标，比如结束一场战争。又如，有时候战争还未结束，执政官的任期已经到了，为了保证按时选取下一任执政官，只好匆匆与敌人谈判结束战争，但实际问题并没有真正有效解决，而是搁置下来。长此以往，对于国家的发展很不利。渐渐地，这种因为防止个人独裁而设置的治理结构，反而影响到了国家本身的高效率运转。

为了适应这种战线越来越长的变化，执政官的任期开始渐渐拉长，又由于后来为了提升军队的战斗力和专业化程度，征兵制改革为募兵制，随着马略和苏拉的改革，军队逐渐成为了私人争权夺利的工具，最初的民主制度被私人军阀破坏。罗马共和国这种兼顾民主与效率，试图解决传统组织困境的制度试验，最终还是没能避免走向独裁，共和国也由此变成了帝国体制。

在传统社会里，分散化的决策为什么无法持久运作？从社会发展角度看，可以解释是民众的政治素养还不够，成熟的政治思想还没有孕育，完善的政治制衡体制还没有被设计出来等缘故。但从另一个角度看，也是受制于信息传播的技术条件原因，缺少足够高速度和低成本的传播与交互手段。

在一个大的国家内，无论是中国、阿拉伯还是罗马，由于中枢机构与地方一线的基层人员相距甚远，在当时的通信条件之下，即使是用八百里加急快报也要比较长的时间才能到达对方手里。在这个信息传递的空闲期内，外部形势的变化恐怕不止一二；作为组织内的一线人员、与外部接触最多的地方机构，也必须随时应对这种临时性的外部变量，这就必然增加了组织内部的变量。对于中枢机构的皇帝，来自地方层面的组织内部的变量越多，信息汇集后处理的棘手程度就会越严重。想象一个四肢不停活动的人，他的头脑还能否做出冷静思考？

所以，为了应对外部的变量，传统组织在现代化技术条件无法实现的情况下，只有通过减少内部变量这一种方式来减少中枢处理信息的难度。这相当于弱化了自身信息交互带来的变量因素，以内部的不变应对外部的多变。这种处理方式带来的结果就是，中枢机构一定要控制住自己的手脚不能乱动，以防止增加内部变量，带来信息处理的复杂度。而越是庞大的官僚组织，越需要这种静态的、稳定的运作状态，确保不会因为内部变量的增加，导致自身机体的紊乱。

幸运的是，在传统社会中，外部环境变化总体来看是远远小于我们当今正处于的这个时代。也就是说，由于外部变量本身并不会很多很大，所以能够保证稳定的金字塔组织可以在这种确定性强的环境中持久生存下来。我们观察工业化的传统行业里面，这种能够倒逼企业改革的变化因素并不频繁、广泛地出现，绝大多数时间里都维持一种较为稳定的态势，所以金字塔的结构是最合时宜的一种组织形态，便于在确定性的外部环境里进行有效控制和规划。

而不幸的是，走过农业社会与工业社会，我们进入到了信息社会。互联网带来了前所未有的信息实时渗透，组织外部的环境开始频繁地出现变化。特别是在商业世界中，当今的市场变化速度、技术更新速度、知识增长速度，都远远超过了以往的任何时期。同样，当信息可以实现实时的传递和交互之后，再通过控制组织内部的变量来确保稳定性的做法就已经不合时宜。不仅手脚要松绑，而且大脑也要摆脱僵化，走向灵活。

科层制的制度困境　金字塔组织存在的第三个难以克服的问题，便是本身的科层制特点带来的控制与信任难题。企业科层制的理论来源于马克斯·韦伯。科层制，又称官僚制，是当今社会最主要的组织形式（如图 7-1 所示）。历史上很多国家的政府的组织形式，也是这种科层制的形态，这在官僚机构发展最为成熟的中国古代表现得最明显。但是，纵观中国 2000 多年的制度变化，依然能够感受到科层制带来的很大一个问题，便是上级对下级的控制与信任难题。

图 7-1　理想的科层制结构

如果熟悉中国古代政治体制变迁历史的朋友，肯定对于历朝历代对地方治理方式的不断调整有所涉猎。作为一个幅员辽阔的大帝国，要想对千里疆域实施有效统治，用什么方式，设置什么机构，派什么人员才能保证中央对地方的控制一直是一个大问题。

从西周以来，中国历代的治理结构基本上可以分为四类：分封制（母子公司）、郡县制（科层制）、羁縻制（控股公司）和理藩制（产业联盟）。分封制在秦始皇之后就已经退出了主流位置，前面我们也提到过，只有当处于外部变量增大的时候，才有可能采取这一种权宜之计，一旦环境趋稳，必然重回集权状态。从秦以后，汉族为主体的内地基本上采用的是郡县制，套用现在企业管理的视角，就类似于公司的科层制结构。这也构成了此后 2000 多年中国治理结构的主旋律，持续至今。毛泽东有诗云：百代犹行秦法政。相反，随着中国版图的扩张，中国政府越来越多地开始处理与其他民族的关系，又出现了所谓羁縻制，也就是通过设置都护府等军事机构实现间接管理。这属于一种本地分权化模式，例如汉唐时期的西域和明代的东北。到了清代，针对实力强、独立性也强的蒙古部落，中央采用的是理藩制，给予蒙古内政自治权，但同时有军事威慑与利益合作。可以看出，疆域越大，民族越多，采用的治理结构也更多。

这里面我们单说一说从秦代以来延绵不断的科层制。秦始皇统一六国之后，废除分封制，设立郡县制。地方治理结构实际上分成了两个层级，基层设置县，中层设置郡，由此奠定了随后日趋复杂的科层制基本架构雏形。在前面我们也谈到过，中央集权化的科层制虽然较之分权化的分封制，在大一统的帝国里面，更有利于稳定与管理。但是时间长了也带来一种问题，就是那些受命任职一方的官僚，是否恪尽职守，廉洁奉公？还是有着欺上瞒下、鱼肉百姓的不法之举？这种疑问随着帝国统治时间越久越为明显，在古代极为不方便的交通和通信条件之下，皇帝和中枢机构不可能实时掌握地方治理的一举一动，这就渐渐滋生了中枢对地方的怀疑心态，有了这种怀疑心态，接下来的举动就很容易理解，中央要派出巡视组开始对地方官员进行不定期的巡视和检查了。

汉代出现了刺史这一官职，刺史本意就是监察地方行政事务之意，属于一个临时性的职位，为的是解决中央与地方信息不对称、传递不及时的问题。在技术条件不允许的情况下，只能支出额外的人力成本来弥补。这也是传统社会下组织维持运转的一个无法避免的套路。随着技术条件的逐步升级换代，例如，当19世纪有了火车和电报，跨地域的组织协作效率提高了一大截，出现能够覆盖全国市场的大企业组织也就是必然现象。而后来随着电话、广播、电视等新的通信和传播工具之后，组织内部的管理和沟通越发频繁和高效，中枢机构的控制力也更加强劲，跨国公司、集团公司相继出现并能够很平稳地运转，而不会出现内部的紊乱和失控。

但是，刺史的出现，本来是为了收集地方信息，加强中央控制的临时性举措。到了最后却逐渐变成了新的一级地方官制。这种情况在后世不断出现。比如唐代，中央派出巡察史，作为中央特派官员，巡查地方政治情况。按道理应该像其名称一样，各处转转，走走看看。结果却演变成长驻地方的一级官职，而原来的地方长官，平白无故地多了一级上司，自己降了一级，原本是二层制，结果变成了三层制，就像烙饼一样，上面又多加一层面，饼变厚了。

翻看史书，我们会发现，历朝历代的地方治理模式，基本上就是这种逐渐复杂化的科层制历程。到了明代，地方的行政长官本来是布政使，但后来又多了一级巡抚和总督，这两类官职一开始也是为了应对一些临时性的治理需要，由中央派出的人员，按理说解决完具体问题就该裁撤掉，但后来也变成了实际上的地方首长，这又让整个金字塔帝国组织，又多了一级中层干部。所以，中国这个大帝国企业，每一次都是中央为了更快更准地掌握地方情况，派出临时性的官员视察，结果最后却演变成地方又多了一级常设官僚机构，饼越烙越厚，反而无形间拉大了最基层与中央的交流距离，阻碍了真正的下情上达的渠道畅通度。

我们不能怪罪古人的这种费力不讨好的举措，因为这是在当时的技术条件下无法避免的结果。为了解决科层制带来的控制与信任问题，中央必然会增加对地方的信息采集渠道，在没有现代通信技术的背景下，只能通过设置官职来实现这一目标。而这种行为实际上等于是不断地增加中层，让一线与中央越隔越远，信息传递的效率越来越慢，而且由于信息需要逐层逐级的汇报审批，导致信息更加失真。于是中央反过来再继续派驻新的官员去获取真实的信息，最终，一张烙饼被生生地加码变成厚厚的千层饼。

科层制的罪与罚

科层制是一种基于理性计算的机构设置，这在韦伯的理论中已经被论述得很清楚了。人们为了能够将不确定的环境变得确定化，以便于自己能够掌握控制，于是要设计出一种合乎逻辑的组织架构，科层制在韦伯的理论中，具有以下几个特点：

一是专业化：科层制要求每个管理岗位要实现专家化管理，促使管理的方式方法越来越科学化、合理化，技术官僚逐渐占据了各个职位。同样，由于专业化的需要，一份工作被分割成若干的专业化模块工作，横向的链条被切割成碎块，就像铁路工人，各管一段，每一段都可以实现专业化，但整合的时候就容易出现问题。企业中内耗的主要来源就在于部门与部门之间的扯皮和推诿，部门本位主义也肇始于此。

二是等级化：科层制具有一整套持续一致的程序化的命令—服从关系，使得每个人都能够照章办事而不越权。命令—服从的关系范式，也就成了企业管理的基本逻辑。每一个职位要对它的上一级负责，层层负责。但是同样，一旦外部环境出现变化的时候，每个人都无法凭借自己的判断迅速作出决策，因为他面对变局的首要任务是向上汇报，层层汇报，等待大老板的指示。在风云变幻的市场行情中，一切商机都在这种无尽的等待流程中错失。

三是理性化：科层制的各种权利来源于固定的法律制度，主要指标是可操作性与效率，个人性格和情绪很难干扰工作。在传统的工业社会，生产标准化的产品，需要的不是个人的创造性和想象力，而是规范化操作和流水线生产。将员工打磨成一个个合格的机器人，按照操作规范完成既定动作，就能大规模提高生产效率。只是一旦外界需要的是更灵活、更丰富的产品和服务的时候，没有应变能力的生产方式就会遇到很大的挑战。而同样维持这种生产方式背后的组织管控方式，也容易遇到难解的困扰。

金字塔组织作为传统社会中的一种基本的组织形态，符合当时的环境变化需要。当外部环境变量并不很大的时候，通过控制内部变量因素获取一个稳定的信息渠道，简化信息流通频率，维持稳定的、有序的运转是最符合组织利益的方式。但是，当外部环境的变量突然增大，而且已经对组织的边缘地带产生了明显冲击的时候，这种内部稳定态就反过来变成制约组织发展的瓶颈。

实际上，外部环境变量会随着社会的不断发展，特别是随着一次次的技术创新而大大增加，对于组织应变能力的要求也就越来越高。纯粹的依靠降低内部变量、简化应对和处理难度的传统方式肯定会达到一个无法突破的天花板，这就是传统组织崩溃的极限。同时，技术本身就具有破与立的两面性，在增加外部变量的同时，也为组织内部处理内部变量提供了更为有效地解决方案。由于高效通信与交流工具的发明，使得组织内中枢机构与地方的信息壁垒大大弱化，实时性得到极大的提高，组织中枢不会再受到以往的那种由于信息不对称带来的信任与控制猜疑，反而大大强化了中枢与一线基层的直接交互程度，因而也不再需要设置太多的代理中介机构，组织的变迁也就顺理成章地启动，而这个时代已经来临了！

链接话题——"互联网+"带来的冲击

卡尔·马克思认为：在官僚制度下，各个等级互相依赖，每个人都在一定等级中占据一个位置，"上层在各种细小问题的知识方面依靠下层，下层则在有关普遍物理解方面信赖上层，结果彼此都使对方陷入迷途。""互联网＋"搅乱了平静的湖面，让传统的科层制组织，也就是金字塔组织，开始看不清外部变化的门道来，同时自身也开始陷落其中，处处显示出不适应的状态。总的来说表现在以下几个层面。

"互联网＋"产品的"自下而上"发展冲击了传统组织的"自上而下"业务推广模式

被互联网改造过的产品业务模式，都带有鲜明的草根属性，市场上活跃的众多创新型的产品服务，都是来自于民间，来自于个体，来自于所谓的利基市场的需要。通过移动互联网平台，这种市场的需求自下而上地散播出巨大的影响力。正因如此，移动互联网的产品相较于以往的产品，具有很强的随性化特征。这种随性化的特征，是传统组织无法用自上而下的行政命令式的模式运营推广的，更无法简单地用标准量化的考核工具进行度量评估。

但是，目前几乎所有的大型企业中，都是内部层级森严，层层管控，是典型的直线型领导机制。这种组织所擅长的，恰恰是自上而下的命令式推广模式，而且是需要 KPI 指标来评估考核的。比如像国内的电信运营商，对待数据业务以及互联网业务，也是习惯于通过 KPI 硬性去推广，短期内见收效。命令式的推广不会考虑市场的需求变化，也没有足够的耐心去培育一种新型业务走向成熟。一切以指标为衡量的模式，即使再好的移动互联网业务，在这种模式的推动下，其市场效果也会大打折扣。

"互联网＋"需求的多变冲击了传统组织内部决策的低效

在上一章，我们讲述了移动互联网带来的平台经济，能够为用户提供前所未有的需求空间，于是各式各样的需求层出不穷。这是一个充分鼓励个性化和自我情怀的需求市场，那么作为业务的提供者，就必须有快速捕捉需求和提供相应业务服务的能力。而如何做到，就是我们讲到的与用户真正地连接为一体，深度沟通与互动，如做朋友玩游戏一般，共同完成一项产品的研发和营销的工作。

但是，深度沟通与互动的前提，必须是以内部信息的自由流转和高效协同为基础的。目前传统组织的内部，往往在信息沟通和反馈上，存在着较大的部门壁垒，协调难度很大，而且流程冗长，审核程序过多。市场的最新信息不能快速转化为相应的研发工作，而开发出的产品不能及时推广运营，对于市场需求的变化还远远谈不上快速反应。中国移动MM商城引入的游戏《愤怒的小鸟》，相距游戏诞生已有两年时间，已经错过了游戏推广最好的时间引爆点，这种反应上的迟缓，直接导致失去了很好的盈利时间窗口。

"互联网＋"业务的创新性冲击了组织内的业务规范化运作习惯

移动互联网是创新的试验场，移动互联网业务也是最强调创新性的业务。要想能够创新，就不能有太多的体制约束。互联网在改变产品理念和商业模式的同时，也极大地拓展了创新的空间。以往的创新是一种线性的、递延的创新逻辑，对于大企业来说，积累越为雄厚，那么继续前行的道路就会越顺畅，也就能够长期保持领跑。但是新的创新更多地体现在了空间上，首先是对行业边界的打破，出现了跨界融合的重构创新；另一个是生产流程的碎散化，出现了大规模定制与分布式协同创新。而这对于强调规范化操作就是一次颠覆。

但是，传统的组织内部，在产品与业务的开展上，主要依靠自上而下的推动，强调的或者坚守的依然是标准化、规范化运作。就像是事先拟好的菜单，每一道菜都有固定的配料，企业生产的进步主要是不断地提升菜品的口味，加快做菜的速度。即使是新增菜品，也还是基于原有的流程与规则。这一类创新，虽然能够确保业务的稳定性，降低了风险，但是也抑制了真正具有开创意义的伟大创新。这也就是为什么很多颠覆式的创新业务，都出自名不见经传的创业团队和小公司之手，甚少来自于占有市场绝对优势地位的传统大企业的原因了。

"互联网＋"需求的市场主导模式冲击了传统组织的规划主导思想

互联网让消费者有了前所未有的话语权，产品需求纯粹由市场端发起，是用户意志的完全体现，用户需要什么，马上就会有相应的产品服务出现。但是换句话说，也是互联网让市场充满了不确定性，谁也无法预料到下一个爆品会出自哪里，会长成什么模样？因为当产品的需求取决于用户的时候，就意味着有着千千万万的可能，任何一家企业都无法提前做出预判，更不可能掌控用户的需求，你能做的只有快速抓住这种需求，再加以自己的理解与创新。

但是，传统组织最不喜欢的就是市场的不确定性。为什么很多企业喜欢去做所谓的三年、五年，甚至十年的战略规划。为的只是希望尽可能地看清楚未来的变化路径，减少内部的变量，提前储备好资源，按照这种规划稳稳当当地走下去。这背后的逻辑恰恰就是试图对一切事物都要做到完全的规划主导，减少变量，增加常量。在开展业务之前，都要有大量的规划计划工作要做，甚至要预测后年、大后年的具体产品的市场增长数据。但是，移动互联网业务是无法事前规划的，也不可能用规划来发展。传统企业试图用老办法做新业务，不仅耗费资源，而且永远慢半拍。

传统企业属于金字塔组织结构，其运行特点是建立在假设外在环境不变的基础上。而互联网的组织应该是更快的反应速度、更扁的层级设置、更广的分散决策。无论是什么样的组织，建立的初衷绝不是为了将简单的事情搞复杂，组织的需求永远都是更方便地让上下沟通通畅，中枢与边缘能够即时互动。但是，只有到了互联网时代，这种需求实现才会成为一种可能。当然，技术上的突破必然带来对以往组织观念的变革，为了让互联网技术更能够发挥其信息通达的效力，组织结构必须转型。"快、扁、散"是传统组织需要向互联网妥协与改革的要点。

组织的未来之路

美国通用集团的前任 CEO 杰克·韦尔奇说过一句话："When the rate of external change exceeds the rate of internal change，the end of your business is in sight."（当内部变革的速度赶不上外界环境的变化时，距离公司关门的日子就不远了。）

《失控》的作者凯文·凯利声称：传统组织结构将置企业于死地，未来的企业组织会更类似于一种混沌的生态系统。100 多年来，企业组织就像是一个生命体，一点点逐渐生长，恐怕在刚刚开始的时候，没有人会预见到未来的企业组织将与之有多么大的区别。我们回顾企业组织进化，就是要找到是什么因素驱动着这种进化的方向。

> **组织的目的是了解和适应变化**

早在工业革命时期，企业组织的雏形已经出现，只不过当时基本上是刚刚告别了手工作坊的生产方式，机械化大工厂兴起，但是企业的组织形态还是非常原始。最关键的是，企业主负责企业的全部经营管理，没有管理分工。因为工厂的规模不算大，一个企业基本上可以全面掌握生产经营的各个方面，可以直接与员工建立沟通渠道。当信息的流动简单直接，信息量也不算很大的时候，组织便不会自行扩张。

到了 19 世纪末，快速发展的工业生产，催生了企业组织的第一次改变，一种被称为 U 形模式的组织结构诞生。U 形模式分为三个层次：决策层、职能管理层和生产经营层。企业内部按工作职责（生产、销售、开发等）划分部门，各部门独立性很小，企业实行中央集权控制和统一管理。由于集权程度高，公司自上而下的决策执行效果会更好，有利于进行有效的管理和控制。

U 形模式极具政府组织的特点，高度集权，整齐划一。因此可以想象，这类组织模式只能适合单一产品生产，在标准化程度高、外部市场环境简单稳定的条件下实施。往往能源型企业、重工业企业适合这一类组织结构，因为外在环境变量小，不需要组织有多强的应变性，强化内部控制有利于稳定生产，减少风险。

20 世纪初，在 U 形模式基础上，企业组织又演变出现了 H 形和 M 形模式的组织结构。随后又出现了矩阵和超矩阵模式的新组织形态。我们可以从中发现，随着企业规模的日渐扩大，管理事项的大量增加，组织内部的结构呈现出两大倾向。一方面，企业需要不断细化分工，让各项工作的专业化程度增加，分工的背后自然会带来横向的分权和向下授权代理，因此企业的层级会不断增加，而过度的分工带来横向的部门协作难题。另一方面，作为企业决策管理者，在快速变化的市场竞争中，又需要全面及时掌握一线的情报信息，了解企业正在面临的内外部状况，这种对信息的需求渴望，又让企业决策层倾向于权利的集中和考核的加强。

总体来看，组织的结构多种多样，但是作为企业管理者而言，无论是早期的小型手工厂，还是现代的跨国集团，始终不变的需要就是了解内部组织的运行和外部市场的变化，并推动组织及时有效地应对。这种组织的需求至今依然如故。任何一个公司的组织调整，总是朝着这一目标迈进，至少在主持调整的管理者本身来看，的确是这样。这就是组织的本能需求，和用户对个性化产品与体验的需求一样，从未改变。

互联网+组织的三个趋势

传统组织的规模增大，必然会带来纵向分层和横向分工的增多，每一次的划分都会增加信息沟通的成本。渐渐地，企业的领导者离一线越来越远，市场的变化无法快速地传递给企业中枢。整个组织就变得愈发地笨重迟缓。

在这种情况下，互联网＋给企业组织带来了一个利好因素，也同时伴有一个挑战。利好的因素是解决了长期困扰传统组织的内部信息不畅通的问题，能够让企业实现内部沟通的直接简便，如果企业愿意的话，甚至可以实现总经理与基层员工的连接，而无需中层人员的代言。但是，互联网对整个市场也带来了前所未有的变化，用户与用户之间也可以借助网络实现连接，可以直接沟通，分享各种对企业的评价。企业无法继续主控市场需求，甚至不知道明天将要发生什么。外部环境变量的突增，让向来稳定的组织结构无所适从，更加剧了传统组织内部的紧张与焦虑，变革的步伐已经来临，而且会越来越快。

《海星模式》一书提到了一个有趣的历史故事：当年西班牙人派出早期的殖民者征服美洲的时候，有过两次截然不同的结局。1519年，殖民军首领赫尔南多·科特兹第一次踏上阿兹特克帝国首都的土地，也就是现今的墨西哥。很快，借助欧洲人的先进武器，他们就征服了这个国家。为什么如此迅速？书中提到因为西班牙人掌握了一个基本的原理："擒贼先擒王"。对于当时的阿兹特克帝国，实际上是有着集权式的组织架构，他们的首领掌控着帝国的一切，通过命令控制着他的臣民。西班牙人捉到了这位首领，并强迫他命令自己的民众顺从于西班牙人的统治，乖乖地开采黄金。同样的经过在南美洲的印加帝国也再次上演，对于一个集权化的组织而言，没有什么比干掉这个组织的中央权力更能有效地摧毁它了。

但是，对于西班牙人而言，接下来的遭遇就不是那么顺利了。随着墨西哥被全部征服，西班牙人北上，在新墨西哥的沙漠上，他们遇到了克星阿帕奇人。对手同样是印第安人，但是这次西班牙人失败了，他们没有能够打败这些野蛮人。《海星模式》的作者解释道，其中很关键的因素，恰恰是因为阿帕奇人本身并没有一个稳定的组织架构，没有一位集权的领袖统治大家。他们几乎都是分散化的团体作战，不存在首领，不存在中央指挥部，可以在任意地点根据形势做出任意的决策。西班牙人习惯的集权化模式遇到了阿帕奇人的分权化模式，便一筹莫展起来。作者认为，分权化的组织能够更有效地应对来自外部的冲击，因为这类组织本身是有着更为弹性的组织系统。

《失控》中，凯文·凯利描绘了他心目中未来组织的形态特征，没有强制性的中心控制；次级单位具有自治的特质；次级单位之间彼此高度连接；点对点间的影响通过网络形成了非线性因果关系。从目前的趋势来看，互联网+组织会让传统的金字塔形、层级森严、控制严格的组织，变成更加扁平化、网络化和无边界化的组织形态（如图 7-2 所示）。

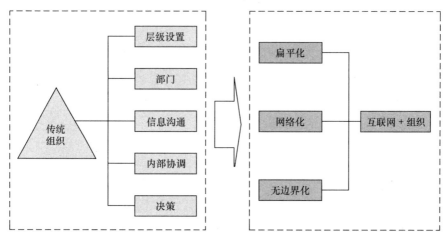

图 7-2　信息时代组织的变革

首先，扁平化是企业组织变革最显著的特征。扁平化的原动力，恰恰就是为了克服金字塔组织本身所带来的上下沟通不畅通、机构臃肿、人员冗余等弊端，以及由此带来的管理效率低下、组织内部信息传递不畅等问题。扁平化绝不是互联网产生之后的产物，而是组织在变革的历史中，为了实现更好的上下沟通而产生的一种必然趋势。组织结构的扁平化能够让企业的决策者最近距离地接触一线、接触市场、了解用户，通过互联网技术，这种扁平化的趋势能够在实际的信息传递上做得更好。扁平化，本质上就是企业与用户的一次直接连接。

其次，网络化将成为企业组织内部的一种常见状态。过去企业的结构都是分部门设置，这种设置带来的问题就是部门与部门之间的壁垒越来越厚。信息技术的发展，让企业内部的员工能够冲破这种无形的部门壁垒，直接与其他的员工建立连接。甚至不需要一个会议室、一间办公室，企业内的任意两个人都可以沟通互动。互联网带来的网络化连接，使得企业的组织结构看上去不再是那种横平竖直的架构图，而是一张有些杂乱无序的连接网。

最后，去边界化是未来组织的又一个变革趋势。边界化有两个含义：其一是物理意义的边界，一个企业必须要有自己的办公地点，一栋自己的办公楼，或者是有明确的办公地点。不同公司的员工，一定不能在一间办公室里面工作。物理位置的区隔，实际上在互联网时代已经被打破。员工的工作可以不局限在办公室，也可以在家里，甚至在任意能够连接到互联网的地方。其二是指企业与用户之间的边界。互联网要求的个性化产品必须是生产者和消费者的深度互动才可实现，参与式研发创新已经成为一种新的创新模式。原本属于企业内部的一项工作，已经有了用户的全程参与，这个时候，企业自身的边界已经模糊化。未来的组织实际上更像是一种弥散化的组织态，与市场高度融合。

预测未来世界的《失控》一书中，凯文·凯利提出一个观点：凡是网络都是没有边的，如果有边界它就不叫网。比如天空飞的鸟群，不会因为增加了几只鸟导致鸟群混乱失控，因为鸟群是一个开放的网络，没有边界，可以让资源自由地流入，容纳与自消化的能力很强。这也是未来企业组织的一个方向。现在到了更新企业认识的时候了，企业即网络，不是办公楼、工业园这些实在的物质界定，而是通过网络中人与人的关系来体现。企业去边界化就是网络化。

扁平化是让管理者与员工建立更直接的连接，网络化是让员工与员工建立更直接的连接，而去边界化则是让员工与消费者建立更直接的连接。看到了吧，所谓组织的互联网化，就是为了打破人为割裂的组织流程，将所有有价值的节点，都形成彼此互联的网络结构，而互联网从技术上给予了这种可能，能够实现组织长久以来的需求：及时准确地了解与应对变化。

时间竞争力和快鱼法则

前几年出了一款很有意思的游戏"大鱼吃小鱼"，游戏很简单，你化身为一条小小的鱼儿，从此开始在海底世界经历一次次的生死考验。你的任务就是抓紧机会吃掉比自己小的鱼，快速长大，每当你吃够了一定数量的小鱼，你的体态就会上升一级，你就可以吃掉更多比你小的鱼。当然，海底世界的鱼类非常丰富，在你疯狂寻觅自己的猎物的时候，你要随时提防出现的大鱼，它们也可以把你视为自己的猎物哦！

海底世界虽然斑斓多彩，但也处处暗藏杀机。如同我们充满竞争的商业世界一样，都要遵循着残酷的弱肉强食的竞争法则，用以大吃小的方式获得生存。

空间竞争力与时间竞争力

如何获得生存，企业的竞争力来自于哪里？梳理企业的发展史可以总结出，竞争力分为两类：空间竞争力和时间竞争力。往前看，在传统工业社会中，企业要想获得竞争力，就必须提升自己在对竞争性资源的占有能力上。这里所指的竞争性资源，具体是如土地、厂房、机器、资金、人员、专利等有形的资源。而且，这些有形的资源总体看是有限的、稀缺的，你占据了我就没有份儿了，企业与企业之间的竞争类似于零和博弈。正是通过一些企业对这些资源的占有优势，来削弱其他企业的资源占有能力。资源的占有需要空间，需要做大自己的规模，反过来，资源的丰富也能够推进规模的进一步扩大。以往的商业竞争，企业都是朝着巨头迈进的，没有规模就没有话语权。

而到了互联网引领的信息社会下，资源的范畴变得更大了。信息作为新的竞争性资源，其重要性格外凸显出来，无论怎样强调都不过分。但是，信息这类资源与之前的那些资源明显不同：它是无形的，而且是数量无限的，并且随时随地可能产生或者消失。由互联网带来的企业与消费者、企业之间，消费者之间的广泛和深度的连接，信息的共享已经是大势所趋。同时，信息的更新速度也非常之快，新的信息很快就能替换掉失去价值的旧信息。正因为如此，在信息社会，谁也不可能长期将某一类信息资源独占，既不可能，也没必要。企业竞争的其实不是信息资源的独占能力，而是快速地捕捉到信息，并快速地加以利用的能力。在这个竞争逻辑下，时间因素便显得格外重要。企业不需要做到多大的规模，只要保证足够的敏捷性，最快地抓住转瞬即逝的商机，最快速地完成内部的资源调动和协作，生产出匹配市场需求的产品，迅速赢得客户就是胜利。时间超越空间，成为头号竞争力。

快鱼吃慢鱼

在谈到新经济规律时，美国思科公司总裁约翰·钱伯斯曾提出著名的"快鱼法则"：在以互联网为代表的新经济环境下，市场竞争法则已经不再是传统的大鱼吃小鱼，而是快鱼吃慢鱼。相比于众多以规模制胜的传统行业，互联网显著特点就是市场风云瞬息万变，信息流的传播速度大大加快。对企业来说，抢先获得信息、做出应对或许就能瞬间捷足先登，独占商机，尤其是对新起步、实力相对弱的小企业来说更是如此。在这"快者为王"的时代，速度已成为企业的基本生存法则。

Modell 体育用品公司的 CEO 默德在一次圆桌会议上重复了钱伯斯的这句话，他对与会的 CEO 说：想要在以变制胜的竞赛中脱颖而出，速度是关键。正如非洲大草原上的动物一样，当它们一开始迎着太阳奔跑的时候，狮子知道如果它跑不过速度比它慢的羚羊，它就会饿死。而羚羊也知道，如果自己跑不过速度最快的狮子，它就必然会被吃掉。

对于互联网产品来说，本身的复制成本极低，各方比拼的就是速度。一旦有新产品，快速引进复制。腾讯在微信推出阶段的表现，极好地体现了效率致胜的特点。2010 年 10 月，微信的鼻祖 Kik 在美国诞生，腾讯看到商机便马上引入，不出 2 个月发布了微信，同时快速铺开新产品的用户范围。2011 年 1 月 24 日腾讯发布微信的 iPhone 版；3 天后，便发布 Android 版；隔了一天，发布 Symbian 版。一周之内，快速占领了主流操作系统，效率之高让人惊叹。

虽然围绕"快者为王"的绝对性仍有许多争论，但不得不承认，钱伯斯的"快鱼法则"道出了"互联网＋"经济模式下，各行业竞争的最为重要的现实。即便是巨无霸级的百年老店，如果对瞬息万变的市场无法及早准备，也终将难逃悲剧。而小企业，本身体态灵活，组织简单，核心团队与市场的连接距离自然较大企业短了很多，信息的传递必然很快，反应更加敏捷。如果在工业经济时代，这种特点所能够带来的竞争力很难实现对已有格局的颠覆。但是在互联网时代，对用户需求的快速响应，与用户的深度互动，组织内部的高效协同和聚焦，将大大增强创新产品出现的几率，也自然能够有颠覆既有格局的可能。不仅仅是快鱼吃慢鱼，甚至会上演小鱼吃大鱼的好戏。

> **微软：为了成为快鱼**

2013 年，作为软件巨无霸企业的微软，终于实施了面向移动互联网的组织架构调整。这次组织架构调整显然是在竞争不利的情况下做出的应对之举。时任 CEO 的鲍尔默，在他的备忘录中表示："我们将致力于打造'同一个微软（One Microsoft）'"，"我们将会对公司内部的资源进行统一整合，而不再是每个部门各自为战，只有这样才能将公司的潜力发挥到极致，从而保证我们在瞬息万变的市场中保持创新效率，为普通消费者和企业用户提供更好的产品和服务。"

经过调整，微软会按职能设置部门，分设工程（Engineering，包含供应链和数据中心）、市场、业务拓展、高级战略和研究、财务、法务、HR 和 COO（包含运营支持及 IT 等）。其中 Engineering 下设四个领域分支，分别是操作系统、应用、云计算以及设备。

鲍尔默称微软的组织架构调整是为了服务于公司的整体战略，即他所说的聚焦在为个人和企业提供一系列设备和服务，无论是在家中，在办公室还是移动中，都为全球用户助力并创造价值。鲍尔默信誓旦旦地为外界展示了其拳拳之心，但同样也让外界看出，自从微软从桌面互联网转移到移动互联网时代，市场持续表现不佳，这也导致他自身承担了不小压力：如何能带领微软这个超级战舰脱离错误的轨道，同时又能避免大动荡，保住传统的竞争优势，的确是在考验这位已经饱受不少指责的 CEO 的领导智慧。

鲍尔默一直强调，微软重组的核心之一就在于快速响应用户需求。"在连续服务的世界里，产品发布、用户互动和竞争响应的时间大大缩短。作为一家公司，我们需要更快地做出正确决策，平衡用户和企业的所有需求。"

另外，鲍尔默还表示，对公司组织架构进行调整的主要目标是为了让公司内部变得更加协调，"协作并不仅仅意味着'好好相处'"，鲍尔默介绍说，"最重要的是要能够有效协调公司内部的资源，用更短的时间做出更好的产品，为客户和股东创造价值。"

"路漫漫其修远兮，吾将上下而求索"这句话一直激励着众多的贤人志士。对微软而言，移动互联网市场本身也是一个快速变化的市场。微软是一条大鱼，但是受限于众所周知的大组织弊端，微软可算不上一条快鱼。只不过重组后的微软果真能比以前更快地响应用户需求吗？如果说以后公司的每一项重大计划都要经过来自各大部门的团队审核，再报 CEO，这样的执行速度究竟有多快，同样还是要打个问号。

　　理论上，组织内部的变化永远也无法走到市场的前面，而只能是市场变化的应对措施。重要的是，应对的方向是否正确，应对的速度是否及时。对任何失败的企业来说，没有任何理由苛求或责怪于用户。微软还算不上完完全全的失败者，如果能及时正确地"补牢"，东山再起也不是不可能。不过，微软的机会可能真的已经不多了。

扁平化的故事

　　扁平化早在前互联网时期，就已经成为一个组织演进的趋势。因为对于传统组织而言，由于分工的细化和企业规模的扩大，使得中枢管理层无法进行面面俱到的管理，只能通过设置中层来授予管理权限，这就带来了一个无法消除的困难，层级制使得内部信息不畅通。为此，消除中层，让企业扁平就成为后来企业家探索的一个方向。

> **通用电气的"数一数二"战略**

说到扁平化，首先想到的就是美国通用电气公司在前任 CEO 杰克·韦尔奇的带领下，实施的一次成功的组织变革，引领通用电气公司重新走上快速发展的道路，摆脱了僵化的管理机制，迎来第二春。通用电气在 20 世纪 50 年代初，采用分权事业部形式，当时共分 20 个事业部，每个事业部独立经营，单独核算。20 世纪 60 年代，由于公司业务增长迅速，组织机构大幅增加，集团组 10 个，分部 50 个，部门组达到 170 个，并成立了 5 人董事会。

　　20 世纪 70 年代初，由于公司业绩不佳，于是进行了新的组织改革，在事业部内设立了战略事业单位，独立管理某些产品，以便可以将人力、物力机动有效地分配集中，制订出战略计划。到了 1976 年，公司已经在 24 个国家拥有了 113 家制造厂，产品种类据说已达到十几万种之多。为了更好地统筹管理，到了 20 世纪 70 年代末，公司又开始采用"超事业部"制度，在各个事业部上建立 5 个"超事业部"来进行统筹管理，增强企业灵活性，减轻领导机构的日常事务。

　　但是，规模过于庞大的通用电气公司，也越来越呈现出集权的倾向，内部决策流程十分漫长和缓慢，管理层次达 26 层之多，业务部门达到 60 个，管理人员则有 2 000 多人。当杰克·韦尔奇接替 CEO 之后，他认为，一个公司就像一座大楼，它分为若干层，而每层又分为许多小房间，我们就是要把这些隔层尽量地打掉，让整个房子变为一个整体。于是扁平化的组织架构开始实施，通过他的著名的"数一数二"的原则来缩减公司的规模，重塑扁平化的组织结构（如图 7-3 所示）。最后管理层级被缩减到 6 层，业务部门整合为 12 个，管理人员裁减了 1 000 多人。

　　在 20 年间，他将一个弥漫着官僚主义气息的公司，打造成一个充满朝气、富有生机的企业巨头。在他的领导下，通用电气的市值由他上任时的 130 亿美元上升到了 4 800 亿美元，也从全美上市公司盈利能力排名第十位发展成名列前茅的世界级大公司。

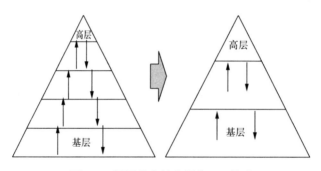

图 7-3　通用代表的扁平化 1.0 模式

海尔的"倒金字塔"改革

　　进入互联网时代，企业面临着更为复杂多变的市场竞争，消费者对待个性化产品的需求明显增加，传统企业的扁平化改革道路，已经不仅仅局限在了缩减中层、缩短决策流程上面，而是需要思考如何通过扁平化的组织结构改革，激发出大企业内部基层员工的自主活力，推动更为广泛的价值创造。

　　身处激烈的家电行业竞争中，张瑞敏在多年的企业管理经营中体会到：对于企业而言，那些有形资产实际上是不存在什么升值空间的，只有人才是具备进一步升值的可能，只有通过改革让这一无形资产变成资源而不是负债，企业才能够真正地永续经营。

随着海尔企业规模的扩大，也面临着日益凸显的"大企业病"，为了更快地实现内部信息与业务的高效运作，满足市场需求，海尔早在几年前就开始实施了以自主经营体为基础的人单合一管理创新。人单合一管理中的"人"指的是员工，"单"是指市场用户需求。人单合一管理是以快速满足用户需求和创造用户价值为目标，依托先进信息系统，通过构建三级三层自主经营体，形成倒三角形自主经营网络；并建立以损益表、日清表、人单酬表为核心的人单合一核算体系，将员工与市场及用户紧密联系在一起，使得员工在为用户创造价值中实现自身价值，从而建立起一套原创性的、由市场需求驱动的全员自主经营、自主激励的经营管理模式（如图7-4所示）。

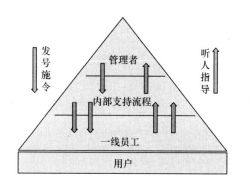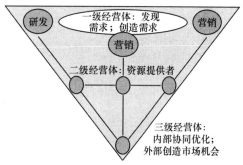

图 7-4 海尔的扁平化 2.0 模式

一般的企业是按照职能等级形成"正三角"，上面是最高领导，往下依次是中层管理者，最底下是员工。但恰恰是员工直接面对客户，了解客户需求。如果一线员工将客户需求层层向上反映，再等领导做决策贯彻下来，就不能及时满足客户需求。因此，海尔通过设置三级三类自主经营体，将海尔的组织结构从以前的N层机构变为倒三角，即三级经营体架构。

倒三角组织结构为人单合一双赢模式提供了基本框架，是对组织的变革，也是对观念的颠覆。倒三角组织结构的目的是为了更好地适应市场变化，创造用户价值，引领市场。就是员工从过去被动地听领导的指挥、完成领导确定的目标，变成和领导一起听用户的指挥、创造用户需求，共同完成为客户创造价值的市场目标。企业将以用户为中心而不再是以领导为中心，企业人人都面对市场，在创造用户价值中体现自己的价值。

海尔"以自主经营体为基础的人单合一管理"模式是市场化管理创新的典范，海尔人单合一管理的本质是通过划小经营单元，建立自主经营体，拉近员工与市场的距离，激发员工活力，实现消费者、员工和企业的多方共赢。

扁平化 2.0，是对扁平化 1.0 的一次升级，改革的目的不仅仅是为了突出内部上下层级的沟通与执行效率，而是针对日益激烈的市场竞争，加强内外部的联动。企业的扁平化，其着眼点不在于中层的层级减少，而是基层的活力释放。用市场的竞争压力倒逼企业的改革，用授权基层的自主经营，来倒逼中层的瘦身与弱化。扁平化 1.0 是前互联网时代上下层级的关系变革；扁平化 2.0 则是在互联网引发的市场竞争新业态下，一次企业内外部联动的变革。

小米的高度扁平与有限分权结构

在互联网时代，信息不对称的状况正在改变，信息主动权正在由企业转向用户，用户拥有足够的信息掌握产品特点及价格，不断进行对比和议价，直到找到满足自己个性化需求的产品和服务，主动权已经掌握在了用户手里。为此，企业必须适应这种变化，推进内部经营管理机制的变革，以便更好地接近用户，满足用户的需求。扁平化进入到"互联网 +"阶段，内部的扁平程度将会趋于极致。

小米公司在短短 5 年时间，从最初的十几个人发展成拥有 8 000 名员工的大型公司。而小米内部的组织结构，依然保持着高度的扁平化和灵活度。雷军在接受采访时曾说过，过去的行业是慢的，允许你有时间以制度来保证周期很长的项目。但现在速度太快，需要随时可以调整的模式，这要求他必须一直管到底。最后却也格外重要的一点：他体验过被互联网公司轻盈超越的挫败感，所以他要求一切都必须是快的、新的。雷军一直推崇的互联网思维，所阐述的关于简洁、极致、速度等关键词，都在小米自身的组织结构上得到了充分体现。

小米的架构是完全扁平化的，是以用户为导向的扁平化管理模式。顶端是雷军授权的 7 个合伙人，大家属于各管一摊，形成各自的自主经济体。这个类似于"地方自治"，合伙人拥有较大自主权，且不互相干预。雷军虽然是董事长，但是仅仅亲自抓市场和营销，以及公司资源的分配。在合伙人专属的业务领域内，雷军也仅仅是给出建议，最终的定夺权还是交由合伙人，保证了各自能够最大限度地发挥出专业所长，在自己的地盘上做出极致的价值。小米虽然在互联网的营销风格上有苹果的痕迹，但是内部的权力分配上却不像苹果那么集中化。

小米的组织架构只有三个层级：核心创始人—部门领导—员工，这种简单的层级制保证了命令能够快速地执行，不会出现断点。同时，为了保证这种组织的灵活度，一旦有团队规模达到一定程度，就会被分拆形成新的团队，继续灵活下去。在这种扁平化的组织结构中，没有所谓的长长的员工上升通道，一切价值都体现在自己岗位的业务能力上，自然也少了很多内部的消耗与职位竞争。

小米的组织结构是高度的扁平化和有限的分权化相结合。扁平化保证了信息的传递流畅、高效执行，能够紧紧地贴近市场，走近用户。同时，有限的分权，可以保证不会因为过度分权带来可能的决策低效、内部无序，少数合伙人的决策机制确保了个人都能够有足够的专注度在自己的领域内。

但是，小米这种特殊的结构，也并不是没有缺点，由于过于强调个性化的产品设计，组织结构必然会较为随意且人治色彩浓厚，制度流程的规范程度明显较低，并不适合于大规模批量生产。小米不断扩展自己的领域，但是已经明显地在调整战略。大多数入股的公司，基本都是小米贴牌，而不是小米设计制造。恐怕雷军也不希望小米成为像三星、诺基亚那种大型的传统企业，因为这本身就有可能会扼杀掉小米所拥有的互联网基因。

扁平化 3.0 阶段，与前两个阶段又有了新的不同之处。这是处于互联网深度影响的轻工业和服务产业，提供的产品也是极具个性化和强调体验度的服务型产品，而非传统的功能型产品。所以，扁平化已经不仅仅是为了企业自身的高效运作，以及激发出底层人员的销售热情。扁平化本身带有更强烈的理想化色彩，就是企业与用户彻底地融为一体，甚至是荣辱与共的一种目标。

信息成本的降低是变革的推动力

新古典经济理论认为：在完全信息的市场假设下，利用市场分配资源是最有效率的，获知有关卖方、买方、定价、合作行为的信息不需要时间和成本，信息成本为零。但是从现实的市场状况来看，新古典理论的完全信息的假设难以成立。所有的市场都存在信息不完全的现象，要获得市场信息，必须支付一定的信息成本。20 世纪 70 年代以来兴起的交易费用经济学认同新古典经济理论，他们认为产生信息成本的大部分因素是信息压缩，即信息不对称。当信息分布比较对称、交流免费或不昂贵时，信息成本近似等于零。信息技术对组织变革的影响更多地体现在信息成本上。

从传统观点上看，经济学家往往把"技术"定义为产品产量的增加和效率的提高。而现在一种全新的观点是从信息成本的角度来认识，将"技术"定义为每单位信息成本的变化。现代组织理论认为，信息技术对组织变革的影响更多地体现在信息成本上，而互联网的出现使人们彼此间的沟通渠道多样化，信息分布趋于均衡，信息传递速度加快，降低了信息成本。互联网产生以前，信息交流渠道狭窄，沟通者处在信息不对称和信息不完全的条件下，要获得有价值的市场信息，就必须支付一定的信息成本。有些时候，这种获取信息的代价十分昂贵。互联网时代，计算机和网络技术的应用和普及，导致信息传输成本降低，传输过程中损耗减小，发生信息扭曲的概率降低，这些都归结为信息成本的降低。

由于信息成本的降低，促进了分散化组织的发展，改变了信息交流渠道，较之等级组织更具竞争力。信息成本的下降，使得组织变革成为可能，加之全球化的影响，扁平化遂成为大势所趋。扁平化是前互联网时代就已出现的变革趋势，而到了互联网时代，这种扁平化的潮流更加强劲，其背后的原因就在于此。

链接话题——传统企业该向海尔借鉴什么？

以自主经营体为基础的"人单合一"管理模式之所以在海尔取得了巨大成功，与海尔所处的行业性质、内部管理基础是分不开的。随着互联网时代的到来，为适应消费者需求的变化，海尔必须要从制造向服务转型。这种转型的成功依赖于员工的转型，即要从听命于上级，转向听命于用户。为此，海尔必须改变传统的经营模式，搭建一个能够将用户需求、员工价值自我实现和企业发展有效融合的崭新管理模式。在这一背景下，以自主经营体为基础的"人单合一"管理模式应运而生。而且海尔实施"人单合一"管理模式有着扎实的管理基础。海尔自成立以来在管理创新的每一次实践，都为全面实施"人单合一"管理模式奠定了良好的观念基础、组织基础和制度基础。

在当前产业融合加速、产业边界逐渐模糊的背景下，众多传统的大型企业，特别是国有企业，其传统的管理模式和方式也逐渐不相适宜。那么，从海尔的这种面向互联网时代的改革中，传统企业应该借鉴哪些关键要素？

一是要在离市场较近的基层部门做试点，稳步推进。海尔是在全公司划分自主经营体，力度很大，但风险也很大。一般大型企业不可能一开始就在整个集团推行这种变革，最稳妥的方式，是在离市场较近的基层部门先行试点，待成熟后再逐步进行推广，走先试点、再推广的路子。首先通过离市场较近的基层部门试点，总结经验，摸索规律；然后将试点单位总结的经验和做法逐步推广到其他部门或地区。

二是要根据员工、业务性质等适度设定核算单元规模。海尔的各经营体自主运行、自负盈亏，相当于一个个独立的虚拟公司。自主经营体都必须面对市场创造用户价值，否则不能成为经营体，因此每个员工都必须进入经营体，包括财务、人力等职能部门都要融合进入自主经营体。不同的企业在尝试这类改革时，应根据具体的员工和业务性质确定自主经营体的规模，如根据实际情况可将部分下属公司、事业部或营业厅划为自主经营体，同时保证各个经营体作为基本的核算单元，都具有有效、独立的自主经营能力。

三是注重利用信息化技术加强对市场需求的反应速度以及内部员工之间的沟通协作。面对日益激烈的竞争形势，如何准确把握市场需求，并迅速做出反应是取得成功的关键。因此，要借鉴海尔经验，建设完善的信息化平台，利用多种信息化手段加快对用户需求的反应速度。同时，通过信息化手段加强核算单元之间、核算单元内部员工之间以及员工与外部客户之间的信息沟通，保证核算单元能够快速捕捉、把握和满足客户需求，同时保证核算单元之间保持充分的竞争力，让每个员工时刻保持较强的责任意识和竞争意识。

四是适当下放资源、权力给基层单位。海尔自主经营体实现"自主"，最主要是赋予"两权"：用人权和分配权。团队长可以选成员，成员也可以选团队长。团队成员一起决定可以罢免团队长和成员的去留。经营体能不能拿到薪酬，就看最终有没有为用户创造价值，而不是像以前根据职务和等级发放薪酬。传统企业的管理机制和体制，基本都是金字塔模式，限制了基层单位自主性的发挥，导致竞争时机的延误和错失。因此要注重关键资源的下沉，并将决策权、用人权、薪酬权适度下放到核算单元，提高核算单元的自主权。而且这种自主权的下放要与责任利益匹配，使每个经营体都要成为企业资源的管理者、经营者和使用者。此外，即使基层单位不作为核算单元试点，也要适当下放自主权。因为他们离市场较近，最先把握用户需求信息和竞争信息，而在传统的管理体制下，基层部门必须层层上报，经上级领导批准指示后再层层下达，严重降低了对需求的反应速度，往往会造成时机的延误或错失。因此要适度下放决策权、资源使用权到基层单位，提高市场需求反应速度，提高经营效率。

五是建立清晰的经营考核体系，尤其是要对职能或后台部门设置清晰的考核体系，增强其市场意识和对一线部门的服务支撑意识。海尔成功推行自主经营体改革的基础之一即是建立清晰的核算体系，不仅要反映每个自主核算单元的经营绩效，还要使核算单元能够明确如何通过创造用户价值实现自身价值并分享增值。在设计核算体系时应该注意三点。一是根据不同核算单元的性质、职责，建立相应的核算体系。每个核算单元都必须有相应的核算体系：对于直接面向客户的核算单元，主要是看其能够带来多少利润确定损益。比如，如果将一个销售网点当作一个核算单位，则要建立以该网点为主体的模拟利润表，包括模拟收入和模拟费用等。模拟费用项主要有：人工成本、房屋租金等；对于不直接面向客户的核算单位（主要是后台和职能部门），要看其在为直接面向客户的核算单元提供资源和服务的有效性，以及战略、机制、团队建设方面的贡献。二是核算体系要具体到员工个人。核算体系要能够显示目标、实际及差距，帮助员工在执行中找到差距，做出纠偏计划，保证目标的完成。可以利用信息化的手段实现，比如借鉴海尔的短信日清平台等。三是核算体系要将核算单元以及员工个人的报酬与经营业绩相联系，并且保证员工报酬及时兑现。

六是调整和完善激励机制，要在个人创造的价值以及获得的回报之间建立显性、及时兑现的关系。海尔"人单合一"管理创新的本质是拉近员工和市场的距离，增强员工活力，最终实现消费者、员工和企业的多方共赢，而成功实施的保障则在于通过有效的激励机制确保员工收入与其贡献挂钩。企业要建立基层核算单元的收入、成本、利润数据收集平台，开展业务量收匹配、资源使用效率对标分析和经营业绩评估分析，同时保证一线员工的收入与其价值贡献挂钩，形成激励—努力—绩效—奖励的良性循环，最大限度调动员工的积极性。

七是构建市场导向、员工自主的文化氛围，为划小核算单元奠定观念基础。经营方式的转变首先需要观念的转变。为让内部员工认同"人单合一"管理模式，海尔企业文化建设多种方式和渠道（报纸、电视、文化手册、手机报、演讲、领导调研沟通等）给员工搭建一个表达意愿、提出意见的平台，逐步使"人单合一"的管理新模式深入人心。很多国有企业固有的管理体制属于自上而下的正三角组织结构，大国企的机关作风较严重，大部分工作以领导指示为核心，缺乏相应的灵活性、创新性，思维逐步僵化。在开始进行划小经营单元的试点时，一线员工对新的经营方式肯定会有观念上的不适应，因此在试点开展的时候应将员工观念的转变作为实施工作的核心之一。一方面通过各种方式强化员工的收入和成本意识、竞争意识、责任意识、创新意识和客户服务意识。另一方面在内部倡导互联网公司激情、平等、自由、快乐的企业文化，使员工能够追求自我价值的实现。总的来说，这种伴随着新的市场化管理创新的文化应该是乐观的、积极的，能够引导员工奋发向上；应该是团结的、包容的，能够提高员工的忠诚度和凝聚力；应该是公平的、透明的，能够将员工利益和组织利益密切挂钩。

需要注意的是，众多传统的大型企业在借鉴海尔"人单合一"管理模式时，必须要考虑所处行业环境的不同，考虑到内部管理基础的差异，每一家成熟的企业都有着自己独特的管理模式、治理方式，其经营管理的机制、体制以及观念理念都很深的文化烙印。要结合自身实际，有选择、有方向地吸收、借鉴其经验，而不能盲目、不加选择地照搬照抄。

无边界的合作

早在通用电气实施扁平化改革的时候，杰克·韦尔奇还特别强调组织的另一种变化趋势，那就是无边界的合作，他反复说明这种无边界合作对于企业的重要性。无边界的合作，意味着企业在内部要坚持打破各种交流和协作障碍，特别是加强上下层级的合作，以及横向跨部门之间的合作。同时在外部要加强企业自身与产业链上游供应商和下游客户的合作关系。

打破企业内外部的栅栏，实现内部的网络化连接和外部的去边界化合作，可以大大减少由于传统组织结构带来的沟通成本，这些成本将可以节省下来更好地创造价值。杰克·韦尔奇已经把扁平化管理从企业组织内部延伸到企业组织的外部。

企业内部的无边界趋势，是利用互联网将企业内部各个部门，甚至是各个岗位上的人员连接在一个信息网络中，构成网络的各个节点。在这个网络下，将消除以往因部门划分或层级划分带来的交流障碍。反之能够让纵横交错的信息网络推动公司内部实现充分的资源共用、信息共享，大大节约了沟通成本，打通了传统企业的任督二脉，提高了企业本身的血液循环效率。

再进一步，企业的网络化不仅仅是建立一个连接，而是网络中的各个节点，都具有独立的决策能力，视情况需要连接或者中断与其他节点的互动关系，实际上是一种自主性很强的企业内工作社交网络。因此，企业内部结构的网络化是一种淡化了部门、层级边界的组织形式，这种网络化的趋势也促使了企业的权力分散化和扁平化。

互联网的社交属性，让企业不再是工业时代铁板一块的整体形象，反而被众多个人形象所分解。在 Facebook、Twitter 以及微博上，企业上到管理者，下到普通员工，都有自己的个人空间，并且以朋友圈的形式与外界的各类人员建立连接，并实现互动与交流。实际上，在社交网络的润物无声之中，企业已经不再是那个印象中只印有自己 Logo 的封闭城堡，企业内部的员工与外部的用户、合作商之间也没有了鲜明的身份区隔。

社交网络让企业与外界的关系更为紧密，同时开放式的组织形态更有利于获取外部的资源。去边界化的趋势带来两个对企业革命性的变化：产品设计环节的社群模式以及生产环节的外包模式。

社群模式即是在产品没有出炉之前，便通过建立连接的社交网络，将符合产品定位的潜在用户牵引进来，形成一个互动的社交圈。将原本属于企业内部的研发设计，放至社交圈子，让用户提前介入到产品的设计环节，为着一个共同的产品目标，群策群力。这样，企业与用户的边界实际上被打破并融为一体了。

外包模式更为企业的自主生产带来了显著变化，有了互联网，企业可以与合作伙伴形成更为紧密的连接，可以轻松地调动资源，形成协作生产。产品能够被划分为若干专业模块，由专业公司去负责生产，过去全部由一家企业包办的方式，被空间上的资源整合网络所替代。外部的资源可以为内部所用，同样，内部的资源也可以承接外部的业务。从而让企业之间形成一个价值联合体。大企业不再是必须的目标，专业化的小公司依旧可以活得风生水起。

在互联网的里应外合作用下，企业实际上成为了一个开放平台，内外界限被逐渐模糊。企业内部的各部门需要更紧密的协作，同时需要与外部的各类资源形成更频繁的互动交换，才能更快速满足客户的个性化需要。企业内部变成了网络，而在各个大网络中，企业与企业又成为了或紧或松的连接节点。

真正优秀的组织是什么样子？德鲁克在《21世纪管理的挑战》一书中指出，面对互联网的来袭，最大的挑战就是没有所谓的正确组织或者是标准组织，而是变化多端、不一而足的各种类型组织，就像明茨伯格在《卓有成效的组织》中提到的那种适应外界变化的变形虫组织。也许本身没有什么标准组织结构，在一个不确定的、开放的、分权化的互联网时代，组织结构也需要顺势而为，而不是逆势而动（如图 7-5 所示）。

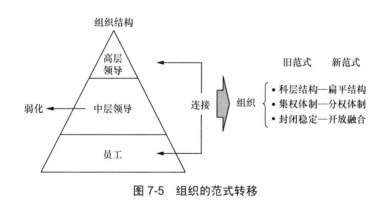

图 7-5　组织的范式转移

创新文化的培育

企业的四类文化类型

从国际上普遍的组织文化理论来看，一般从两个维度来诊断一个组织的文化形态，第一个维度是组织的关注点在外部还是内部，第二个维度是更注重控制还是注重灵活，由此可以将组织文化划分为四种类别（如图 7-6 所示），第一象限灵活创新文化，第二象限团队支持文化，第三象限稳定控制文化，第四象限市场绩效文化。需要说明的是，任何组织都不会只有一种单一的文化类型，而是这四种文化都会有所反映。例如，哪怕是非常僵化的官僚组织，也会在市场端有一些绩效导向的因素存在。只不过，我们在分析组织的文化特征的时候，会关注在哪个象限组织的特性更为明显突出，那么这个组织就可以被认为是偏向于这个象限所代表的文化类型（如表 7-1 所示）。

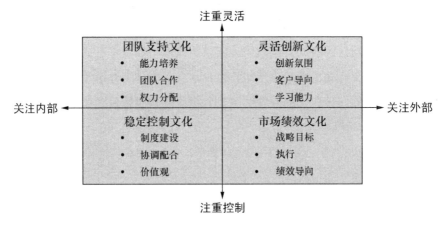

图 7-6　四类组织文化

表 7-1　四类组织文化介绍

灵活创新文化	灵活、外部	强调变通性和变革；重视客户需求反馈；重视员工创新与获取资源；领导具有企业家精神，敢冒风险
团队支持文化	灵活、内部	鼓励员工发展技能，开发潜能；提倡员工参与、开放式沟通，关心和支持下级工作，用团队方式工作
稳定控制文化	控制、内部	强调内部控制和稳定，重视高效运行，有统一明确的核心价值观，制订一系列完善的制度规范
市场绩效文化	控制、外部	以实现企业目标为导向。从提高生产率和盈利率的目标出发组织生产，考核绩效。领导行为是指导的、目标取向与务实的

　　企业文化实际上更多的是通过具体的行为体现出来的。传统大型企业的管理总是被诟病，其实恰恰能够反映出大企业的文化特征。首先，大企业的文化导向更侧重于内部，而不是外部。例如，在产品服务方面，大企业擅长于提供标准化的产品业务，而研发各类特定功能的个性化产品则显得无能为力，不愿意投入更多的成本去关注小微市场用户的需求。毕竟，标准化的产品，背后已经有了相对固定的操作流程，各部门可以据此进行平稳的协作，而新产品新服务，往往会带来对原有流程的改造，会增加许多额外的协调工作，有可能打乱企业内部各部门已有的默契。这其实反映了大企业的文化，相比互联网公司而言，更侧重于内部的协调，而不是外部的变化。

　　在决策制订方面，大企业往往也存在领导的意志高于客户的需求的现象，对于产品的开发设计，有决定权的经常是领导，而不是一线的项目经理。所谓屁股决定脑袋，领导在公司内部做决策多凭经验，对外部的市场信息和需求前景关注较少。优先考虑的大多是"我能做什么"而非"我该做什么"。能做的信心来自于自身的能力积累，而该做的勇气来自于市场空间和前景，过于关注自身情况，导致企业在决策的时候往往偏向于稳妥保守，而缺乏开拓进取的心理。

　　大企业的文化更强调控制，而不是灵活。例如，在信息传递方面，体现的是流程冗长，审批环节多，效率很低，反应迟缓。倒不是因为企业本身甘愿做一个行动缓慢的人，而是强调风险控制的思想，导致了复杂的内部组织和层级设置，让一件简单的事情，必须要有许多责任人批准才能够实行。权力的集中带来的就是下面的人员没有权力做事，也没有意愿去做事。

　　同样，我们也会发现，大企业普遍强调的执行力，也是一种文化现象，就是控制大于灵活的文化。员工最重要的是落实上级的指示，按部就班完成交代的任务，不出错就是好员工。至于创造力，则要冒失败的风险，也会违反现有的规矩，这在很多国企中往往是不被允许，甚至要被处罚的。长期而言，这导致了员工都很听话，但缺乏足够的创新能力，整个组织倾向于稳重有余，但活力不足。

　　这种内部＋控制的企业文化，使得像垄断央企这类超大型企业更适合于面对一个稳定不变的市场环境，解决一些确定性很强的经营问题；但是互联网激发了人们新一轮的创新热潮，导致所有领域都发生了大变革。企业频繁面对快速变化的市场环境和诸多不确定的经营问题。这个时候，就需要具有创新精神的文化来主导整个企业的转型和发展。

具有创新精神的企业，往往是一群知识型员工聚在一起，没有层级意识，彼此平等交流，经常观点碰撞，求异不求同，求变不求稳，会形成不同于以往的创新文化基因，在当前的互联网公司，这种文化氛围最为浓厚。当具有这一类文化基因的企业入股国企这类传统大企业的时候，创新文化也将随之渗入到国企的传统文化之中。传统国企长时间来已经形成了自己的典型文化特征，两种文化必然存在着较为突出的矛盾和冲突，处于强势的传统文化将会产生极大的排斥力，去阻碍新文化的生长。这就导致越大型的企业，在转型发展的历史三峡中，越难以获得成功。

> **创新文化与原有文化的融合共生**

当前混合所有制经济趋势下，民资、外资等市场资本的进入，必将会给国有企业带来更为突破性的创新文化，如何看待两种不同文化的融合与冲突，也成为国企领导者的一个重要课题。在这里，我认为国企的文化融合需要坚持"由下到上，由实到虚，由点到面"的文化融合之路，才能确保文化的融合在平稳中进行，而不至于出现文化的颠覆和思想的紊乱。

首先，由下到上的"实践—总结"模式，找到适合公司的文化要素。

企业文化根生于所处的环境和所在的团队。一般公司在刚开始创业的时候，人数较少，那个时候还谈不上有什么企业文化，就是创业人的行事风格和个人理念，这是文化的一个原生体。随着公司规模的扩大，引入了更多的人才，初步建立起了简单的层级组织，作为公司创始人，他们一方面需要把自己的行事风格和个人理念，逐步浓缩成一些观点概念，作为全公司的思想指导；另一方面也需要把自己多年的做事习惯和准则扩展为一系列具体的规章制度和工作要求。这样一缩一扩，过去只停留在几个创始人心中的点点想法，就进化成为较为体系化的企业文化。可见企业文化并不是产生于书本上的理论知识，而是从具体的实践中得出来的。

所以，国企在面对外来文化的融入时，不要急于在顶层设计上加入一些口号概念，硬性宣贯下去，这样仅仅是浮于表面，缺乏实操基础。反之，应该更多地从实践中发现总结两种不同文化带来的结果，寻找彼此之间的异同和共生问题，进而再自下而上地去整理归纳需要调整的价值观念和核心理念。

其次，由实到虚的"业务—理念"模式，通过业务创新实现理念创新。

我们看到，很多国有企业的文化理念，都算得上是千锤百炼、高度浓缩的语句，甚至是遍阅经典之后，创造的半文半白的词语，虽然看上去很"高大上"，但是无法赢得基层员工的理解和共鸣。问题就在于脱离了生产一线，领导所谈的高高在上，与员工的工作毫无关系，这种文化就变成了纸上谈兵、卖弄文字的游戏。

任何文化的形成，都是来自于具体的工作和事情之中。因而，创新文化的引入，必须要有创新业务的发展。创新业务必然需要团队改变自己的习惯思维，用新的方式方法去尝试和探索，这样持续下去，就会逐渐产生不同于以往的经验，慢慢地更新团队人员的思想，一种创新文化便悄然而生。企业需要做的就是尽力去扶持这些创新业务和团队，用业务作为牵引，对既有文化思想实现润物细无声的改造。当然，企业在培育创新文化的时候，应该有明确的创新战略，在战略指导下，开展具体的创新业务活动，通过业务，再到团队，最后形成文化。战略与文化虽然都是领导层最关注的领域，但其发展过程正好相反，一个自上而下，另一个则是自下而上，相互结合方得始终。

最后，由点到面的"试点—铺开"模式，做到循序渐进的渗透扩展。

每当谈到创新业务，就必然牵扯到对原有业务的冲击。我们可以想象，很多创新业务，本身往往会对老业务带有替代色彩，比如移动互联网业务对通信业务的替代，众多领域的颠覆式创新。所以在企业内部，抵触创新的阻力会非常大。为了保护好尚处于襁褓中的创新业务，以及创新文化，企业需要在体制内开辟一个小的特区，实行与主业母体不同的管理方式和激励方式，两者互相独立，尽量不发生资源、财务、人力等方面的重叠，这就是所谓的"隔板化管理"。通过脱离于主业之外的创新业务，来培养星星之火般的企业创新文化。

在这里，很多人会认为，隔板化的管理可能会是创新文化的有效方式，传统业务用传统企业文化，创新业务用创新文化，两者互不相通，彼此独立发展。当然，这的确是一个很好的办法。但是除非企业将来要将这些创新的团队做大后成立独立的公司，最后剥离上市，不与母体发生关联。否则隔板化的管理，只能是初始创新的一个手段，而不能作为最终的目标，最终的目标应该是将创新文化融入到企业的主体文化中来，而不仅仅是其中的一部分。

互联网激发了人们新一轮的创新热潮，有无创新文化已经成为衡量企业是否有持久竞争力的标志之一。虽然传统大型企业喊了很多年重视创新的口号，研发投入上也不惜斥巨资，人们主观感觉上却认为传统大型企业往往普遍缺乏创新文化。博斯公司对全球 1 000 家创新公司做过长期调查，发现企业的财务业绩与创新投入（无论是以研发投入总额还是以所占收入百分比计）之间并无明显的关系。许多企业，尤其以苹果公司为代表，在研发上的投入低于同行对手，却在收入增长率、利润增长率、利润率和股东总回报等方面实现了全面的超越。与此同时，以制药为代表的许多行业继续投入相对较多的资源进行创新，但结果远未达到他们和股东的期望。由此看来，大企业往往会在研发上不惜重金，但并不代表他们的创新文化就真的很强。

过度追求短平快不利于营造创新的文化，任何技术的诞生，都有赖于其他相关因素组成的生态系统是否已准备好养分和生存空间。

链接话题——领导者如何影响组织文化

思考一个问题：企业领导人的资历与企业的文化有何关系？你可能觉得两者之间有一些关系，但究竟如何，又很难说清。2013 年的时候，欧洲的一家猎头公司 European Leaders 所做的一个比较有意思的研究，或许有助于加深我们对这一问题的理解。

European Leaders 在分析了当时全球十大移动通信运营商（按收入排列，包括 America Movil、AT&T、中国移动、中国联通、德国电信、法国电信、西班牙电信、Verizon Wireless、Vimpelcom 以及 Vodafone）的 119 名董事会成员的资历后发现，58% 的领导者拥有法律、财务或技术工程背景，近一半（46%）都将目光集中在影响所在企业运营的关键财务和法律事务上，近四分之一（24%）的高管不具备在移动或电信行业以外担任高级职位的经验。

作为对比，European Leaders 还分析了 10 家知名 OTT 服务提供商（包括 Amazon、Apple、eBay、Facebook、Foursquare、Google、Netflix、Pinterest、Spotify 和 Vonage）的 81 名高管的资历背景，发现 62% 的董事会成员拥有销售、市场营销、战略策划和日常业务运营经验，近三分之一（31%）是公认的"市场战略专家"，只有 12% 的 OTT 高管注重企业财务事宜。

基于以上对比，European Leaders 认为，OTT 企业董事会成员由于大多出身战略策划、市场营销和运营专业，他们能给企业带来更多的创新文化；而与此相反，运营商被拥有法律、财务和工程背景的高管主导，导致其保守文化之风大行其道，从而在创新能力培育方面落于下风。

按照 European Leaders 的说法，拥有法律、财务和工程背景的高管在企业中一般扮演"风险厌恶型"的管理者，而拥有销售、战略策划和日常业务运营经验的管理者则属于"风险偏好型"的管理者。在拥有强大的业务基础和稳定的市场的前提下，前者能够很好地带领企业稳步前进，且很少犯错；不过当市场环境迅速变化的时候，由于不敢积极进取或承担风险，前者倾向于维持现状的惯性思维反而不会带来积极的结果，相反，"风险偏好型"的领导更容易依靠前瞻性思维和破坏性创新带领企业取得非凡成就。

既然董事会是为企业提供战略决策的地方，所以高管们的"风险偏好"倾向直接决定了一个企业拥有创新或者保守的文化。

不过 European Leaders 的研究毕竟谈不上是科学判断，因为它在研究之前就设定了一个前提，即与 OTT 企业相比，运营商的企业文化更具保守性。但并不是所有人都认同这样的判断，Vodafone 就是其中一个。

Vodafone 英国公司反驳称，显然我们不同意认为运营商倾向于保守的观点。紧接着 Vodafone 就列举了"小部分"能够证明运营商创新能力的例证，如该公司推出的 M-Pesa 移动货币服务，现已拥有超过 1 800 万用户，还有 Vodafone 即将在南苏丹最大的贫民区部署便携式移动网络，为民众提供与家人的免费通话服务。在 Vodafone 看来，这些都体现了运营商极具创新的一面。

第八章

互联网＋管理——从家长到合伙人

互联网让中心权威消解

权威从哪里来？

20 世纪 60 年代早期，耶鲁大学教授 Stanley Milgram 进行了一系列著名的心理实验，用以衡量人们对权威的顺从度。志愿者被要求对答题错误的测试对象进行电击，电击从微弱的电压开始，每答错一题，电击增加 15 伏，直到 450 伏。电击其实是伪装的，但执行电击操作的

志愿者并不知情。当执行这些电击操作时，处于另一个房间中的测试对象（能被志愿者听到但无法直接看到）将表演出与电击程度增加相应的难受行为，包括抱怨自己心脏出现问题，不断加大的喊叫声，以及撞墙举动。电压超过一定程度后，被电击者最终将变得完全静默（就像失去意识或死亡的情形一样）。即使在这种情况下，志愿者仍被要求继续执行电击操作 *。

---

* 图片摘自 http://www.tspsy.com/xlxt/5681.html。

Milgram 的实验目的在于测试一般人的顺从度。到什么程度他们会坚决拒绝再执行任何电击操作，无论实验者如何要求他们继续。

大多数人预计 99% 的志愿者会在达到 450 伏电压前停止操作。而实验结果大大出乎所有人的意料，65% 的志愿者将电击操作一直进行到了最后，他们被要求按下 450 伏的电压按钮三次，而非仅仅一次。志愿者们一般会在电压到达 135 伏左右提出抗议，但在实验者的要求下会继续遵从指令。

Milgram 实验里的关键一点在于参与者违背他们良心意愿的过程是渐进完成的。他们没有被要求立刻对别人执行 450 伏的电击。相反他们是从难以觉察的电压开始，以微小的增量逐步进行。虽然志愿者对此存在异议，但他们每次都被权威的指令所说服。渐进式的默许就是这样改变了我们的行为。当人们提出抗议时，他们并非要终止整个进程。抗议只意味着人们在进入下一步之前，可能需要更多的时间来适应当前的这一步变化。口头抗议可以放慢进程，但它们还不足以让其中止。这有点类似于"温水煮青蛙"，虽然明知道电击可能给他人带来生命危险，但是在权威的压力和渐进式的加压过程中，志愿者也就慢慢接受了，从而逐渐失去了反抗能力。

你在生活中认为的比自己更有权威的人或事物有哪些？如果某个权威人士告诉你可以做某事，但你的内心感到这些行为有些鬼鬼祟祟，你是依然执行下去，还是听从自己的判断坚决说不？要是你的大多数朋友和家人都附和权威人士，你又该怎么办？你会屈从于这种同伴压力，即便自己感到事情有所不妥吗？

大多数人对于错误应用的权威，仅仅是通过抗议，人性中对权威的服从感会让我们虽然在心里存疑但还是会按照权威的指令执行，同时努力调整自己的想法与权威的指令靠拢，减少自己心理的不适。久而久之，对权威的依赖感就渐渐地在人的心理上扎下根来，我们一旦面对一些新鲜事物的时候，迫切需要找到的不是事实真相，而是某个权威的评价言论。人本能中的权威偏好，让传统依靠权威来实施管理的体制成为了最为可靠的选择。

马克斯·韦伯认为，任何组织的形成、管治、支配均建构于某种特定的权威之上。适当的权威能够消除混乱、带来秩序；而没有权威的组织将无法实现其组织目标。他提出了三种正式的政治支配和权威的形式，分别为传统权威、魅力权威以及理性法定权威。传统权威是一种很大程度上依赖于传统或习俗的权力领导形式，领导者有一个传统的和合法的权利行使权力。更重要的是，传统权威是封建、世袭制度的基础，如部落和君主制。这种权力不利于社会变革，往往是非理性的和不一致的。而魅力权威，则是一个领导者的使命和愿景能够激励他人，从而形成其权力基础。对魅力领袖的忠实服从以及其合法性往往都是基于信念。他们或会被灌输神或超自然的力量，如宗教先知、战争英雄或革命领袖。理性法定权威是以理性和法律规定为基础行使权威。服从并不是因为信仰或崇拜，而是因为规则给予领导者的权力。因此，理性法定权力的运用能够形成一个客观、具体的组织结构。

建构在理性权威基础上的金字塔组织，正是一种规则化的权力分配体系。而在这其中，管理的最主要目标就是规划、控制、命令与奖惩。一切的行动都是基于理性原则，都是着眼于规则实施，并且追求一种稳定可控的结果。只不过，互联网让这种稳定可控的结果离现实渐行渐远，管理的基石出现了松动。

在传统的社会中，权力的来源取决于手中掌握的资源多寡。这类资源往往是能够带来生产能力和破坏能力的有形资源，前者如金钱、土地、原材料、工厂等，而后者则是军队、武器等资源。在企业中，领导者拥有规则制度赋予的权力，并在一个高度理性的组织内部运用权力，这个时候所谓的领导权威就自然而然地被夹在其中。权威伴随权力，谁获得了领导的权力，那么基本上可以认为权威也自然而然地伴随其中。这种权威是中心化的，向四周发散开去。

权威正在离领导者远去

在互联网信息时代，相对于土地及原材料等有形的生产要素而言，网络沟通和合作显得更为重要。互联网作为信息来源和通信平台已拥有超过数十亿的用户，成为全世界最流行的社交场所。实现全球联系和思想交流的商业生态网络正在成为新的"虚拟地产"。谁拥有了最全最新的信息，谁就会在网络的空间里面拥有非常大的影响力，在能够广泛连接的网络时代，这种信息优势，将会带来众多的跟随者，并促进一个脱离于传统权力体系和组织的新的权力圈的诞生。只不过，在这个权力圈子里，没有世俗化的权力规则制度。也就是说，这种新的权力体系并不是固定不变，而是随着信息的流动在不断地调整。那么，凭什么会产生这种脱离于现实组织的新的权力体系？关键的条件就是互联网带来的连接与互动能力。

我们生活的任何组织都是一个信息网络，在一个金字塔形的企业内部，往往最高权力者是能够掌握最多信息的那个人，因为根据层级制的制度设计，底层的人员会将自己获取的局部信息，层层上报，最终全部汇聚于塔尖。所谓站得高，看得远，因为处于最高的位置，根据规则获取所有的信息，所以，最高权力者相对下属人员就有了信息不对称的优势。在金字塔形的组织没有变化的前提下，最高权力者，也就是企业的管理者，凭借其他人所不知道的信息资源，能够做出相对最全面可靠的决策，同时也能够利用这种信息优势，对下级人员施加思想影响，完成一次次的管控行为。

但是，互联网能够打破人为设置的各种制度障碍，实现人与人的广泛连接。在组织内部，不同部门，甚至不同地域分公司的人员可以借助社交网络连接在一起。技术条件的突破，为打破原有的单向传播的体系准备好了最有力的武器。同时，互联网还带来组织内部与外部环境的深度交流，处于最前线的基层员工，自然有着近水楼台先得月的优势，能够更快速地了解掌握外部环境变量，通过社交网络，迅速传播与分享。这也打破了传统自下而上的单线条信息传播规则，在最高领导还没有得到消息的时候，下面的员工可能都已经知道了（如图 8-1 所示）。结果，传统社会下最高领导掌握最多信息的局面彻底被颠覆，并且由于金字塔组织的层级设置，导致塔尖对于外部变化的反应反而更为迟缓，结果真的变成了一个信息洪流中的孤岛。

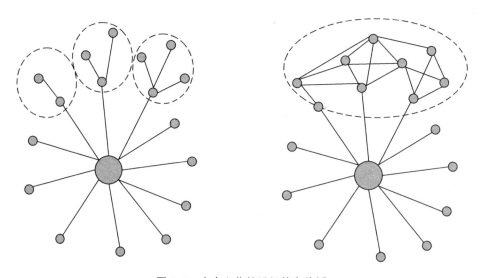

图 8-1　去中心化的组织信息传播

这很类似于网络社会中的小世界效应（small-world effect），小世界效应是Newman 作出的定义：在大多数网络中，大部分节点都能通过短路径彼此建立联系，这就是小世界效应。简而言之，处于网络中的任何两点，都可以经由几个节点建立联系。小世界效应存在于各种各样的网络系统中，比如在演艺圈，绝大多数演员都可以直接或间接与某位演员建立联系，演员合作系统就是一个小世界网络；再如，电力传输系统、神经系统具有较短的路径长度和较大的聚类系数，这些网络均体现着小世界效应。

非正式组织的影响力

江湖：互联网＋
非正式组织

有人的地方，就有江湖。

江湖，地理意义上指的是江河湖海，三江五湖的意思。宋姜夔《白石诗说》："波澜开阖，如在江湖中，一波未平，一波已作。" 清叶燮《原诗·外篇上》："大之则江湖，小之则池沼，微风鼓动而为波为澜，此天地间自然之文也。"江湖在文人骚客的笔下，是一派人与自然和谐相处的原生态天地。

但在中国文化中，江湖则另有深刻的意涵，如《庄子·大宗师》："泉涸，鱼相与处于陆，相呴以湿，相濡以沫，不如相忘于江湖。"这里的江湖指的是广阔逍遥的适性之处；东晋陶潜《与殷晋安别》诗："良才不隐世，江湖多贱贫。"《南史·隐逸传序》："或遁迹江湖之上，或藏名巖石之下。"清方文《寄怀鲁孺发天门》诗："江湖常有庙廊忧，逢人好谈天下事。"同样意指远离官场俗世，清净自得之所。

而在社会结构的范畴内，江湖又增添了新的内涵。北宋范仲淹的《岳阳楼记》中有"居庙堂之高，则忧其民；处江湖之远，则忧其君。"这里的江湖，不再仅仅是远处的地方，而是泛指与朝廷相对应的民间社会，远离皇帝，远离官府。

后来在武侠小说中提到的江湖，逐渐演变成了一个脱离官府政权，有着自己的一套游戏规则的地方。所以江湖也成为所有武侠小说需要的共同舞台，意为各路豪杰侠客所倾心向往，而又脱离不开的另一个社会。

江湖就是在官府所设立的、正式的社会组织之外，由众多参与者自发组织形成的另一个社会关系体系，是政府这一正式组织之外的非正式组织。中国历史上最著名的非正式组织，是梁山水泊聚集的 108 位好汉，自组一个小型的社会团体，有共同的价值追求，自发形成脱离于官府之外的民间组织。

人是社会的动物，有人的地方就有江湖。时过境迁，如今在商业社会里，早已不是打打杀杀的侠客时代，但是在众多企业组织的内外之间，依旧存在着或明或暗的小组，也叫非正式组织，构成了企业的江湖。

我们每个人都有着各自的一张社会网络，我们都与自己的同事朋友彼此连接。SNS 网站、微博与微信的出现，一方面加强了我们业已存在的社交网络的联系强度，另一方面，互联网也创造了更多与陌生人群的连接机会。微信上每个人都会加入几个聊天群，这些聊天群总有着一些共同的目标，进入群里的人基本上也都是认同这一目标的同道中人。以往我们如果想要找到这些志同道合的人，需要克服很多地理上、沟通上的障碍，困难会很多，所以以前大多数的兴趣小组都是本地化、小范围的。但是互联网的出现，让各地的小组织能够彼此连接成为一个松散但不断裂的大组织。天南海北的人，都可以在群里面谈论古今，也可以在线下完成共同的任务，在线上进行分享。有效利用这类组织的功用，会给社会带来众多有利的影响。

2011 年 1 月 25 日，中国社会科学院农村发展研究所于建嵘教授在微博上开设的"随手拍照解救乞讨儿童"微博引起全国网友、各地公安部门的关注。网友纷纷将乞讨儿童照片上传至微博，希望家中有孩子失踪的父母能借此信息找到自己被拐的孩子。

"随手拍照解救乞讨儿童"微博的建立，起因是一名母亲让于建嵘帮忙发微博，寻找失踪的孩子杨伟鑫。微博发出后，立刻引起网友关注，并且有网友表示，2010 年年初曾在厦门看到一名和杨伟鑫相似的孩子在乞讨，并上传了孩子乞讨时的照片。随后，孩子的家人立刻赶往厦门寻找其下落。

于建嵘说："这个事情过后，不少网友都让我帮忙发寻找孩子的信息。于是我专门建立了一个'随手拍照解救乞讨儿童'的微博。希望通过网友的力量，让丢失孩子的母亲在这个微博里看到希望。"

由学者发起，以微博为平台并由广大网友参与的这项"解救"实践，试图通过网络所带来的技术性变革，扭转以往在解救乞讨儿童上信息隔绝的困境。"随手拍照解救乞讨儿童"这一微博在运行之后，的的确确体现了互联网所能够带来的强大的社会动员能力。这一社会力量如能保持良性运转，它所能带来的社会收益将无可估量。

**互联网加强了
非正式组织的影响力**

说到这里，我们该谈一谈如何界定非正式组织。相较于正式组织，非正式组织应该是那些没有明确目标和制度，但有明确价值观和标准，具有很强凝聚力的组织。

非正式组织的存在，本身就是对正式组织权力和权威的一种消解，即对中心化的传统权力体系的一种对抗和削弱。因为在远离中心的边缘地带，出现了能够信息自我内部流动的小群落，这种群落可以自产信息，也可以与外界独立交互信息，这些行为都不用再依托于传统组织的规则制度进行，而是通过互联网自主实现。非正式组织对于信息的产销能力越强，则与中心权利的离心力就越强，而同时对于周围的资源所具有的动员影响也会越强。有研究表明，互联网的出现，让以往非正式组织的影响力获得了极大的提升，甚至有很强的社会动员能力和社会抗争性。这种能力与互联网的技术支持有着密切的关联，恰恰是互联网具有的三种特性，给予了非正式组织信息流动的自由度，以及由此催生出的社会资本和公众舆论平台。

互联网具有信息交互性。社交网络中的信息流，最显著的特点是用户可以自主生产、传播和浏览何种信息，无需接受来自更高级别的掌权者的过滤控制。互联网降低了信息交互的成本，也带来了信息与用户本身的交互效应，选择我爱看的信息，接受这种信息背后的情感诉求，产生群体共鸣。非正式组织在这种共鸣之中有了明显的价值观倾向，这是正式组织在理性架构之下所无法做到的。

互联网具有信息圈群性。微博、还是微信，满篇的信息基本上可以分为新闻性和娱乐性两种不同的类别。相比较而言，具有新闻性的互联网信息，在被用户传播的过程中，更有助于催生社会资本。通过社交网络，我们不仅能够强化已有的强联系（如亲属、同乡、朋友），还可以形成大量的弱联系，这种弱联系是充分利用了网络的无空间障碍的特点。以此为基础，维持一个分布广泛的虚拟社群。当虚拟社群与现实生活的社区相重合的时候，将生成大量的弱邻里关系，这种邻里关系最终能够成为非正式组织集体行动动员的工具。

互联网具有舆论开放性。因为网络的去中心化特点，再没有一个"老大哥"能够拿着指挥棒，告诉所有人什么该说，什么不该说。所以在更多私密的社群网络里，到处都充斥着各种关于组织内外的讨论。不仅局限于线上空间，而且可以延伸至线下。这种信息互动讨论的 O2O 模式，使得一个非正式的公共舆论平台出现，并得到不断的强化。这种公共舆论的力量，本身也将持续地弱化中心权力和传统组织的支配能力。

> **互联网＋非正式组织具有负能量**

假如把武侠小说中的江湖，作为一个更为广泛的非正式组织来看。那么这个组织中，人们可以说完全依靠自身的实力说话，虽然远离庙堂，不必担心法律制裁，但也失去了一个普遍的规则制约，可以促使所有的人都喜欢以暴制暴，快意恩仇。因而，江湖虽然引人无限遐想，但也是血雨腥风、恩怨难料的地方。

反过来看，在一个正式的企业组织内，更容易发展壮大许多小团体，即是员工私下的一种社交圈子，不同的价值观和文化可以迅速找到认同者，那么一旦失去了传统组织的刚性控制，一些负面情绪和流言蜚语就可以大范围传播。这种自发的组织也会在一定程度上损害正常的企业运营，特别是队伍的士气。

非正式组织核心人员的不利变动：当非正式组织内的人员，尤其是非正式组织内的意见领袖由于某些原因升迁不利，可能就会影响非正式组织内其他成员的士气和进取心。若是一个非正式组织不能接受他们的新的主管领导，他们可能会在各个方面排挤他、孤立他，甚至暗中搞破坏，使得工作无法正常开展。

自认为不公正的绩效评估：当某个非正式组织大部分成员的绩效评估结果都处在比较低的位置，那么他们就会集体认为没有被公正地评估，尤其是当绩效评估结果和工资挂钩时，这种情况就很有可能会成为非正式组织"紧密化"甚至"危险化"的一个导火索。

组织变革或面临危机：当企业发生变革时，尤其是变革的内容和员工的切身利益相关，某些变革内容会影响一部分员工的既得利益，利益的驱动和立场的相似使这种松散的非正式组织迅速紧密化。如果这时候企业的管理者不能迅速地察觉到这类非正式组织的紧密化现象并采取相对应的措施，那么在变革的进展中，必将会导致管理的危机，甚至让企业为此付出巨大的代价。

非正式组织彼此的攻击：企业的非正式组织往往不只有一个，而是多个。如果很不幸的，这些非正式组织之间由于各种各样的原因，导致彼此存在着很大的矛盾，甚至在网络小圈子内部，散发着各种攻击，嘲讽对方的言论信息。那么这种虚拟空间的内耗，反而会极大地影响现实工作中的团队、部门之间的合作与协调，甚至会带来一些恶意竞争，互相拆台的功效。这种无序的对立，只能更加恶化正式组织内部的稳定性，同时也会削弱中心权力的控制能力。

没有微博和微信，小团体还只是喜欢地下活动；有了微博和微信，更多的人会选择在网上发泄情绪，散发传闻，表达忧虑。如果企业领导者还习惯于传统的线下面对面交流的话，那么他几乎不可能知道他的员工在网上有怎样的言行，不知道员工心里有怎样的波动，更不可能知道这种波动已经被扩散到多大范围，造成怎样消极的影响。长此以往，企业便不会太平。

领导力的重塑

有一则笑话：老板打了员工一巴掌，各国员工有不同反应。

日本员工：头一点：嗨！

美国员工：立刻叫来了自己的律师。

英国员工：微笑地报警。

俄罗斯员工：反手就给老板一巴掌。

中国员工：上网怒吼。

这则笑话引发我们深思，作为有着五千年历史的文明古国，我们从根子里面传承的文化是和，是中庸之道，但是这并不代表我们没有脾气。特别是作为员工，可能常常会在工作、生活中遇到各种不顺心的事，引发心理波动。从而在网上的QQ群、微信群等多种多样的非正式组织中发泄情绪。不要小看每个个体的一点点情绪，积累久了在非正式组织中就可能引爆"炸弹"，像我们前面分析的那样，危及正式组织的正常运转。这就是互联网时代，传统领导力遇到的严重挑战——你不是在和一个与你面对面的员工较量，你已经被一张无形的网络所隔离开来，成为孤家寡人了。

分权化、扁平化的组织，让传统的员工管理方式出现了不适应。传统管理模式服从于机器大生产的需要，是以机器为中心的管理，员工成为机器系统中的"配件"，人被异化为"物"，管理的中心是物。但互联网减弱了信息传递成本，极大弱化了信息不对称的现象，一方面自内向外的信息流动，让企业之外的群体（包括用户、利益相关方），越来越容易与企业内部发生交互作用，过去依靠企业内部合作的组织活动开始以外部市场交易的形态存在。另一方面自上向下的信息流动，导致员工的自我意识增强，团队协作更加强化，权威主义开始消融。因而，互联网时代配合生态化组织的新管理模式，即去中心化管理、分布式管理越来越多。管理即控制、计划的思想不断在弱化，反之，协调、授权的思想便日益得到推广。

互联网时代需要柔性领导力

现代领导力分为两大组成要素：一个是职位权力，另一个是个人权威（如图 8-2 所示）。

职位权力分为强制权力和惩罚权力，具有刚性化的性质，来源于职位本身，是正式组织的制度所赋予的权力，一般较固定；而个人权威则不一样，个人权威分为专家品牌和个人感召力，具有柔性化特点，有一定的弹性变化。这种个人权威的强弱，与领导者个人的素质能力有紧密的关联。换句话说，拥有了职位权力，不代表就一定有相应的个人权威，也许一个懦弱的领导者，虽然可以在制度所赋予的权限内，行使所谓的生杀予夺大权。但是其自身领导素质和个人修为的不足，也会限制其个人权威的增长。当然，这种个人权威的培育同时可以提升综合领导力。

个人权威的增量来自于专家品牌与个人感召力两个方面。作为企业的领导者和某一业务领域的管理人员，其专家品牌是需要有意识去培养的。在互联网让各种信息广泛传播的背景下，作为管理人员，始终面临着内外部各路人员对自身的专业能力的质疑和挑战。在过去的封闭环境下，领导有着资历和阅历的时间积累优势，当然会比年轻的员工知道得多一些，这种比较优势也是能够维护其自身权威的关键。俗语"吃过的盐比走过的路都多"，常常被领导用来教训不听话的员工。谁让资讯不发达的过去，员工也无法获得其他信息渠道，去验证领导这种优越感是否合理！

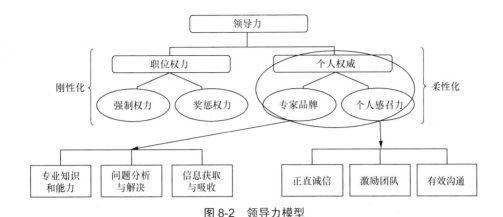

图 8-2　领导力模型

　　互联网让获取信息的难度大为降低，在大多数情况下，组织的各级人员，拥有的网络信息渠道都是平等的。甚至在很多时候，员工会更早知道某些信息，掌握某些知识。这就让管理者很难继续保持信息资源上的不对称优势。管理者不如员工知道得多，理解得透，已经是非常普遍的现象。管理者要想加强网络时代的领导力，需要在专家品牌上下一些功夫。具体而言，就是在专业知识、问题解决和信息获取方面，能够有效利用互联网渠道，跟得上时代变化的节奏。

　　个人感召力不同于专业能力，更多地体现出管理者本身的人格魅力，这种魅力建立在正直诚信的个人品德基础上，在工作中能够激励团队，有效沟通。总之，在越来越注重情感需求的团队管理中，不能再仅仅依靠公司规定，利用手中的刚性权力去奖惩员工。反之，在刚性权力之外，通过柔性手段，很好地处理与员工的关系，也变成了一种维持领导力的重要能力。

链接话题——有效利用微博建立新权威

　　微博平台的网络结构，是小世界效应的体现。在微博连接网络里，用户是网络中的节点，信息经由用户传播。同时，不同的用户还组成了多个交流分享的小圈子。但是，这种连接并不是均匀分布，有的用户连接点多，拥有的粉丝多，而有些节点的粉丝却较少，连接数量直接决定了节点本身的传播能力和影响范围。在一个小圈子内，连接最多的那个节点的用户，实际上已经是这个小圈子的传播中心，能够起到引导与转移圈子舆论焦点的能力。这种网络连接带来的影响力，不同于现实组织内部的上下层级的权力结构，不是自上而下的权力递减。而且，拥有众多粉丝的连接用户，本身也与现实组织中的人员身份等级不完全一致。也许网上的认证大 V，本身无一官半职，但是却有着很多企业领导者所不具备的网络领导力。

网络时代一个特点在于，传统的信息获取和沟通渠道正在互联网化，传统上属于企业内部的工作活动，已经开始过渡到网上，在网上企业的天然壁垒就极大地被弱化，甚至消失掉，与公众舆论平台在某些程度上有了融合。如企业的碰面讨论，很多情况下就被网络聊天群内讨论所替代。微博的风行，逐渐成了最及时的媒体渠道，很多信息都在微博上最先传播，很多交流都在微博上完成，传统企业的领导者，没有微博就 Out 了——会失去一个非常有效的信息渠道，于是就对客户、市场、员工知之甚少，领导的决策力自然会大打折扣，领导力自然会受到质疑。

开通企业微博是顺应移动互联网潮流的一种创新之举，通过企业微博，企业可充分提升自身影响力，并可以通过建立与外部客户、舆论群体的直接连接，间接起到监督作用，提升其内部管理水平。但正如很多企业担心的一样：开通企业微博是一把双刃剑，在带来便利的同时，也会为企业的应对能力带来新的挑战。尤其是管理者传统的、适用于封闭环境内的领导力会受到威胁，因为外部的舆论难以把控。

代表着互联网新媒介的微博，为"意见领袖"提供了全新的活动平台。企业微博中也免不了"意见领袖"的诞生，"意见领袖"对企业内部环境中的舆论的影响是不可小视的，往往会因为"意见领袖"的这种非权力性权威影响到管理者的正式权力的权威，管理者的领导力也会因企业微博中的"意见领袖"变得易受质疑。因此，管理者需要识别企业微博中的"意见领袖"，快速地把握住有关自己企业的舆论动态，并且需要有意识地培养"意见领袖"，有效地引导企业内外的舆论方向。

企业内部微博的普及，使得员工获取外部信息的能力往往大于或等于其管理者的获取能力，因此对于员工来说，微博改变了其以往由于信息不对称造成的种种劣势。但是对于管理者来说，由于员工获取有效信息的机会大大提升了，员工话语权在微博上又可以得到很好的发挥，这意味着管理者的决策难度以及内部管理难度会不断加大。因此要求企业需要在管理者培训过程中开设企业微博管理课程，不断提升管理者对信息的洞察能力、识别能力以及危机处理能力（如图8-3所示）。

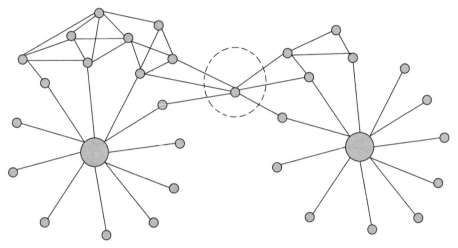

图 8-3　互联网带来新的中心化趋势

知识型员工的崛起

德鲁克在《21世纪的管理挑战》一书中指出："在20世纪，管理最重要的、事实上真正独特的贡献是制造业手工工人生产率50倍的提高。 在21世纪，管理需要做出的最重要的贡献，同样是增进知识工作与提高知识工作者的生产率。 20世纪一个公司最宝贵的资产是它的生产设备。21世纪不论是企业机构还是非企业机构，它最宝贵的资产是它的知识工作者和他们的生产率。"

什么是知识型员工？德鲁克认为是"那些掌握并运用符号和概念，利用知识或信息工作的人。"相较于普通的技术工人，知识型员工呈现出了更多的特点。在个人素养上，他们普遍是高学历，具有较强的专业技术素质和个人修养；心理上追求自我价值的实现，重视精神激励和成就认可；工作上喜欢个性化和创造性，不喜欢被命令指挥，抵触所谓的官僚化管理，敢于挑战传统权威。

回顾过去百余年来的管理发展历程，会发现过去所有的管理方式，都是基于泰勒的科学管理，为提高工人的生产率而发明的方法。"科学管理是席卷世界，甚至胜过美国宪法及联邦文献的一种美国哲学。"泰勒当初专门为手工生产的工人设计的一整套管理规则，随着企业规模的扩大，也更多地被运用到了所有的工业制造业的环节中，并且在这些领域产生了非常大的提升作用，由此带来了一种被我们所有人都认同的管理哲学理念，一种经典的管理范式。

当我们进入了知识经济为主的 21 世纪的时候，越来越多的价值创造环节，不是发生在机器生产流程中，不是在有型的资源储备和建设上。"真正具有控制力的资源与绝对决定性的生产要素，现在既不是资本，不是土地，也不是劳动，它是知识。"知识代替了过去企业赖以生存竞争的土地、资金、廉价劳动力等传统的生产要素，知识更多地体现在创新上，用创新来提高生产率，而不再是以往将有形的生产要素进行分配来创造价值。

所以，德鲁克早已预见到，对于知识型员工的管理，将会是一次管理范式的变革。因为这些知识型员工，与以往的产业工人最大的不同之处，在于他们同时掌握着"生产资源"和"生产工具"，即他们拥有知识本身，同时也懂得如何将知识有效运用以产生价值。没有人能够将这两者剥离开来，知识型员工离开一家企业，对于企业的管理者而言，不仅损失了作为生产资源的知识，而且也连带损失了利用这种知识创造价值的工具。企业与员工的传统关系结构，必然要引发一次变化。这种变化，在互联网兴起之前，已经有了端倪，而到了互联网大踏步地走进我们生活、工作中的各个领域时，知识型员工的崛起就成为不可阻挡的趋势，越发显现出来。如何转变思维，有效管理越来越多的知识型员工，使他们的价值充分发挥，为公司创造利润，已经是企业管理者必须面对的一道难题。

移动互联网更适合知识型员工的发展

放眼当下，移动互联网的飞速发展，从产品到业务都不断地给我们制造着惊喜，而这背后的创新之源正是来自于优秀的知识型员工队伍，为互联网＋各个行业增添了更多的精彩。同时也给企业管理者提出了一个难题，过于那种以服从计划、完成指标为导向的管理思维已经不适用于这些充满创新力和个性诉求的知识型员工队伍。随着信息技术在传统行业的应用，过去依靠人的纯粹流水线生产，将逐渐被智能化的机器制造所替代，而人作为最具创造性的资源，越来越多地转移到产品的设计、市场的开拓和技术的革新方面，这些领域是无法做事前的规划管控的，具有创造力的知识型员工队伍会不断扩大。移动互联网正大力推动着知识型员工的崛起。

首先，移动互联网的创新性，更适合知识型员工的工作方式。产品和产业范式的变革，迥异于以前。互联网时代的产品，从业务形态，到生产流程，再到营销推广，都不是能够标准化、规模化地操作。互联网创新形式千千万万，各有新意。这就需要知识型员工的创新思维和个性化的方式才能实现。你能够想到区区 14 万美元研发出来的《愤怒的小鸟》，仅仅推出两年时间，便赚到了超过 8 000 万美元吗？其成功正是源于其背后的研发团队，不拘形式的游戏创新意识，而这种创新，就是移动互联网的特质。

第二，移动互联网的扁平化，更适合知识型员工的沟通习惯。网络时代让过去金字塔形式的组织范式也出现了改变——组织内中层的弱化甚至消失，带来组织整体变得越来越扁平，层次的隔阂已经不再明显，内部的上下左右的沟通更加直接快捷。而这与知识型员工的特点相吻合，他们不喜欢过于官僚化的上传下达机制，不喜欢繁文缛节的流程环节，喜欢有问题直接找到相关负责人沟通处理，重视效率和成果。知识型员工，更能够接受移动互联网本身的"草根文化"。

第三，移动互联网的开放化，更适合知识型员工的思维模式。过去的专业技术人员，更加专注于本身领域的业务工作。同样，由于没有广泛连接的信息渠道，各个行业都具有天然的封闭性，而行业内的专业化分工也极度细化，不需要员工拥有宽广的视野和专业之外的想法。但是这一切在移动互联网时代都不复存在，传统的产业格局已被打破，"互联网＋"作为一种革命性的技术工具，让各个行业的边界被逐渐打破，产业融合的趋势加快，游戏规则被重新改写。那么拥有更加多元化、开放性思想的知识型员工，就更能够适应当前的竞争环境。

各个行业的企业，在角逐"互联网＋"的战场上，都必须依赖越来越多的知识型员工。需要在管理思维和管理方法上进行变革，让知识型员工拥有足够的施展才华的空间，在能力上得到充分发挥，使自身价值得到充分体现。

| 面向知识型员工的
管理新思维 |
| --- |

打造"互联网＋"时代的知识型员工管理新思维，企业需要从以下几个方面展开，来塑造全新的管理理念和行为法则，吸收和培养更多、更优秀的知识型员工。

在定位上，为员工建立一种走"专家路线"的意识。一般而言，传统的技术工人的工作观念，就是普遍将工作看作是利用专业技术解决具体问题，完成上级交代的任务而已。这种观念是一种被动等待的思维，其背后的逻辑依据，就是泰勒时代的管理范式，将工作动作分解规范化，形成一整套合乎逻辑顺序的工作方法，并利用工具完成。在这种工作理念之下，员工的工作动机，更多的是按照逻辑要求完成任务，没有自身的主动意愿。但是，知识型员工本身具有更高的自我实现动机，对社会认可度的需求也更加强烈。这就要求企业必须重新审视对这些员工的职业发展定位，不仅需要将这些知识型员工看成一般的专业技术人才，更应该鼓励其在本职工作基础上，努力成为本领域的专家，帮助其树立"专家路线"的意识。一旦知识型员工认识到自身从事的工作，除了物质上的奖励之外，还能够有机会自我实现，那么对于这些员工，就会有更高的激励效果和岗位认可度。

移动互联网对传统行业的颠覆，让原本简单清晰的行业规则变得丰富多彩和不确定，所需的各种专业技能的人才也非常之多，完全能够满足员工走"专家路线"的要求。譬如，当前移动终端游戏产业的发展，需要更多的专业化的游戏玩家为之服务，通过鉴定游戏本身的好坏，指导开发者有针对性地开发新游戏。那么，一些对游戏应用有着独特理解和天赋的员工，就完全可以成为这方面的专家。企业若想在产业变革的阶段中，转型成为行业平台，聚合优质的合作资源，就需要培养、接受这些人的专家意识，鼓励所有知识型员工走出自己的专家路线。

在沟通机制上，企业管理者需要重视内部的员工非正式组织，重视制度之外的非正式沟通。在企业中，往往存在着许多非正式组织，里面的成员因有着共同的背景，或者是共同的兴趣、共同的目标而走到一起。这些组织没有明确的制度规范，但是在成员之间，却有很强的凝聚力和感染力。知识型员工本身就具有更多的想法，更高的追求，很容易形成一些非正式组织，开展工作之外的活动。作为管理者，需要有效地引导这些知识型员工的兴趣爱好，加强与他们之间的非正式沟通，增强彼此的信任感和接受度，才能更好地发现其不为人知的潜能特长，并在工作中加以开发利用。

尤其对于国企这种大型的企业而言，由于处于垄断地位，本身的组织结构非常复杂，管理理念更为保守。在内部协作上，必然会带有浓厚的官僚化色彩，但是如果想要有效管理知识型员工，就必须有意识地去官僚化，建立平等的沟通方式。因为知识型员工普遍不喜欢过于官僚化的沟通，天生有一些反权威的特质，更愿意与人平等交流。对于管理者而言，就需要在工作之外，重视非正式沟通的效果。很多互联网企业，运用社交网站和微博、微信这种或公开、或私密的互动平台，建立领导与员工之间的沟通机制。在微博和微信上，上下级的色彩大大减弱，反而更像朋友之间的聊天，这种方式对员工更有亲切感。

在考核激励方面，量化的硬性考核机制需要逐步地转为弹性的激励。很多大型企业对于工作的考核，基本上来自于 KPI 的模式。但是在业务竞争发展的过程中，KPI 模式越发地走向僵化与死板，唯数字论非常明显。虽然严格的量化考核让自身的业务快速成规模地发展，但是也造成了员工工作压力巨大，精神上不堪重负，成就感大幅降低。

知识型员工从事的很多工作都是非常复杂的、难以量化的研发创意工作，继续实施以往的考核工具，不仅无法做到科学公正，而且不利于这些员工的个人感知，起不到激励的效果。这就需要企业重新评估考核方式，能否将僵化的考核方式调整得更为灵活？能否考虑到移动互联网本身的特殊性，设置更为个性化的评判指标？能否将这种业绩完成导向转变成业绩评比导向，从负向的惩罚机制转为正向的奖励机制？毕竟知识型员工重视荣誉，追求自我实现的特质，决定了其对指标压力的本能抵触，相反，其更倾向于在业绩评比上争上游，如果企业能够让追求个人荣誉的动力替代冷冰冰的指标压力，那么对于知识型员工而言，或许激励会更为有效。

在培养教育方面，可能未来的人力资源管理，需要从"管理"向"开发"转型，重视人力资本的开发。德鲁克曾说，员工的培训与教育是使员工不断成长的动力与源泉。特别是对于知识型员工，个人的发展前景、能够得到的专业培训机会，有时候比短期的物质奖励和待遇更有吸引力，这也构成了知识型员工能否长期留在企业的重要因素。

互联网不同于过去的行业划分，特别是移动互联网，本身不属于任何行业专属资源，已经成了所有行业发展的一种必备的基础设施。互联网 + 行业带来各类业务内容的极大丰富，它是一个综合化的产物，不仅仅是商业，更是一种文化，一种生活。知识型员工，本身更加渴望获得超出本职工作之外的信息，那么在互联网 + 时代，企业在员工的培训方面，就不能仅仅局限于专业技术层面，还在传统的技术工人培训范式内部打转。而要突出大培训的意识，利用跨界培训、跨界交流等方式，更能够激发员工的灵感，更能够促使其创造出具有特色的产品和服务。

互联网＋管理带来的一次重大的变革推动力，就是知识型员工的崛起。互联网与知识型员工，两者似乎是天生的一对，通过知识型员工的才智创造，互联网对传统行业的运用与改造越发具有迷人的魅力；而互联网的快速发展和对传统企业的大范围的改造，反过来对知识型员工的需求越来越大。知识型员工的管理，核心在于价值激励，而不是指标考核，在于精神认同，而不是物质刺激。如果企业希望在互联网广阔的蓝海中有所作为，那么知识型员工的管理必须倡导新思维，走出新道路。

内部创业和助推型管理

传统管理理念的一个代表思想，就是我来告诉你做什么。员工对于企业的作用，更多的是出卖劳力和时间，按照老板要求的规定动作去做。这种管理模式下的企业，只有最高的金字塔尖在思考，其余的人都在执行。一个严重依赖于领导层思考的企业，是无法适应如今这种快速变化的市场竞争的。况且，越是成功的企业，越会对过去的经验过于信赖，反而走向了封闭和保守，不愿再去尝试创新的路径，久而久之，企业的管理风格从锐意进取变成了消极防御。"大公司想要兴盛和成功，就必须创新，他们全都知道这一点，但没人能够真正地破解创新密码。"麻省理工学院创业中心的董事总经理比尔·奥莱特（Bill Aulet）说。

德鲁克曾经说过，"领导者并不主要是关于地位和权力的，真正的领导力是对使命所负的责任。"面对越来越多的知识型员工，这些愿意去思考，愿意去自己决定做些什么的员工，企业领导者必须分散自身思考源，让企业从独智变为众智，变成多头大脑，同步思考更多的可能，要做的就是让员工们一起来思考，一起为企业的使命负起责任。

从圈养到放养的转变　海尔一直以来引领着国内管理创新的潮流，无论是人单合一、倒金字塔还是内部创业，海尔都搞得风生水起，领行业之先。在国内家电行业，海尔较早提出"人人都是创客"的口号，明确公司未来的方向就是制造创客，而海尔本身会转型成为一个创客投资孵化平台，从而实现从制造产品向制造创客的转变。

为了鼓励全员创业，海尔设立了专门的创业基金，对外有合作的投资公司。只要员工有好的创意点子，公司就可以直接拨付资金成立项目组，让员工直接参与到创业大军中，而且可以对项目持股，保证激励充分。这样的话，企业内部就能变成一个大的创业平台，拥有众多小的创业项目。企业与员工的关系有了实质性的转变。

在互联网时代，知识型员工不再那么听话，也不再是头脑简单、四肢发达，他们的创造力是企业最宝贵的财富，需要给予更多的空间发挥出来。就像海尔自己所说，给员工资源，就有可能收获成功的项目，乃至生成一家新兴的企业。将来有可能在海尔内部创业出几百个公司来，那海尔就变成一个创业的集合体，这时候企业的利益就不再简单地来自于做家电了，它围绕整个价值链，什么都可以做。值得注意的是，现在海尔很多新型的公司就都是员工创业的成果。

美国管理专家米勒说："管理人员必须完全摆脱幻想。完全控制——事事都要插手，既不可能也不需要。有趣的是，我们的管理人员发现，不试图完全控制，反而能得到更多的权力——完成事情的权力！"米勒所说的道理，其实是"员工自治"的基础。人们内心深处都是抗拒被控制、被管理的，只有当他们感觉到被欣赏、被尊重时，才会从内心焕发出热情，而这样的热情可以给企业带来极大的利益。内部创业，促使传统组织中权力重新分配，带来了管理关系的全新变革。企业对待员工的管理方式，也随之出现了重要的变化。

《无为而治》一书提到很多企业的领导者都是工作狂，他们日复一日、埋头苦干，以工作业绩为导向。但书中倡导的所谓"无为而治"的管理方式，则要求领导者对团队成员限制和干涉要少一些，让员工能够充满高度的责任感和被信任感，促使他们以自己的方式努力奋斗、追求卓越。如果说以往的管理模式，更像是把员工放进制度的牢笼中圈养，那么在如今开放化和扁平化的组织形态下，企业需要将员工置放于广阔的草原中放养，充分调动员工的创造力和积极性，而企业需要做的则是提供水、草和空气，提供一种助推化的服务管理，而不是命令与干涉。

助推型服务化的管理

助推型的服务化管理，是全新的管理思维，被称作管理的去领导化。在海尔和张瑞敏看来，管理的无领导体现的就是人人创客，让员工创客化。所谓的创客，像美国作家安德森在他那本《创客》里定义的，就是使数字制造和个性制造结合、合作，即"创客运动"。由于互联网技术带来了开源软件、众包服务、分享经济等新生模式，使得企业内外的人拥有了更多的资源和施展才华的空间，每个人都可以成为创业家，每个人都可以创业。

内部创业的红与黑

家电企业的内部创业热潮，已经不再局限于海尔一家，2013 年年底长虹也启动了内部创业计划，通过各种方式来鼓励年轻员工在公司的平台上自主创业、脱颖而出。公司为创业人员提供人才、资金等一系列资源服务，一年多时间已经成功孵化两家企业，正在孵化的有 10 家。2015 年长虹就推出了 CHiQ 二代电视产品，背后的精英团队成员全部是80 后，负责从产品的需求调研、市场规划、竞品分析、产品定义，到组织研发和推广、协调生产、销售和售后等产品全生命周期经营工作。

与海尔一样，关于创业成功后的激励机制，长虹承诺 CHiQ 产品上市后利润的10% 属于产品经理及团队，由产品经理根据成员的表现和业绩进行分配，用机制培育一个从创业到创富的梦想。

作为被互联网冲击的最前沿阵地，通信业已经尝到了 OTT 之下转型的阵痛。创新乏力、失去移动互联网市场话语权，迫使电信运营商不得不将企业向互联网化转型。提升创新能力也成了势所必然的方向，中国电信在 2012 年也开始了内部创业孵化的改革，建立了"专业孵化＋创业导师＋天使投资"的孵化模式，同时对接政府高校、社会化服务资源及投融资专业机构，为孵化团队创造了良好的软硬件孵化环境，建立了一整套专业的孵化服务体系。

中国电信不仅设立了创业孵化基地，而且建立了包括雷军、王煜全等有影响力的行业专家在内的创业导师队伍，通过"一对一结队制"为创业团队配备了创业导师，对孵化项目进行跟踪指导。制订了"创业加油站"—"创业加速度"—"企业家军团"三阶段培训计划，开展包括项目选拔辅导、入孵培训、公司治理系列培训。对于内部员工进行长效跟踪，建立创新人才库和人力素质评估模型，为每名创业人员建立了人才档案，并进行持续评估及跟踪培养。

内部创业是互联网变革传统管理范式的一种体现，我们已经提到，内部创业实际上是建立在传统雇佣关系与个人独立创业之间的一种折中选择，本身希望能够在自主性和有效控制之间达到一个平衡。但是，正是由于这种混合的出身，导致内部创业本身潜伏着一些可能导致失败的因素，对于企业应对互联网带来的冲击，选择内部创业需要注意以下这些"危险分子"，它们随时可能吞噬掉企业的变革梦想。

第一，没有孤注一掷的精神。创业是九死一生的活动，是充满不确定性的生活。这也是为什么我们中间的绝大多数人，在毕业之后还是会选择一份稳定的工作，过着规律的生活。个人一旦选择创业，往往要从原来的公司正式辞职，因为创业需要投入全部的精力，需要敢于彻底告别稳定有保障的日子。但创业的成功也就在此，只有将全部赌注投入其中，才会在激烈残酷的创业大军中赢得一线生机。只不过企业内部的创业，总还是缺少了这么一点点悲壮决绝的味道。比如，中国电信为了让员工打消顾虑来创业，规定创业失败也还可以选择回原来的岗位继续工作。这样一来，等于让员工可以在没有生存压力的情况下，进行创业参与竞争。做得好算自己赚了，做得不好有公司给埋单，大不了再做一个，不用担心没有饭碗。古人讲"置于死地而后生""狭路相逢勇者胜"，但是内部创业的氛围往往更温和，这种氛围也许会铸就失败。

第二，对公司资源的过度依赖。内部创业的寄生平台是所在的企业，成功往往不是因为我有一个好点子，而是要比拼谁能拿到更多、更有力的资源支持。这方面公司内部创业似乎比外部个人创业会更有优势，因为不仅是资金支持，而且还有比较完善的资源和服务配置。不过，对于寄生在公司内部的创业项目，这种对于公司资源的依赖习性，可不是那么能够轻易摆脱掉的。况且，参加创业的员工，也会将公司的支持看成决定创业成败的最关键因素，反而会忽视了创业者本身的能力与性情才是那个关键因素。有了这种先天性的依赖心理，一旦遇到问题和挫折，创业团队不是从自身产品和技术角度分析原因，而是会习惯性地从公司上面找原因，得出公司支持不够、资源不足、领导不重视等客观理由。在传统的科层制下，这种向上找原因属于常态，但是创业不应该如此。

第三，公司对创业项目的过多干涉。无论是哪家企业，决定授予员工自主创业权限和资源的时候，一定是从公司整体发展角度考虑，认为这是一笔值得投资的项目。换句话说，员工创业必须符合公司大的战略目标，最好能够与公司的战略重点相吻合，能够帮助公司占领目标市场，协助公司其他业务的发展。所以，在创业之初，项目团队需要做一份可行性报告分析，详细论述自己的项目与公司的利益如何休戚相关，说服领导批准。但是，不管立项的时候说得如何美好，实际的操作有时候会与计划相偏离，当一个项目孵化成功，反过来会导致公司原有业务受到冲击，甚至被替代掉，这个时候公司该如何取舍？是维护当下的现金牛，还是全力支持未来的明星？腾讯曾经在新生微信业务冲击了手机 QQ 的时候，做过一次抉择。而几年后的今天，我们也看到了抉择的结果。只是，作为传统企业，有没有这种魄力需要打一个大大的问号。

从雇佣关系到合作联盟

近 20 年来，伴随着日本经济的萎靡不振，日本企业也告别了过去辉煌的时代，纷纷陷入经营的困境，而且还频频被传出破产倒闭的传闻。作为消费电子的老大，索尼近年来总是与各种经营不善、倒闭清算的传闻脱不开身。就在 2014 年的发布会上，索尼公开表示，估计 2014 财年净亏损额将进一步扩大，由之前估计的 500 亿日元上升至 2 300 亿日元。

索尼宣布高额亏损已经不是第一次。2008 ～ 2014 财年的 7 个财年中，索尼有 6 个财年未能实现盈利，仅在 2012 财年实现净利润 430 亿日元。但随后的 2013 财年，索尼净亏损额又达到 1 284 亿日元。

同样失意的还有松下、东芝和三洋。2015 年 1 月 30 日，松下关闭了在华的最后一间彩电工厂。尽管松下强调今后还将以贴牌代工的方式在中国销售松下彩电，但其中国加工厂的边缘化已经显现。东芝电视 2015 年开始逐步退出海外市场，仅在日本本土制造和销售。2015 年 3 月的最后一天，三洋电机将其在日本最后的子公司"三洋鸟取技术解决方案公司"的所有股权转让给一家投资基金，曾经的家电巨头就此画上句号。

当年横扫世界的日本电子厂商，时至今日不仅海外市场频频丢失，连日本本土也已经不再是固若金汤，时代变换如此之快！究竟日本企业为什么在移动互联网方兴未艾的今日，却再也无法发挥出多年积累的技术优势和品牌价值，节节败退下来？

> **日本企业的
> 成也萧何败也萧何**

让我们把时间调回到 40 年前，20 世纪 70 年代，众多美国企业正在被兴起的日本企业折磨得焦头烂额，没有招架之力。管理学家理查德·帕斯卡尔（Richard

Tanner Pascale）和安东尼·阿索斯（Anthony G. Athos）在《日本企业管理艺术》一书中通过对比日美两国企业的管理方式，发现了日本企业对于"软性的"管理技能的重视，而美国的企业则过分依赖"硬性的"管理技能，并从中总结出管理中的七个要素，就是著名的"7S 结构"——即战略（Strategy）、结构（Structure）、技能（Skills）、人员（Staff）、共享价值观（Shared Values）、体制（Systems）和作风（Style）。

同时期，日裔美国管理学家威廉·大内（William Ouchi）在对美国企业与日本企业的对比分析中发现，日本企业之所以能够战胜美国企业的最重要原因是日本企业实行终身雇佣制。在这种雇佣关系中，企业为员工提供终身雇佣的保证，以此培养、激发员工对企业的忠诚，为企业、为工作奉献一生，从而实现企业与员工利益的帕累托最优。

可以说，战后日本经济的奇迹，与这种终身雇佣制有着密不可分的联系，甚至一度被欧美企业认为是日本企业后发制胜的一个秘籍。

终身雇佣制最早是由"经营之神"松下幸之助提出的。松下幸之助于 1918 年创立了大名鼎鼎的松下公司，并提出："松下员工在达到预定的退休年龄之前，不用担心失业。企业也绝对不会解雇任何一个'松下人'"。这种长期饭票给了员工极大的安全感，也换来了员工的忠诚与投入。后来由于松下公司的巨大成功，这一雇佣模式也被其他日本企业所不断效仿，很快在日本企业界蔚然成风，成为一种惯例和文化。有了终身雇佣制，企业能够保证优秀员工不流失，队伍得到稳固发展；而员工也可以得到长期稳定的工作保障，没有后顾之忧。这一终身雇佣制度成了日本商业社会的一大特点，也为"二战"以后日本经济的腾飞做出了巨大贡献。

终身雇佣制能够获得成功，与日本的社会特点和所处时代有着很大关系。"二战"过后，百废待兴，但是企业很快发现，有一个很大的问题制约着发展，就是人力资源的短缺。20 世纪 50 年代到 70 年代初，日本的国民生产总值以年均 10% 左右的

---

* 图片摘自 http://chuansong.me/n/124414。

速度递增，劳动力的再生产远远赶不上物质再生产迅速扩大的需要。如何能够留住人，特别是那些有着熟练技术的工人，防止"跳槽"，成为日本企业的一个大课题。于是，便有了所谓"年功序列工资制"。"年功序列工资制"就是根据职工的学历和工龄长短确定其工资水平的做法，工龄越长，工资也越高，职务晋升的可能性也越大。

日本文化中的武士精神，也与终身雇佣制有着内在的契合。武士讲的是忠诚、隐忍，"一仆不侍二主"的观念，是日本武士精神的重要体现。时代变换，即使脱去武士战袍，穿上笔挺的西装，日本人的思想观念也还是很看重员工的忠诚度。这也进一步推动了终身雇佣制在日本的盛行。

据日本国立电视台 NHK 报道，日本厚生劳动省（相当于中国的人社部）于 2012 年 11 月对 2200 多名 20 ～ 70 岁日本人进行调查。结果显示，有 87.5% 的调查对象认为终身雇佣制"很好"或"比较好"。可见日本人是普遍接受这种制度的。

可惜，现实很残酷。即使在威廉·大内的时代，能够真正有实力提供终身雇佣的企业也只是凤毛麟角，毕竟履行该雇佣关系的唯一前提是企业长期占据竞争优势。而处于几十年后的今天，瞬息万变的网络化时代的我们只能长叹一声：过去的美好时光不再来。

终身雇佣制这种传统模式非常适合相对稳定的时期，但它对于当今的网络时代来说太过死板。几乎没有哪个公司能持续为员工提供传统的职业晋升阶梯，这种模式正在全球出现不同程度的解体。

这种制度的成功之处是提供足够的稳定性，其最大的弊端也恰恰是太稳定的缘故。无论是终身雇佣制，还是年功序列制，以及日本文化中对于忠诚的极度倡导，看上去虽有利于员工的稳定和长期发展，却妨碍了员工之间能力的发挥和竞争，不利于大规模的技术创新。更重要的是，在经济衰退时期，终身雇佣制的传统和经营思想妨碍了企业通过裁员等手段进行财务改善和组织重构，降低了企业抵御风险和衰退的能力。

企业竞争压力的增大，促使企业与员工之间的雇佣关系开始有了新的变化。比如在签约合同上，越来越多的企业开始制订各种有利于自己的条款，方便自身在辞退员工的时候能够拥有更加灵活的处理空间。反之，对待员工也不再是像对待自己孩子一样做长线投资打算，很多企业期待的是来之能战，战之能胜，不行就走人的态度，员工成为了一种快消品。特别是当企业遇到经济危机的时候，首先想到的就是通过裁员来节省成本。尽管每个企业家都口口声声说把员工看作企业最大的财富，但每次受伤的又都是这些"财富们"。

20 世纪 80 年代，世界大型企业联合会（Conference Board）的一项调查发现，56% 的高管认为"忠于公司，进而忠于其商业目标的员工理应获得持续受雇保证"。仅仅 10 年后，这个数字就暴跌至 6%。《韬睿惠悦 2012 年全球劳动力研究》发现，尽管约一半员工希望留在现公司，但多数人认为自己将会去其他公司工作以谋求职业发展。

从终身雇佣制转为短期合同制，员工与企业之间的关系越发变得不牢固，离职也就自然而然地成为职场人士经历的一种新的体验。对于雇佣关系的观念范式转换，也随之有了新的定义。

"我们是一个团队，不是一个家庭。"，这是 Netflix 首席执行官里德·哈斯廷斯（Reed Hastings）谈及公司企业文化时候的一个观点。传统的终身雇佣制下，员工就是自己的孩子，要管到老。而在合同制下，大家更像是一个团队合作模式，不存在天长地久之说。"在自己手下的员工中，某些人要离职去一家同行公司做类似工作时，我会全力将他们留下来。而对于其余的人，我们应该给他丰厚的遣散费，好空出一个位置，找到适合它的明星员工。"里德·哈斯廷斯如是说。

离职员工群是一个宝藏

传统的组织到了一定的规模，必然会伴随大企业病的出现。华为人总结的十大内耗就十分鲜明地体现了这种症结：

（1）无比厚重的部门墙；

（2）肛泰式（膏药式）管控体系；

（3）不尊重员工的以自我为中心；

（4）"视上为爹"的官僚主义；

（5）令人作呕的马屁文化；

（6）权利和责任割裂的业务设计；

（7）集权而低效的组织设计；

（8）挂在墙上的核心价值观；

（9）言必称马列的教条主义；

（10）夜郎自大的阿 Q 精神。

企业的这些问题，带来了员工的不满情绪，久而久之成了员工离职另谋高就的触发因素。同样，当今时代，企业正处于一个剧烈动荡、飞速变化的世界中，互联网带来的去中心化、扁平化，使得点与点之间的联系变得极为容易，信息传递不对称造成的沟壑正被填平。企业想要"一劳永逸"地长期保持竞争优势变得没有可能。现实正无情地撕毁着企业与员工曾经存在的隐性契约。曾经被强调为"最宝贵的资源"的员工现在在公司希望削减开支时成为可替代性极高的资源。员工逐渐接受存在失业可能性的现实，开始不得不重视职业发展需要，对公司的忠诚度逐渐降低，雇佣关系成为一门生意。

在以往的企业与员工的关系范式里，员工似乎天经地义般地属于企业所有，而离职本身也多少带着一丝不忠诚的意思。很多企业管理者无法容忍员工的离开，特别是经过悉心培养，得以重用的核心骨干离开，总是认为员工欠企业很多，心怀不满甚至怨恨。

比如很多时候，当新员工加盟，企业会非常高调地欢迎，有时会全发邮件告知，有时会举办个欢迎仪式，大家的观念是加入企业就是看好我这家企业，愿意加入进来。反之，当员工离职而去，待遇马上有了天壤之别，基本上是在默默地进行必要程序的操作，默默地在员工通讯录中删除名字和邮箱，不仔细看的话都发现不了。除了经手的人力部门以及离职员工所在部门，绝大多数人都不知道有人离开。甚至有些领导不允许在公开场合讨论到离职的人员，似乎这是一种对他本人，对企业的背叛，是不值得公开的。

关于员工为什么离职，马云曾经说过一段很经典的话：员工的离职原因很多，但归根结底就两条：①钱，没给到位；②心，委屈了。总之就是干得不爽。这个时候不是去谴责离职的员工，而是应该反省自身的管理，是不是需要改进了。

相较而言，互联网企业在观念更新上要走在前列。离职员工往往不会再被视为洪水猛兽，严格远离。而是一种很好的社会资源。而且同一家公司离职的员工，多少都带有共同的背景和话语，在互联网社交技术发达的时代，越来越多的离职同事圈建立起来，成为一种新的社交圈子。

2011 年，Google 便创立了 Alumni（校友）网站，邀请所有离职员工、在职员工一起参与，互相赠送礼物并分享生活乐趣。麦肯锡也认为离职员工将会是公司的潜在客户，并能传播出品牌，于是它投入巨资搭建校友会平台，吸引离职员工参与。

国内如百度的"百老汇"、腾讯的"南极圈"、阿里的"前橙会"、盛大的"盛斗士"、新浪的"毕浪"、金山的"旧金山"、卓望的"卓别林"等公司离职圈相继出现，并在联络同事上非常活跃。腾讯的"南极圈"，是离职员工注册的QQ群和微信公众账号的名字，根据地域、职能等不同，"南极圈"分为北京分群、上海分群、广州分群、商务分群、互娱分群、电商分群等多个群组。这种脱离于互联网公司的离职群体，多数都是有一定工作经验、技术能力和创业思想的精英人士，本身就具有很多投资开发的潜力，因而渐渐地在创投界、猎头界都享有名气，引来众多"红娘""伯乐"主动上门。据统计，从2010年到2014年，"南极圈"为红杉、IDG、经纬、真格、北极光等几十家VC机构，提供了近200个腾讯离职员工创业项目的对接。

离职，早已不是能力不胜任的代名词，而是新经济时代员工从"雇佣军"到"自由人"身份的转换环节而已。企业不可能仍旧活在"你是我的人"这种老套的独占经济思维中，而需要调整自己的视角，试想一下，如果做不了同事，能不能做个朋友？不在一家公司，不代表不能继续共事，合同的签订与否，并不必然与合作与否相关联。

但对企业而言，一个员工忠诚度极低的企业又是个缺少高瞻远瞩的公司，一个无法投资未来的公司，一个已经处于垂死状态的公司。公司比任何时代都更需要吸引和留住优秀人才。如何解决这似乎矛盾的关系，需要寻求一种新型的雇佣关系来平衡企业目标与员工需求。虽然终身效忠于一家公司的时代已经过去，但是互联网让我们能够去开创出一个新的关系模式，这就是联盟。

联盟——企业与员工关系的新范式

一般而言，商业世界理想的雇佣结构是，既鼓励员工发展自己的个人关系网，培养企业家似的主人翁意识，而不是唯利是图的跳槽者，又可让公司拥有更多的主动权，但不把员工当作可任意支配的资产。联盟，这种常运用在企业合作的共赢关系模型，同样也可运用在雇佣关系中。

世界最大的职业社交网站LinkedIn（领英）创始人里德·霍夫曼，正是这一理论的推崇者，他在《联盟：互联网时代的人才变革》一书中谈到，联盟作为新时期公司与员工关系范式，能够将离职后的员工转化为继续为公司提供某种服务的人脉资源，这种人脉资源是公司与员工相互投资的新模式，既能保持双方的灵活自主，同时还能合作创造出丰富的智慧宝库，推动企业与社会的繁荣发展。

在传统的雇佣关系中，企业与员工始终是在不够诚实的状态下进行对话。企业对员工谈到：你可以签 3 年合同，但是却要有 6 个月的试用期，在此期间内，如果表现不合格的话，企业随时可以辞退你。事实上，处于当今市场竞争的态势中，没有哪家企业可以保证给员工长期稳定的岗位，但是员工本人又期待着一种稳定的结果。企业这个时候也许只能依靠一些言辞模糊的用语来敷衍员工，先用着再说，不行再想别的办法。可想而知，当企业由于自身的利弊权衡，不可能以诚实的态度与员工谈判时，员工自然也会留一手，所谓骑驴找马策略，也叫"吃着碗里的，看着锅里的"。怎么可能全身心地投入到业务的创新之中，并作以长远的发展打算？这个时候，需要跳出原有的框架之外，去探索新的一种关系范式了。

在联盟结构中，公司与员工坦诚相待，合同条款明确，双方相互独立。

员工要求公司：尽最大可能为员工提供知识技能、学习机会和多样的职业途径；以综合工资成本的降低来提供给在岗者最高薪酬、最舒适的工作环境和最广阔的发展空间；不是抛弃员工，而是抛弃那些不良的业务岗位，公司必须经过切实的努力使员工相信让员工离开是公司的无奈之举，并对离去的员工尽可能帮助或补偿。

公司要求员工：对自己的职业发展负责；关心企业的生存和发展，努力工作，认识到只有使公司更具价值，员工才能在广阔的职场上更有价值；通过不断学习来保持并提高自己的竞争力。

在联盟结构中，管理者可以公开、真诚地讨论公司对员工的投资和期望的回报。员工也可公开、真诚地讨论自己寻求的能力提升和自己对公司的贡献方式。双方彼此信任，建立强关联并相互独立，自愿为共同目标协同工作。

我们是盟友。只有公司和员工像盟友一样坦诚相待，才能为彼此信任、相互投资和互惠互利奠定坚实的基础。它会为每个人创造更大的蛋糕，而不是变成一场公司与员工的零和博弈。

联盟再进一步发展，就是员工的去雇佣化，不再需要找一个企业作为所属单位，而是就事论事，完全围绕需要解决的业务问题，与需求的企业谈合作。随着互联网的发展，企业的边界定义越来越模糊，也就是去边界化的特征。企业与企业外的资源渐渐融合，难分彼此。互联网消除了信息的不对称，不仅大大弱化了企业的组织结构，而且建立了广泛的连接，任意一个人，都可以通过互联网连接到它所需要的资源，中间的环节不需要太过复杂。大规模定制化的发展，催生了很多工作的切分与分工，企业完全可以通过"众包"的方式来完成一件事情，不需要自身雇佣大批人力去从头至尾生产。"众包"模式为人的去雇佣化、真正意义的个体自由化带来了新的生存基础。

从终身雇佣制到短期合同制，再到自由人合作联盟的时代，正是互联网让企业与员工的关系范式，有了根本的转换可能。还是那句话，互联网没有创造新的需求，员工对待工作的需求从来都是希望获得一种工作体验，既能够有充足的收入，又可以保持相对的自由。朝九晚五的上班模式和冰冷的企业制度，早就让员工麻木甚至厌烦。而只有到了互联网时代，我们才有实现这种两全其美的可能性。

大规模定制化的产业发展趋势，间接推动了大型企业的内部分解，以及形成广泛的合作联盟。作为大规模定制核心要素的模块化产品，更适合分散协作的同步化制造。核心企业只要做好产品的创新与设计、市场营销和品牌宣传，其余的产品制造就可以化整为零，交给那些"小而美"的企业去完成。这些小而美的企业，很多都是曾经的大企业员工离职出来创业而成的新兴公司，通过产品让彼此又一次地建立了连接。只不过这次连接不再是一纸劳动合同，不再是传统的命令与控制关系范式，而是平等互惠的合作关系，双方自觉自愿，共同完成一个项目。

网络的连接替代了身份的隶属，让企业与员工彻底更新了雇佣关系的老观念，在同一个平台之下，双方可以更平等和自由地选择合作，企业不必再把员工纳入自己的管理体系内，员工也不需要再把自己当作某一企业的下属，网络的连接改变了以往的关系范式，合作联盟是新的趋势（如图8-4所示）。

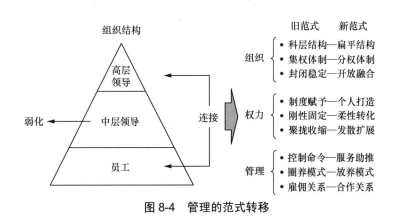

图8-4　管理的范式转移

链接话题——从Google看网络化时代人才观

2013 年的一则新闻吸引了很多人的眼球，一位 Google 澳大利亚分公司的工程师，建议公司购买两节废旧车厢，建在几栋办公楼之间作为会议室使用，原因何在呢？因为大家都比较懒，不愿意多走动！本来可以作为一个笑话，结果不想几日之后，公司还真的购买了两节车厢回来，为了安置在办公楼，还动用了云梯等设备，前后花费了 25 万美元。而且车厢的选购者正是这位提出奇怪想法的工程师，是不是听起来很荒谬？

从传统的管理理念来看，Google 的行为的确让人不可思议，作为互联网公司，Google 一向以标新立异著称，不仅仅是那些不定期就秀出来的新发明、新产品，而且也是整个公司与众不同的管理方式。创新是 Google 的标签，同样在对待员工方面，Google 也不同寻常。从令人惊奇的"遗嘱福利"就可窥见 Google 不走寻常路，敢为天下先的创新精神。同样，我们看到以 Google 为代表的众多互联网公司正在不断地创新人才的激励和管理机制，就像他们曾经和正在颠覆着一个又一个传统行业的商业模式一样，也在改变着根深蒂固的企业的用人理念。

完善的福利设置，让人没有后顾之忧，只有忘我投入

提起 Google 的福利，恐怕很多人都会想起 Google 免费而诱人的工作大餐，相比众多企业的普通白领因为没有公司食堂，而只能常年叫外卖的方式，Google 总部园区共有 24 家餐厅，还邀请五星级酒店大厨掌勺，各式美味应有尽有，予取予求。除此以外，工作之余的休闲娱乐设备一应俱全，包括瑜伽、洗车、健身、洗衣服、按摩室、沐浴室、电影院、自主厨房等，甚至足球场、篮球场、网球场和多达几十种的舞蹈供员工选择，让员工感觉如家一般地舒适自在。其实这些超豪华的福利待遇，不仅仅是 Google，而是像 Facebook、Twitter 这些互联网公司共有的特征。正是这些完善的福利配置，让员工没有了为生活琐事分心的担忧，可以全身心地投入到创造性的工作中来，企业不需要什么思想动员就能够换来员工更好地努力工作。

同样，国内的互联网公司也在福利上面做足了文章，而且具有鲜明的中国特色。针对年轻员工最犯愁的买房难问题，阿里巴巴推出了30亿元免息贷款，腾讯推出"安居计划"，提供10亿元免息贷款，人人也提供最高额度40万元的免息贷款，附加多种还款方式。在中国人有房才有家的观念里，有什么比解决买房问题更给力的福利呢？而为帮助自己解决困难的公司更好地服务，也就再正常不过了。

企业对员工的吸引力，不仅仅体现在每月打到卡里的货币薪酬，各个方面的福利其实更像一种磁场，吸引着员工安心工作。过去计划体制下的"企业办社会"现象，其实在某种程度上也在互联网公司有所重现，只不过时代不同，含义不同。但对于奔波在城市每个角落的劳动者而言，就此有了一种如家般的归宿感却是相同的，而这正是所有企业都希望员工能够感受到的一种最高待遇。

有针对性的培训体系，让员工真的学有所用，个人升值得更快

Google已经实施了几年的GoogleEDU计划，是一种全新的学习与领导力发展计划，通过Google一向推崇的数据分析等方式，确定员工需要的课程内容，让员工学到的知识就是公司业务发展所需要的知识。在2011年，Google全球3.31万名员工中，约有1/3参加了这一内部培训项目。为了避免大多数企业的内部培训只是隔靴搔痒，泛泛而谈，听完课程后该干嘛干嘛的结果，Google采用新的方式，确定需要上的课程内容，根据员工对经理人员的评价，来确定该名经理需要在哪些地方予以加强提升。这就需要海量的统计数据分析，不过这也正是Google一向所擅长和推崇的科学方式。通过这种精确的计算，Google掌握了公司不同发展阶段的经理人所需要加强的能力方面，并且可以精准化地向他们推荐相应的课程。据介绍，Google还为那些可能成为公司未来核心骨干的产品经理指派职业与管理导师，教他们怎样更好地为加薪而谈判，怎样提高演说技能，或分析员工是否适合离开公司独自创业等，这些培训显然超出了一般的企业培训范围，却能够引起员工的极大兴趣，他们从中体会到了公司以人为本的文化不是泛泛而谈，而是切实将人才作为公司财富，帮助他们升值，这自然能够赢得员工更为持久的忠诚度。

互联网行业是一个崭新的行业，美国早期的互联网公司如雅虎也不过十几年的光景，相较于许多成熟的行业和几十年、上百年的老店，互联网公司的人员明显年轻化，运作企业的经验较少，这也倒逼互联网公司更加注重人员的培养。而互联网行业的创新本质，也激发了员工培养方式的与众不同，没有固定的规范，反而更加注重每个人的潜质发掘。在知识型员工当道的今天，这种从员工本身出发的培养模式更易取得成功。

民主的管理方式，平等的沟通氛围，让员工享有真正的工作自由

想一想，当我们在向自己的领导提出某种建议的时候，有没有直接被领导驳回，而不加任何解释的情况？这个时候，我们会作何感想呢？Google 在内部管理上有一种规定，那就是要求每一个管理者面对下属的提议不能直接回复"No"，而是得说可以考虑如何帮助他发展。就像开篇所讲的那位澳大利亚的工程师提出的建议，即使听起来如此不靠谱，公司也会从员工角度加以考虑，而不是直接驳斥并认为这种员工不务正业，总是想入非非。实际上，在 Google，没有绝对意义的层级概念，也不会有上级利用职权强迫下级服从命令的官僚文化。相反，管理人员对下属的权威主要来自创意和说服力，而不是职位，员工不必仅仅因为管理人员是自己的上司就得乖乖听话。正是因为剔除了职位的因素，员工完全可以向主管提出反对意见。如果哪位管理者过于独断专行的话，员工可以在内部系统中反映问题，这将直接影响到这位管理者的发展前景。因而对于员工而言，我们普遍所看重的很强的执行力，也许到了 Google 并不见得就是一种优势，因为也许你只是一个不会思考，唯上级马首是瞻的执行者，这并不是 Google 需要的员工，也不会是任何一个知识型员工所想成为的样子。

在这种扁平化的组织中，员工的晋升也就不会像在传统企业中那样由上级所决定。有意思的是，Google 每年都会有一到两次的晋升机会，如果员工觉得自己合适，就可以在系统中提出申请，不必非要等主管提拔才行，只要同事认可，并顺利通过审核就可以实现。也许这就是所谓的脑袋决定屁股，而不是屁股决定脑袋。

互联网公司的去官僚化文化，也反映在高层领导与基层员工的沟通之中。针对腾讯入股搜狗的事件，马化腾专门在公司内网上对原搜搜团队的员工写信，没有高高在上的姿态，也没有假大空式的思想口号，有的就是言语的交流、安慰、解释，更像是朋友的对话，而不是领导的训话。同样，2014 年以来，网上纷纷转出诸如马云、李彦宏、周鸿祎等互联网大佬致员工的公开信，从信中能够看出，管理者针对员工的个人发展提出中肯的建议意见，没有套话、官话，讲的是言之切切，真情实感充分流露，这样的沟通比起传统意义上的工作报告，哪个会让你更舒心一些呢？

在给予员工充分自主的权利方面，我们都知道Google著名的"20%的时间"规定，允许员工，尤其是从事设计开发的员工，可以随心所欲地支配自己20%的时间去做自己真正感兴趣的事情。结果呢，Google的很多发明创造都是员工在这与工作无关的时间内做到的。而苹果公司在这方面更进一步，苹果规定如果任职超过10年，那么当他们离开公司后，如果两年之内再回到公司，可以保留之前的职位待遇，并不会因为你的离开而让之前对公司的贡献一笔勾销。苹果解释道，这是给员工尝试其他工作的机会，而不是强迫他们在苹果耗尽自己的一生。较之很多企业通过各种条款想法设法扣留员工的做法，哪个更高明一些？老子讲：无为而无所不为。与其想方设法扣留员工，给予员工的自由更会获得他们的回报。

高度重视招聘工作，把好人才引进第一关，招合适的人，而不仅是优秀的人

不同的公司，根据业务的需要会形成独特的选人标准，例如，美国的一家公司Capital，作为非常成功的风险投资公司，他们招聘员工有一条很特别的规矩，那就是让被招聘的对象经过走廊，并向办公室里张望，如果员工们都向他们微笑，公司就会录用这些人。因为公司希望招聘到的对象是随和易处的。这也是因为公司业务需要所决定的。同理，互联网公司普遍都是技术驱动型的公司，在这里，工程师文化很是盛行。所以在招聘的过程中，很多互联网公司都更看重员工能否适应公司的文化，能否很好地融入团队中来。

Google作为互联网行业的巨头一直秉承着"我们只雇佣最聪明的人"的人才宗旨。至今为止，Google两位创始人仍然会审查招聘委员会每周的工作情况，并对一些应聘者的资格提出意见。很多企业在招聘员工的时候，往往认为这只是用人部门和人力资源部该做的事情，自己不招聘的时候就与己无关。但是在Google，除了人力资源部和实际用人部门，在面试的时候，还会邀请跨部门甚至跨区域的人员参与其中，这么做的目的，就是为了确保最终进入Google的员工真正适合Google的文化和风格，而不仅仅拥有专业知识和技术能力。乔布斯也非常重视人才招聘工作，并没有因为管理庞大的公司而将这些具体的事情甩给人力部门去做。他一生大约参与过5 000多人的招聘，虽然通过面试的人很少。但是正是通过企业管理者的亲自把关和严格审核，才给苹果留下了一流的人才队伍。

本质上是针对知识型员工采用"助推式管理"，实现文化的认同

德鲁克说过：工作应当体现人的社会价值，如机会、社交、认同以及个人满足，而非仅仅反映成本、效率一类的商业价值。互联网公司作为创新的集聚地、技术的推动者，聚集着最多的知识型员工，因此传统的人才观念必须要适应这些员工的需要，这也要求互联网公司在管理方式要与众多其他公司有明显差异。

从 Google 等公司在选人、用人方面的开创性做法，我们可以发现，互联网公司的用人方式之所以不同于传统，是因为从本质上对于人才的定性有着完全不同的认知。传统观念认为管理员工就是防止员工出现过错，对员工的能力表示怀疑，企业在这种认知之下，就会制订一系列防微杜渐的管理措施和管控流程。相反，互联网公司把员工认为是具备能力的优质原材料，并且可以进行投资获得升值。企业所需要做的就是，一方面创造条件给予这些员工充分的信任和自主，让他们最大程度地发挥自己的聪明才智；另一方面就是针对员工的成长需求进行合理的培养和指引，把员工作为客户一样去对待，不断地进行投资，追求长远的收益。这种以鼓励而非管控、以试错而非纠错的管理模式，我们称之为"助推式管理"，在这种管理模式下，互联网公司最看重的不是个人的专业技能和知识，而是与企业的文化适应程度。毕竟专业技能和业务能力到哪里都能学到，只有真正认同公司文化的人才会在公司里做得久远，Google 的经验告诉我们，人才管理的最终境界是实现文化的认同。

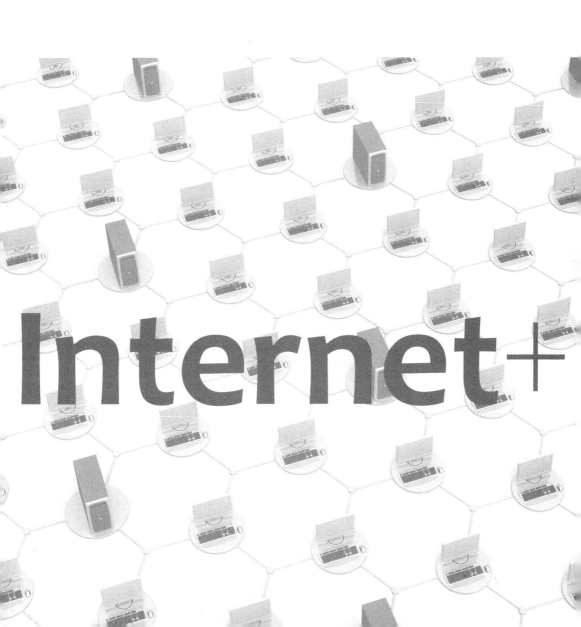

第九章

互联网＋传播——从接受到选择

被解构掉的"无冕之王"

互联网是一个全新业态的媒体，可以让知识和信息即时公开，可以让人们获得专属于新闻机构的信息发布权，还可以成为任何新闻的创造者，促成了一个独立于现实媒体体系之外的虚拟的信息空间，对传统的大众媒体范式提出了挑战。由此互联网成为一个舆论生成和定义的行动者，而不仅仅是一个信息平台。

一般而言，我们常说的新媒体是指在数字技术和网络技术的基础上，出现的不同于传统媒体（报刊、电视、广播等）的新的媒体形态，如数字电视、网络报刊、手机短信等，都可以成为新媒体。不过，如果仅仅是从媒体载体的角度分析，新媒体无非在传统的媒体载体之外，引入了数字载体而已，并无其他含义。但是，如果从新媒体的内容来源和传播方式来分析的话，那么新媒体就具有了其他媒体根本无法比拟的显著特点——自发创作和交互传播。当有了这两个特点之后，新媒体也就更聚焦在了网络化媒体。

网络化媒体的出现，让过去只属于专业媒体机构的信息源迅速弱化，取而代之的是过去的信息受众变成了信息创作人，每个人都可以成为信息源，拥有自己的传播渠道。同时，交互式的传播，让过去点对面式的单向传播被逐步边缘化，每个人都可以对其他人的信息进行评价和反馈，同时接受其他人对自己信息的点评，这样就形成了网状的交互形态。新媒体的这些特点，让传统媒体难以适从，但同时也孕育出了适合这个时代要求的新的传播工具。这其中社交网站、微博和微信最能够将内容自创和交互传播特点发挥得淋漓尽致，因此也就成了对传统媒体颠覆性最强的网络化媒体。

> **正在消失的"春晚效应"**

2015 年的春节已过，与 20 世纪八九十年代的"春晚效应"至少要持续到元宵节不同的是，最近这些年，我们明显感觉到春晚效应在减弱，即使是网络上围绕着春晚的吐槽也显得越发无力，失去了长期关注度。除夕当晚，央视春晚电视直播收视率为 28.37%，创下历年新低。但另一个数据显示，春晚的网络播放量近 4.5 亿次，也创下春晚点击率新高，这一低一高两个数据，显示出春晚虽然依旧，但其传播的渠道却悄然间有了变化，网络评论、微信互动等形式让春晚进入了多屏互动时代。

电视收视率的降低，自然是因为网络观众的分流原因。统计数据显示，截至 2 月 22 日，腾讯视频央视春晚的播放量达 3.97 亿次，爱奇艺也收获 4 732 万次播放量，总播放量高达 4.46 亿次。而在参与讨论的网友中，75.6% 的网友使用手机端参与讨论，4.9% 使用 Pad 进行互动，剩下的 19.5% 使用的是电脑。超过八成的网友选择使用移动设备参与讨论，边看边玩改变了观众看春晚的方式。所以说，春晚没人看的说法不攻自破，春晚依旧受到全国观众的普遍关注，但如今的春晚，最大的挑战不在传播渠道的变化上，而是作为核心要素的内容上，真真切切遇到了创新瓶颈。

面对这种变局，春晚节目组也是年年求变。2014 年春晚节目组更是一改传统，弃用自家人而选择冯小刚做导演，一方面是想给春晚注入新鲜元素，让这位中国的贺岁大王来撑场面，显然会极大提高关注度；另一方面，冯小刚的加入也从侧面反映了春晚导演这个差事确实不好当，无论怎样费尽心机都极有可能招来谩骂，接活就等于找骂，谁还愿意？

如果说早些年春晚还带有某种政治意义的话（如曾经有国家领导人到场），那么随着大众传媒的发展，春晚的这种作用正在逐渐下降，取而代之的是其娱乐形象的出现和壮大。此外，与春晚的这一形象转变相伴而生的是，春晚作为全民"幽默策源地"的身份也在逐步丧失。

遥想当年，马季、陈佩斯、赵丽蓉等人引领着那个年代幽默语言的高峰，为春晚效应带来了足够的风光和社会话题。而时下春晚上的语言类节目"表演大师"（或曰钉子户）则纯粹是在用某种"拾人牙慧"的方式迎合移动互联网时代民众的幽默心理。君不见如今的春晚已经越发多地将网络段子拿来反复咀嚼，博君心领神会，会心一笑。也正是因为这个因素，最近几年来春晚的语言类节目在逐渐减少，传统小品几乎绝迹，只剩几个相声类节目还在苦苦支撑。即便搬来冯小刚这位一向喜欢在语言上做文章的导演，也很难让春晚语言类节目翻身。而冯小刚倒也聪明，既然如此，干脆就把春晚搞成歌舞晚会，也像老谋子的奥运会开幕式一样整点儿视觉冲击。

想到 2014 年春晚开始前，冯导送出的那个"春晚是什么"的暖场片里的一句话：春晚对我来说是什么？吐槽呗！这句话虽然貌似无心，但确实道出了一个残酷的事实：在如今这个疯狂传媒、全民娱乐、幽默廉价、众口难调的年代，传统的"春晚效应"正在被无情地解构掉。所以在今天以及未来的一年又一年，春晚真正的归宿恰是成了一堆料，大家该看还是要看，不同的是边看春晚边拿手机"实时吐槽"，朋友圈里大家互相逗乐，但所"乐"的，却再也不是那个春晚了。

透过春晚效应的衰退现象，我们看到传统媒体遇到互联网之后，存在两个必然的变化趋势。其一就是传播渠道变得多元和互动，以往一对多的广播模式，已经被互联网的多对多的社交模式彻底打乱。其二就是内容制造的多源化，春晚节目组的智慧，与网民整体的创造力相比相差甚远，节目的匮乏无可避免。渠道和内容是互联网对传统媒体范式的两个改变，但是，还有另外一个因素，让传统媒体更是无从应对，以至于在网络化媒体面前，一切都显得苍白无力。

情感倾诉的传染力

"穹顶之下"——
互联网+环保

2015 年，有一个话题不得不提起，就是环保，有两个关键词不得不提，就是柴静与雾霾，而通过《穹顶之下》，柴大女神与雾霾的"私人恩怨"也让广大的网友感动得一塌糊涂。

先看一组数字。《穹顶之下》于 2015 年 2 月 28 日上午 10 点推出，以下是截至当天 20 点 13 分（10 个小时）各平台点击量统计：优酷 401 万，9 088 条评论；搜狐 76 万，172 条评论；乐视 305 万，36 条评论；爱奇艺 1 万，15 条评论；土豆 31 万，56 条评论；凤凰 19 万，15 条评论。当然，最厉害的就是腾讯的 2 620 万，32 760 条评论，我们的朋友圈就是这么被刷爆的。"两会"还没有开始，国内已经掀起了一场与国计民生有关的热烈讨论，关涉当下你我，利及千秋万代。

假如从产品营销的角度分析，《穹顶之下》的瞬间火爆，离不开柴静团队采取的非常好的营销策略，比如选择在大家集体回京的第一个周末发布，等等。但柴静的此次成功还有其更主要的原因，即她在当下的中国，这个一直在寻求理性、共识、团结、合作的时代，以不同的身份、不同的方式为大家讲述雾霾真相，既有真情流露，又有理性分析；既提出了疑问，也拿出了方法；既表达了对这个世界的慈悲，又透露出作为一个普通人的恐惧。在她的娓娓道来声中，所有观众都成了她的当事人和见证者，而且的确如此。

作为母亲，巧妙讲述"私人恩怨"。 柴静以一个母亲的身份开始她对雾霾的控诉。其实面对环境恶化，谁都不可能是旁观者，但只有当自己亲身体味到这种恶化带来的恐怖后果时，才会有真正的切身体验。柴静说，这一年来她的忙碌、奔波，其实不为了什么，就只是想搞清楚伤害自己女儿的那个叫雾霾的东西到底是什么，它从哪里来，我们该怎么办。这场源于一个母亲的"私人恩怨"，引起了观众在情感上的强烈共鸣，因为不管是谁，都已经或者将要为人父母，我们的生命并不只是我们生存的这几十年，我们的孩子还要继续生活，所以它就与你我相关。

作为媒体人，层层剥茧，理性分析。 在纪录片的开头和结尾，柴静以母亲的身份表达了她对孩子、对这个世界温柔的爱，不过支撑整个片子核心内容的，恰是柴静作为媒体人拿出的客观描述和专业分析态度。开篇点明问题的核心，定义 PM2.5，寻根溯源，然后顺藤摸瓜，抽丝剥茧，探寻 PM2.5 管而不止的背后原因。绝大部分时间，她用事实和专业人士的分析来说话。这个做法虽然看似简单，但其中论证环节上却是要求非常严谨。在这点上，柴静做得很专业。

作为一个普通人，她号召大家从自我做起。 雾霾之下，没有特权，也没有例外，我们只有同呼吸、共命运。视频中的柴静跑到建筑工地交涉，盖上路边的土堆，跑到楼下的肉饼店说服老板安装油烟过滤器，跑到各个污染源拨打环保部举报电话 12369，与《自然之友》合作制作居民版减排防霾宣传动画……与雾霾斗争不只是政府和企业的责任，只有我们大家都意识起来、行动起来，天空才会有希望。

柴静通过《穹顶之下》展示了她作为一个母亲、一个媒体人发自内心的关切，并通过这种关切在"3·15"打假的 3 月引爆了全民话题，着实让人欣慰和钦佩。在"成功"的背后，与那些所谓的营销策略相比，柴静无论是作为母亲、媒体人或者是普通大众的一分子所展现出的责任心和切身行动，才是她发挥影响力的关键所在。无论是谁，只要能让人透过你的行为看到你内心的责任感，都会赢得别人的敬重。

没错，就像柴静和她的《穹顶之下》带给我们的感受一样，相比传统媒体，互联网的传播方式，更会从接受者的体验需求出发，一颦一笑，一举一动都让接受者感受到温度，这种有温度的传播，已经超越了简单的信息传播，让媒体本身更加富有人情味，而这就是互联网带来的媒体特性第三点，让传统媒体相形见绌的特征。

链接话题——自生长的云云众声

2012 年 7 月，优酷携手音乐人高晓松跨界打造的轻娱乐、重文化的漫谈式脱口秀《晓说》上线，上线 24 小时内即突破了 100 万点播量，第一季 52 期总播放量 1.6 亿次，平均单集播放量超过 304 万，评论近 30 万条，一举刷新中国互联网自制脱口秀播放量、访问增速、关注度等最高纪录。

2012 年 10 月 18 日，罗振宇和申音推出的视频自媒体脱口秀《罗辑思维》，每期 45 分钟，每周五在优酷网播出，全年 48 期。与此同时，还伴有微信公众号，每天早上六点半左右发出一分钟的音频脱口秀，全年 365 天无休。凭借着罗振宇独特的个人魅力与"有种、有趣、有料"的内容吸引了大批死忠粉，微信公共号订阅数超过 300 万，前两次会员招募，共有近 30 000 会员贡献了千万元会费收入。

《晓说》和《罗辑思维》作为当今中国最出名的两档知识性脱口秀节目，

自推出开始，《晓说》的整体播放量已经达到 5 亿之多，《罗辑思维》的点击量也轻松破亿，在口碑和评论活跃度上更是大大超过同类节目，成为自媒体人纷纷效仿的对象，中国网络自媒体脱口秀如雨后春笋般涌现。

毋庸置疑，从传统媒体到自媒体的变革是促使电视脱口秀向网络自媒体脱口秀转变的重要引擎。在传统媒体时代，媒体的工作被限定在专业的新闻机构内部，他们利用自己的记者身份与硬件优势，收集和筛选各种信息，以平衡、中立、可信的形式呈现给读者，信息呈单线传播也缺乏必要的反馈。在这一模式下，一期脱口秀栏目的制作与播出需要电视台、制作方、主持人等相互配合、协调完成，主持人虽然是栏目的核心人物，却免不了受所在机构对传统渠道的控制。

然而，去中心化、单对多的自媒体对传统媒介生态的颠覆，成就了一大批独立的自媒体人及其所主导的自媒体脱口秀，正如罗振宇所说："自媒体给所有媒体人带来的第一个教义，是媒体整个产业链的价值枢纽在变化。原来的媒体价值枢纽是两级，内容＋渠道，自媒体把这两级都变了，变成了魅力人格体＋运营平台。"脱口秀表演脱离了传统媒体，但他们的影响力没有因此下降，反而大增。

相比于传统媒体，网络自媒体更"轻"更"自主"。"轻"体现在运作团队的构成上，在电视脱口秀栏目中，一个节目的策划与制作可能需要协调不同渠道中的资源，属于"重资产""大团队"模式，而网络自媒体脱口秀的这些环节则一切由自媒体个人或其自己的团队来完成，这些团队人员构成简单且整体相对独立，例如《罗辑思维》团队共 5 人，罗胖在台前做主持人，一个负责内容的主编，一个视频导演，两个运营推广。

借助这种轻体量的节目运作，网络自媒体脱口秀的门槛实际上很低，也更需要强调个人影响力，人人都可以成为脱口秀主持人。在电视媒体时代，只有最优秀的主持人才有可能成为电视脱口秀栏目的主持人，每家电视台都需要有那么一两个所谓的"镇台之宝"的主持人，能够 Hold 住关键的大场面。当然，一将功成万骨枯，名主持人背后是多少个虎视眈眈的挑战者，自己虽然此时站在舞台之中，但说不准就会被内部激烈甚至残酷的竞争夺走位置。而在互联网时代，视频网站为每一个想说脱口秀的人提供了相对平等的最佳平台，从理论上讲，一个草根也有成为著名脱口秀主持人的机会。互联网是一个无限广阔的平原，每一棵小草都可以通过自己的努力，冒出头来。而不是在传统社会组织中，大家挤在一起爬一个梯子，我必须踩下你才可以上位。这也是许多大学生脱口秀节目走红网络的主要原因。

当然，目前比较流行的网络自媒体脱口秀栏目，大多是更具知识性内容，注重开放与分享。受新闻传播的审核压力，电视脱口秀节目的内容往往不能越界，但网络自媒体脱口秀的内容则相对多样，选题相对另类新锐，主持人的见识独特犀利，语言风格也大胆直率，能直击听众痛点。这背后反映的恰恰是传统媒体对于观点的垄断正在被消解掉，大众希望听到针对一件事情的多种观点，而不是多个事情反复被一种观点所解说。如同春晚效应的解构一样，互联网给予了大众点评时事问题的话语权，而被剥夺者则是以往高高在上的传统媒体。

从目前看，《罗辑思维》的商业模式不再仅仅是一个简单的自媒体，而是通过不断招募会员，成功将基于传授互动的弱连接转变为强连接，同时有效识别出与《罗辑思维》志趣相投的粉丝，形成社群。在社群的基础上，在沟通、分享与协作中，完成新的价值创造，最终形成社群经济。由于网络自媒体脱口秀这种形式本身不再是传统媒体那种我说你听的单向传教模式，而是具有很强的互动性，更有利于构建社群。让受众与传播者打破彼此的角色区隔，融为一个群体。

生长，而不是设计

微博的成长与蜕变

网络化媒体虽然改变了以往社会的传播范式，对传统媒体带来了严峻的挑战。不过有意思的是，现在像微博、微信这种自媒体，能够成为新媒体的代表成员，却不是与生俱来的，而是随着发展逐渐形成的一种媒体传播方式。这些产品在诞生之初，都不是为了取代传统媒体，其最初的目的也不是为了发布新闻，扮演媒体角色。只不过当我们回顾它们的发展历程，才会发现，这些日后的媒体新贵，从诞生之日起，经历了一次次的跨越，从一个纯粹的"自言自语"的表达工具，到能够"我听你说"的沟通渠道、通信社交工具，再到大众可以"边看边说"，口口相传的传媒载体、媒体新物。每一个发展阶段，都会给其增加新的功能属性，拓宽新的发展空间，增加新的受众群体。网络化媒体的发展，让新媒体成了人们熟悉的传播工具，让我们走进了一个"自媒体"的时代（如图 9-1 所示）。

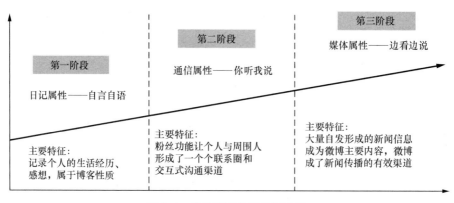

图 9-1　微博新媒体的发展阶段

第一阶段：日记表达属性——自言自语

当一些重大事件发生之后，我们总会去刷刷微博，焦急等待着最新信息。其实，微博全称是"微博客"，顾名思义，也就是微型的博客、简短的博客而已。这是微博刚出道时的定位和功能。因此，在微博刚开始进入人们视线的时候，一般人对它的认识，不过是认为这种新型博客是为了那些没有时间长篇大论写博客的人准备的。毕竟，区区 140 字的限制，不可能像博客文章似的，作者可以洋洋洒洒，挥毫泼墨般痛快酣畅。相反，只能记录每个人平时的日常小事、所见所闻，三言两语一笔带过。所以从这个层面讲，微博与博客还是属于一类产品，都是满足了人们自我表达的愿望。渐渐地，微博成了一种在线的记事日记，记录生活的点滴，像是记录者的自言自语一样。微信也有着很强的自我表达功能，这在大家热衷于晒朋友圈这一行为模式中就可以体现出来。这是发展的第一阶段。

第二阶段：通信社交属性——我听你说

如果仅仅是进行个人的自我表述，那么微博还是不能够从博客的影子中走出来的。但是微博独特的粉丝功能，让一个人很快能与周围熟知或者不熟知的人建立起一个联系圈，大家彼此评论各自的微博内容，形成一种创新的交互式沟通渠道。这种类似于 SNS 社交网站的性质，让微博明显区别于博客的自说自话，让一群群有着共同爱好、共同话题的人聚在了一起，这个时候，微博不再仅仅是博客的缩减版，而是一个承载了博客日记功能的社交工具，从"自言自语"到"我听你说"，微博的通信属性日渐显露出来。而微信，其本身就是社交工具，自然侧重于社交服务，这是发展的第二阶段。

第三阶段：媒体传播属性——边看边说

当微博成了大家共同分享的社交工具的时候，下一步需要做的就是丰富其中的内容。除了分享彼此各自的生活体会之外，挖掘社会中的新闻事件，并加以探讨便成了水到渠成的事情。我们发现，近些年的社会热点事件，恰恰促成了微博的突破性发展。每一次重大事件的发生，都会引起众多微博粉丝的躁动，大量自发的内容信息上传到微博上来，并在短时间内得到大量的转发，大家对各类新闻边看边说，边说边传，其传播速度之快让传统媒体相形见绌。微信从一开始的社交工具，渐渐演变成具有媒体效应，也是一种看似不经意间的进化。这时候，第三类属性——媒体属性逐渐成了最主要的特点。

自媒体已经成功实现了个人私密性与社会公共性，传播即时性与信息全面性的融合。而这种向媒体化的演变之路，却不是最开始的设计之作，而是一种进化和生长，在互联网中，连接了大量的分布式资源，也连接了社交与分享的渠道，渐渐"长"成了一个媒体。

暗合人性需求的自媒体

诸如微博、微信这类互联网产品，并不是一开始就自然而然地被当作媒体定位和扮演角色，而是在实际的互动中生长而成。"生长"而不是"设计"是网络化媒体区别于传统媒体的核心要素。而正是因为这种生长的发展轨迹，使其在这个过程中，始终是与人接收信息的习惯与偏好紧密结合的，是真正意义的属人化媒体。

第一，内容上的"自媒体"。微博是从个人日记属性发展而来的，微信是从聊天对话发展起来的。因此在这个定位发起点上，就决定了其内容的来源是每个人将身边的事情记录下来，逐渐形成原创信息，并分享出去。结果，由于互联网的连接效应，这种分散化的信息源，确保了总有源源不断、新鲜刺激的事情出现在人们的视野内。这是传统媒体单一信息渠道所不能比肩的。同时，内容配以图片和文字，乃至视频的说明，这种图文并茂的形式实际上又具备了基本的新闻要素。因此，网络化媒体既继承了传统媒体的新闻形态特征，又有着广博的信息来源，导致在内容起点上就不经意间地领先于传统媒体。

第二，篇幅上的"碎媒体"。微博对内容是区区 140 字的限制，不仅没有让微博内容显得意犹未尽，反而正是这种"只言片语""闲言碎语"式的微博，比那些深思熟虑后长篇大论的文章更能够接近生活实景，更能够反映人的真实心态。可以说，千万个短短的 140 字，构成了一幅幅反映世间百态的生活全景图，零敲碎打，简单朴实，更符合我们这个社会人们劳顿过后渴望返璞归真的心灵诉求。微信也承袭了这一特征，而且更加注重分享与交流，其碎片化的倾向也更为突出。

第三，传播上的"口媒体"。人类历史上最早的传播渠道，就是人与人的口口相传。过去的经验告诉我们，对于一件生活中的事情，口口相传、交头接耳是民众交流的最行之有效、也最能为人接受的传播形式。它不像传统媒体的新闻报道那样正襟危坐，让人有种距离感和陌生感。而这种距离感和陌生感，对于天生是社会化动物的人来讲，就增加了信任成本，实际上并不利于信息的传播。而通过朋友粉丝之间的关注、分享，让一件事情快速地在一个个圈子内得到传播，这种类似于病毒式口碑传播的方式，能够让信息在短时间内产生巨大的传播效果。互联网的营销与广告，也正是利用了这一特点。

第四，浏览上的"瘦媒体"。互联网带给我们的是一个个碎片化的时间，对于一般白领、商务人士等，快节奏的生活使得大家普遍没有时间去全篇阅读大段大段的新闻报道，他们更渴望能够在最短时间里掌握资讯要点。所以，我们看到了 140 字的微博逐渐替代了长篇大论的博客，成为传播信息的主流渠道，既能够描述清楚一件事情的梗概，又能让阅读人不费太多时间。简短的篇幅，让人们能够在短时间内了解事情的基本动态，这也符合了现代社会人们的快节奏生活和"短快平"的阅读习惯。

媒体的泛化

什么是媒体？在互联网普及的今天，在人人都能够通过智能终端获取无数信息的今天，这一问题反而会显得有些幼稚。很显然，互联网解放了信息获取的渠道，打破了以往被少数媒体机构垄断的传播权力。几乎所有人都可以向世界传递自己想要传递的信息。媒体被大大地泛化了。

传统媒体人都在担忧自己被颠覆的命运，但是是谁颠覆了他们？是什么样的媒体颠覆了他们？是微信、微博，还是自媒体的视频段子？我们又将反过来讨论，在一个泛化的信息传播时代，媒体变成了什么？

在互联网早期，门户网站成了信息的集散地，四大门户召集几百人上千人的队伍，加班加点收集赶制全世界的新闻，呈现在网站上。传统媒体人第一次感到了一丝丝寒意。以往买份报纸还要花上一两元钱，现在通过上网可以无限量地获取免费新闻。但是如今再看，门户的风光已不在。我们获取信息的途径变得十分多元化。

微信、微博逐渐成了网民获取第一手信息的主要渠道。我们在前一节已经分析过了，无论是微信还是微博，在诞生之初，并没有被研发团队定位为一种新媒体，微信只是一种社交工具，用于聊天。而微博，更像是缩微版的电子日记，记下一些自己的所想所感，没有一点媒体的使命感。但是，不过几年时间，它们已经在事实上成了最主流的社交媒体，当我将身边的一起交通事故的现场照片传到朋友圈的时候，我已经扮演了一名社会新闻记者的角色，因为我正好在现场，我无意间成了获取第一手新闻的那个人。也许其他的人都是从我的朋友圈知道这起事件，新闻传播的效果就这么发生了。我抢了专业记者和新闻机构的戏，人人都可以成为新闻的制造者、发现者和传播者，通过社交工具传播开来，一不小心，传统媒体的饭碗就被这些互联网产品所替代了。

假如这些社交工具变成了实际的信息传递渠道，那么还有什么可能会变成传统媒体的替代者？电商！如果你经常去一些特色电商网站，你会发现，电商为你提供的已经不再仅仅是买卖服务，更多时候是关于这类产品，以及这一领域的最新潮流趋势的动态信息。比如蘑菇街、美丽说这类电商，即使我不去真正地花钱网购，只要打开界面看一看内容，我也获得了很多关于女性购物方面的资讯，这不是媒体该做的事情吗？然而，电商在提供网购服务的时候，已经将附属在购买行为之上的信息服务提供给了所有路过的人。电商，已经变成了很多时尚杂志、消费杂志的杀手。

人即媒体

还有什么会成为媒体？没错，还有那些掌握了最前沿知识、最快讯息的专业人士，他们也是一种媒体。看一看微博大 V，他们总是有着在本专业领域的独有观点和见解，有着别人拿不到的独家新闻，有着更为广泛的传播网络，所以，他们就是一个新闻的制造者、发现者和传播者三合一的典型。他们就是新闻本身，也是媒体本身。在传统媒体垄断传播权的时代，名人仅仅是自身具有新闻价值的原始素材，但是如何利用这些素材制造社会效应，主动权却不掌握在名人手中，反而是那些记者媒体，想怎么报道就怎么报道。但是，当互联网让传播权也被赋予给每个人的时候，名人自身就可以传播自己的信息，以自己喜欢的方式营销自己、树立口碑，人也是一个媒体。

社交工具、电商平台、网络名人，都可以承担起新闻的制造、发现和传播的职责，都有着可以自己传播的权利。媒体已经不再是记者和新闻机构的专属身份，媒体在泛化，泛物化、泛人化、泛事化。麦克卢汉在《理解媒介》中说："媒介即讯息"。讯息，即信息本身，就是媒体的核心。只不过，在传统媒体时代，信息与承载信息的载体无法分开，报纸、电视、广播成了传统媒体人口中的三件宝。但是，网络化媒体的出现，让信息逐渐脱离了固有的载体，成为独立的资源在广泛流动，让所有连接在一起的人能够平等地介入和享有。信息即媒体，传播人人共享。

麦克卢汉还有一句众所周知的话："媒介是人的延伸"。如果未来的智能穿戴设备，都可以成为承载各类信息的工具的话，那么这些设备事实上已经是媒体。不仅如此，我们的衣服、我们的住宅、我们使用的物品，都扮演着信息收集和传播的角色。只不过，在互联网和智能传感器普及之前，这些信息是隐藏的，与载体无法分开的。而未来，这些信息将能够以数字化的形态，在各种载体之间进行流动和交互。这些信息能够与人发生密切的联系，能够时时感受到人的情感、喜好。人与媒体，虽然彼此独立，但也是相互交融的一个整体，也就是说人即是媒体。

告别垄断真理的时代

传统媒体价值链维系的关键，是对于新闻的筛选与传播环节，什么样的新闻才能够上头条，什么样的新闻可以报道，而什么样的新闻没有价值不予传播。"无冕之王"的称号，恰恰反映了对待新闻的予取予夺、生杀大权，是一直掌握在电视台、报社、广播电台等新闻机构手中，具体而言就是千万个新闻记者的手中。所以，我们会经常听到，某地区为了让自己的新闻能够登上各大报纸版面而对记者行贿；也有某些地区，为了不让一些负面新闻被社会所知晓，而对采访的记者百般阻挠，甚至进行恐吓以及肢体冲突。无论是怎样的情况，都说明传统媒体对于新闻的把控，是垄断在少数人手里。

这种垄断带来的鲜明特征，就是作为信息接收者的人群，只能看到、听到那些被过滤过的，被重新定义过的新闻报道，尽管媒体的使命责任是客观与公正，但是由于过滤的权力只掌握在少数人手中，这种公正客观的标准也自然而然只能为少数人所解释。何为客观公证？受众无从知晓，也无法反驳，只能乖乖地接收被过滤后的新闻。

> **传统媒体面临的**
> **三个核心问题**

网络化媒体对于传统媒体的改变，实际上是冲击了这种新闻的垄断权，将这种权力广泛地消解乃至扩散到每一个人手中。因而，媒体本身就遇到了一系列核心的问题：首先是何为新闻？其次是如何报道？最后是怎样理解？

何为新闻？传统媒体的新闻标准由媒体本身的记者和审核机构所控制掌握，他们通过自身的经验判断和数据分析，来判定哪些新闻有传播的价值，哪些没有传播的价值。每天每时刻，世界上都会发生大量的事件，而记者却只是少数，不可能在空间上覆盖所有的地区，做到眼观六路、耳听八方，因而一定会有那些有人关注但没人报道的事情，这是传统媒体无法避免的窘境。为什么网络化媒体能够实现这一突破，因为新闻判定的权力，被赋予给了每一个社会人，每个人都可以将自己认为值得报道的事情，通过网络上传，而专业的过滤器不能做到事先的评价，媒体的过滤权力被彻底消解掉了。人人都是新闻的制造者、发现者和传播者，人即媒体，而专业的媒体正在被业余的路人所替代。

如何报道？媒体记者永远都在追求真相，这是进入这一领域、从事这一光荣职业的宣誓词。但是，问题在于我们主观上的美好意愿，往往成为阻碍实现美好目的的阻力。对同一件事，每个人的看法都会不同，当他作为记者向所有人报道这件事的时候，自然而然就会带上主观的思考和评价，哪些可以重点说，哪些可以略过？实际上，这种本能的处理，已经让报道离真相越来越远了。传统媒体总是试图用一种不可置疑的说辞，向所有人传递同样一种表达方式，这相当于，工业时代我们把所有的消费者都理解为可以用标准化产品予以满足的简单人。但是，事情不是这么简单。人都是各取所需、各执一词、口味多样，对于新闻，看法都不相同。传统媒体的单一传播模式，自然会被网络化媒体的多元、个性、自我表达的模式所替换掉，因为差异本就是人类社会的基本属性。

怎样理解？对于一件事情，我们该做如何的评判？特别是涉及道德层面的评判，事件是好是坏？观点是对是错？当事者是诚实还是伪善？虽然对待新闻报道，应该将个人的道德判断排除在外，就事论事。但是传统媒体由于所处的天然垄断地位，实际上在报道事件的同时，已经不可避免地在替观众做了一次道德判定。就像学校里的老师，在实施教育的时候，不是在启发学生的思考，而是直接灌输已有的观点。将主观情感渗入客观事实中，这是传统教育的问题，也是传统媒体的问题。在互联网给了我们更多元化的信息渠道的同时，我们也会对同一件事在网上争吵得一塌糊涂，观点各异。这在传统媒体把控的传播渠道中，是不可能看到的景象。我们反对媒体作为我们的代言人，对事情做一厢情愿的解读，并将这种解读强行灌输给我们，认为这是我们集体的观点。我们需要能够表达自己看法的渠道和权力，而这也是网络化媒体才能够赋予的渠道和权力。

不管时代如何变化，媒体的使命是不会变的，媒体就是要利用各种先进的手段，将所有有价值的新闻，更快更准确地推送给那些关注的人。同样，无论媒体的形态怎样变化，我们受众群体的信息需求也是不会变的，我们始终需要在最短的时间，以最适合我们理解的方式，获悉那些我们关注的事情。互联网带给媒体的是形态的变化，消解掉传统媒体垄断报道、垄断解释的权力，并将之从技术层面转赋予大众群体，实际上是媒体的角色转移到了广大的受众手中，使其本身兼具新闻的传播者和接收者两个角色。人人都是媒体，人人互为观众（如表9-1所示）。

表 9-1 传统媒体与网络媒体的范式对比

	传统媒体	网络化媒体
理念	一对多	多对多
形态	单一传播	互动交流
新闻来源	记者发现	人人制造
传播渠道	报纸、电视、广播	互联网
报道特征	严肃的叙事	多角度描述
关注点	真相	感受
流程	发现—过滤—传播	制造—传播
核心诉求	传播唯一确定的观点	交流多元讨论的素材

第十章

互联网 + 知识——从专一到混搭

外行人的智慧

松永真理与
i-Mode模式

1997 年，松永真理加入日本最大的电信运营商 NTT-DoCoMo 公司。在此之前，她不但从未使用过互联网，而且对电脑一窍不通，痛恨移动电话，甚至觉得那些在公众场合打手机的人缺乏教养。但正是她主持开发了风靡日本的 i-Mode，21 世纪头十年，中国移动学习了日本的 i-Mode 模式，建立了移动梦网模式，带来了中国移动互联网的第一波繁荣。

松永真理生于 1954 年，1977 年毕业于明治大学文学部法国文学专业，毕业后在日本最大的信息出版商 RECRUIT 公司担任编辑，一干就是 20 年。应该说，当编辑的经历为松永真理以后的发展打下了坚实的基础，因为她在编辑工作中磨炼出了简洁明快的语言风格，这使她日后在从事移动电话屏幕设计的工作时受益匪浅。

编辑出身的她，其思维特点也影响到了后来的产品设计理念。来到 DoCoMo 之后，她就确立了开发的原则：科技以简单为本。不论科技如何新潮，产品必须以普通用户为服务对象，必须操作简便、界面友好、方便易用。这些在今天创业者耳熟能详的语句，早在十几年前移动互联网尚未兴起的时候，就已经被这位杂志女编辑明确提出，并成功运用到了产品的设计中。

很有意思的是，松永真理有一次在寿司店吃寿司的时候，看到顾客可以任意选择经过面前的回转寿司，一个灵感便应运而生。她认为回转寿司是一个很好的产品运营模式，就是想吃什么伸手就可取，而且得到的服务是廉价的可供选择的，也就是提供丰富的可供用户选择而且是小额的服务内容。正是基于这种理念，她提出了i-Mode 设想，i 是英文中"互联网""互动性"和"个人化"的开头字母。

当然，一个外行人提出了一个本来很专业的设计理念，自然随之而来的便是内行人的不解和质疑，据她回忆，当时麦肯锡咨询公司的人用复杂的逻辑图谱以及"只有 MBA 才能使用的词汇"刁难她。作为总编辑，松永真理始终坚持内容决定一切的观点，而不是什么技术，即使她和其他一些人对技术一无所知，但至少她认为理解顾客比理解技术更为重要，她的理由是"一个观点是否易于应用远比它的新颖程度更加重要"。

在她的坚持下，i-Mode 移动电话在日本上市，由于体积小巧、操作简便、外观精美、一键上网，深受日本用户的喜爱。而且，i-Mode 的创新之处还在于内容的丰富，用户可以像进入超市，推着购物车选购商品一样，在网上随意选择游戏、邮件、阅读等各种服务。

自 1999 年 DoCoMo 推出 i-Mode 移动服务，到 2001 年，已经有了 1 700 万的用户，日本在进入 3G 通信时代方面，成了世界的引领者。而松永真理设计的服务产品，成为日本市场自随身听问世以来最成功的消费商品。

在几乎所有创新领域，我们都能看到像松永真理这样的外行人的足迹，他们没有业内专精的技术背景，甚至没有过行业的从业经历。这些外行人就像突然走进森林木屋的陌生来客，带来的却是外部新鲜的空气和泥土香味，以及没有被屋子里的烟气熏得昏昏涨涨的头脑。但在业内人士看来，外行人总是胡言乱语，不尊重这个行业多年来形成的各种各样的规矩，总是轻视这些行业辉煌的过去，说着荒诞的话语。总之，外行人，不太受业内人士的欢迎。

曾经的新东方英语老师罗永浩，认认真真地做起了手机。2013 年 3 月 27 日发布基于安卓（Android）的深度定制操作系统，2013 年 5 月以 4.7 亿元人民币估值获得 7 000 万元风险投资。2014 年 5 月 20 日，罗永浩正式发布了首款智能手机产品 Smartisan T1。

老罗做手机，最看重的不是技术，而是用户体验。他认为技术的问题，有专门的人来解决，所以不是最困难的。最大的难题是做出来的产品用户喜不喜欢，这个不是技术的人可以回答的，所以他找了 4 个非手机领域出身的人负责用户体验。他认为这些人恋物、聪明，不专业没关系，"乔布斯就是因为不专业，但他最知道一个傻瓜用户的需求"。不迷信所谓的业内权威和金科玉律，喜欢跳出这种条条框框，直面问题的本质和最终的目的，这是所有成功的外行人创新的共同之处。

有些专业人士并不认同老罗的理念，比如此前的创业兄弟黄斌，就不愿加入这个新团队。黄斌是计算机神童，大二时就创业且当年盈利。"这小子不恋物，而且是典型的程序员思维，他竟然认为安卓手机比 iPhone 好用。"老罗对此不能理解，也许这就是"技术控"与外行人的差别。

用户高于技术　　无论是老罗，还是乔布斯、松永真理，都不是传统意义上的 IT 人，不会编程，不懂代码，原来所学与通信相隔万里。但是这些人对待产品设计都有一个共同点，就是一切从用户体验出发，只要让用户觉得好用、简单、亲切，就是好产品，至于背后的技术是什么水平，一点也不重要。"技术控"习惯于解决产品问题，而他们则更关注解决用户问题。这就是区别。

外行人被诟病的主要原因，是因为他们不懂技术，也就是不懂得构成这个行业本身的专业知识。这一点，常常形成了行业壁垒，也是业内人士赖以生存的差异化优势所在。只不过，互联网让我们总算捅破了这一层窗户纸，什么技术壁垒，那都是人为的观念障碍。所谓最好的技术，就是提供最好的服务。

很多人误认为不懂技术的人没有优势，其实他们有创造力和理解力的优势。因为不懂技术，他们不会一头扎进代码中，思路反而不受制约，更能从实用角度评判一件成品的好坏。把 iPhone 拆开，你发现不了什么突破性的技术，但是它却带给用户突破性的服务体验。当用户沉浸在完美服务之中，他不会在乎用了什么技术，这才是最高境界的技术。

很不幸的是，沉浸在某个行业越久，思维越是容易被禁锢住，甚至是那些曾经的外行人，当在一个行业内取得成功后，也很容易继续套用自己的经验。但是，这个时候的行业与之前不同了。所以，不断有外行人进入，行业与行业不断交融，才会保持持久的创新力。

去中心的咨询业转型

20世纪的商业发展孕育出了一个新的行业——管理咨询业。越来越多的年轻人被西装革履、出入高级写字楼、拿着笔记本与客户高层侃侃而谈的咨询师形象所吸引，积极地投入到这一依靠头脑与知识经营的行业中。咨询行业一直被认为是金领行业，是最专业的知识与最前沿的信息的汇聚地，属于政府与行业智库。

与此同时，咨询业又不同于其他传统的服务行业，咨询业一直以来给外界的印象，就是不透明的工作模式，颇具神秘感。如果你问一名咨询顾问，他的工作成果是如何生产出来的？恐怕得到的答案并不会令你满意，甚至会让你感到更加云山雾罩。

可是，咨询业的确存在这种现象，有过与咨询公司合作经历的甲方人员，都会对咨询公司的工作有独特的印象。他们三五人组成一个团队，来到客户端，进行面对面的沟通，在了解了基本需求之后，你会发现，他们往往习惯于在一个房间里，在笔记本上敲敲打打，在写字板上写写画画，然后互相讨论。当然，他们也会与客户进行沟通，对公司上上下下的人员进行访谈求证，获取数据资料。

就这样过了一两个月的时间，他们会拿出一份厚厚的报告，详细论述你所在的公司存在哪些问题与短板，将要面临什么样的外部挑战，这里面充满着各种各样的方法和工具，之后会给你描绘出一个可行的发展建议，随之是一系列的改革举措。然后，项目结束，咨询公司的团队撤出客户端。

虽然他们坚信做好一个咨询项目，一定要与客户充分沟通，一起工作。但是，你依然会感到，你无法与他们真正地融为一体，你只是一个输入，他们是黑箱子。你根据他们的要求，提供各种材料和数据，输入这个黑箱子中，之后能够做的就是等待，或者询问，随后你会在黑箱子的另一个输出口中，拿到他们制作的成果。

咨询业一直以来被人们所诟病的，恰恰就是这种黑箱子式的工作模式带来的种种疑问。其中一个就是，咨询公司的成果该如何进行有效定价？看着上百页的文本，是不是值得那些金钱上的投入？咨询公司长期以来奉行的是时间定价法，根据派驻人员的工作时长来计算项目金额。这种定价方式让客户无法进行辨析，哪些时间是有效投入，哪些是无效的？每一天看到咨询人员忙忙碌碌地在工作、在沟通、在处理数据、在激烈地讨论、在熬夜撰写报告。虽然很辛苦，但是你作为客户一方，却无法掌握他们到底在做什么？与我所期望的结果有多大的关联？这些用金钱换来的投入时间真的是必要的吗？

另一个被普遍质疑的问题是，咨询成果能否对公司的改进起到促进作用？就像医生给病人开具处方，病人按照处方抓药吃药，如果最后病好了，我们肯定会认为这是医生的功劳。如果病情不见好转，那么我们会认为医生的处方无效。但是，当涉及咨询报告的实际价值评估的时候，则会遇到非常复杂的情况。一般而言，咨询师是不会介入到企业的具体工作流程中的，他们的职业就是作为第三方，出谋划策，是一名外脑顾问。但是，公司在业绩不见好转的时候，是不可能怪罪咨询公司的"处方不对症"的。咨询公司会认为，处方是正确的，只不过你服用方式不对，或者你还有其他影响治疗的外部因素在捣乱，而这些复杂的不可控的因素，减弱了咨询公司的处方疗效，造成效果不明显。总之，咨询报告的实用价值始终是一个谜。

不论怎样，100 年来，让我们见识到了咨询公司的蓬勃发展，企业越来越离不开咨询公司的专业化服务。即使在这种合作关系中，企业本身是无法掌握主动权的，基本上是按照咨询公司的套路做配合性的工作。咨询公司为什么这么牛？本质上，是因为他们掌握了知识，控制了信息，拥有独到的方法，这些构成了咨询公司的核心竞争力，而这些资源长期以来保存在咨询公司的内部，是不对外分享的。企业与咨询公司，处于严重的信息不对称的博弈中，咨询公司就靠着售卖经过整合处理的一系列知识来生存发展。

只不过，这种控制知识和信息的生存方式，是否经得住互联网带来的冲击？答案很显然是否定的，咨询业长期以来的不透明操作，垄断控制一部分专业化的知识和信息，并以此来获取收益的方式，是与互联网的广泛连接与信息共享的趋势相背离的。因而，咨询业无法在信息时代的变革浪潮之中独善其身，就如同那些依靠信息不对称生存的传统中介机构、渠道商及媒体一样，咨询业也不可避免地需要正面应对这种冲击。

> **互联网颠覆传统
> 咨询模式**

2013 年 5 月，"颠覆式创新"理论创始人克莱顿·克里斯坦森等人在哈佛商学院举办了一场圆桌会议，集中探讨的就是在互联网时代，咨询公司这一类服务商所面临的被颠覆危险。克莱顿·克里斯坦森的观点非常明确，他认为："颠覆性创新已经席卷了从钢铁到出版的众多行业，现在同一种力量正在重塑整个咨询业。"

同一种力量，就是互联网带来的广泛连接的力量。通过连接，让咨询公司不再是封闭作业，让企业不再是孤陋寡闻。在一个日益公开透明的新商业世界中，数据和信息不再属于独占资源，而成了网络中的流动资源。连接带来了新的工作模式。咨询业正在面临着诞生以来的第一次结构性的变化。

第一，客户变得越来越聪明，控制知识的时代已经过去。长久以来，咨询公司在外人看来就是在兜售贩卖那些只有自己知道的关键信息，是一个知识和信息的中介机构，是一个将专家理论包装组合，再售卖到各个企业的零售商。在以往企业之间交流不是很通畅的时代，咨询公司依靠给不同企业提供咨询服务，获取众多企业的数据信息，逐渐积累形成自身的知识库和数据库。相当于，咨询公司作为一个核心节点，对接不同行业的不同企业。企业只有通过咨询公司才能获得想要的信息，包括其他公司的发展经验、标杆案例、行业历史数据等。

互联网让这种知识的垄断格局彻底结束，因为企业与企业之间可以建立新的连接，绕开咨询公司，企业也能够依靠互联网获得更多、更新的行业资讯和数据。知识走向了民主化，对于纯粹依靠贩卖数据信息的一类咨询公司，这种冲击是致命的。相反，通过网络掌握各种数据信息的商业调查公司、媒体和专业人士反而开始在咨询蛋糕中能分得一杯羹。

对于一些大型公司来说，数据信息的公开化和免费化，也带来了数据统计分析工作从外部转向内部的趋势，很多公司不再聘请专业的咨询公司前来做纯粹的数据统计分析工作，而是利用自己内部的人员开展分析，这些人往往也来自于咨询公司。随着信息资源网络化以及商业环境正变得更透明和成熟，信息获取更便利，越来越多的公司不再依赖于咨询公司获取数据，自己的眼界变得越来越宽，咨询公司对于知识的掌控力度势必会减弱，甚至完全丧失，长期以来依靠不透明和灵活性来保持其行业领导地位的优势正在快速消失。

第二，从战略到实施，咨询服务逐渐嵌入企业经营工作中。经典的咨询模式是依靠专业知识，通过提供战略研究来给企业指引方向、提供建议。而且长期以来咨询业的戒律之一就是不要介入企业的内部事务中，时刻保持一个超脱的身份，给出建议，仅此而已。不过，这种始终与企业若即若离的姿态，恐怕已经不能够让客户感到满意了。

互联网带来的市场变化，让以往稳定的行业规则变得躁动不安起来，更多更快的不确定变化，让企业难以做出长时间有效的规划方案。也许一个三年战略规划刚刚做下来，第二天市场上就出现了一款破坏式创新的技术产品，将已有的行业规则完全颠覆，覆巢之下安有完卵，建立在过时的规则之上的所谓规划，也就变得一文不值。

未来的咨询行业，必然会拉近与客户的关系距离，并且越来越深入客户的实际业务开展之中，不仅提供策略建议，而且要能够落实实施下去，推动企业的改革取得成效。对于咨询业而言，不可能再坐而论道，而要身体力行，动嘴也动手。帮助客户实现他们的愿景，成为实实在在的一种需求（如图 10-1 所示）。

而在这种趋势中，两类公司已经掀起了对麦肯锡等老牌战略咨询公司的替代，一个是财务审计类公司，另一个则是 IT 公司。普华永道收购了博斯，德勤收购摩立特，掀起了管理咨询业中的又一并购浪潮。这对传统咨询业界的从事者来说应该不是喜讯。究其原因，一方面是因为近年来审计等传统业务增长放缓，而咨询市场强劲增长，"四大"正在试图重新建立或增强自己的管理咨询服务；另一方面，由于客户需求已经从单纯的战略需求，转变为需要战略规划、执行、实施等多方面、能够获得可持续成果的可行性战略，因此咨询业的整合正在成为一种潮流。

相比传统的战略咨询公司，一些软件系统开发商的咨询服务，会更有吸引力。因为在信息化的大趋势之下，一切管理行为都必然要落实到 IT 系统建设层面。企业的规划研究，其落实效果很大程度上要取决于能否通过 IT 系统加以实现。这种现实的需要，带动了那些软件系统服务商，开始大张旗鼓地进入咨询业跑马圈地。

如果说过去管理咨询行业第一梯队是 MBB（麦肯锡、波士顿、贝恩），第二梯队是科尔尼、博斯、罗兰贝格，那么未来提供财务、审计、税务等服务的四大会计事务所恐怕也要跻身前两个梯队。事实上，这种情况已经出现了，至少从收入规模上来看，我们会发现，当前排名靠前的不是像麦肯锡、波士顿这类老牌的纯咨询公司，而是像 IBM、埃森哲这类以 IT 咨询服务为主要业务的公司。

50 年前，当有公司想花 5 万美元从麦肯锡手中购买一套软件时，遭到了马文·鲍尔的断然拒绝，他说："我们不是卖软件的，我们只为公司董事会提供战略咨询，我们不能把为服务客户而开发的软件又卖给别人，那会有冲突。"时过境迁，这个时候我们再回过头来看，发现曾经作为管理咨询的一些金科玉律，早已经在互联网的浪潮之下变得松动不堪了（如图 10-1 所示）。

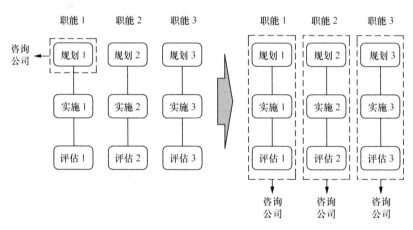

图 10-1　管理咨询服务模式的变化

第三，专业极致的小型咨询公司，能为企业众包的合作伙伴。互联网的兴起使得长尾思想、碎片思想、小众思想变得重要起来。一些原本不受到重视的，销量小但种类多的产品或服务可以形成新的大市场，这也是为什么"四大"能与战略咨询结合、互联网咨询服务业能异军突起的原因。不太热门的需求的总量是庞大的，如果无法被及时满足，就会有新的企业去填补。

互联网大大降低了企业之间的交易合作成本，以至于低于企业内部自我生产和管理的成本，使得大规模定制化能够成为可能，传统大而全的企业生产线在生产经营成本效率上不再占有优势。企业更愿意将一块业务分割成众多模块，外包给更为专业的公司去做。这样不仅能够获得高质量的服务，而且企业的花费会更为低廉。

这也为很多无法与大型咨询公司全面抗衡的小微型咨询公司打开了一扇窗户，那就是在自己擅长的细分领域，将模块化的产品做到极致，做到能够完好地嵌入整体业务流程中的效果。不仅在市场营销策划以及客户服务、品牌宣传等领域，未来也有可能会向更多的职能领域拓展。只要能够帮助一家企业实现更好的管理成效，那么企业管理职能的外包就会持久存在。

这正是目前一些中小咨询公司作为"本土娃"在与"洋巨头"对峙中需要厘清的问题。通过差异化定位、价值链定位等方式来突围，认清自己在价值链上的位置，避免"辛苦却不赚钱"。对于某些项目，没有像麦肯锡凝练数十年的全球性数据支撑，没有必要来一次"说投就投的标"。倒不如在一亩三分地上种出更多、更好的庄稼菜，卖给更多的企业，实现长尾市场下的规模化生产。

微咨询、移动智库

从管理咨询的起源来看，最早期的管理咨询从业者，实际上是由工程师、会计师和律师构成的群体。他们为企业提供类似于专职的管理服务的工作，并逐渐上升到了顶层设计领域，即战略咨询。这与企业管理的发展似乎并不一致，从泰勒的科学管理起源来看，泰勒是深入到工厂车间，详细观察测量工人的操作动作，从最细微的角度去改进提升工作效率，逐渐形成了标准化生产的科学管理理论。这与管理咨询一开始就显得很高大上的工作模式完全不同。

不过，在互联网重构了组织管理的基本范式之后，作为辅助的产业服务，咨询业的范式也将被重新构建。首当其冲，便是咨询业的角色定位，将从导师转变为帮手。按照克里斯坦森提供的数据，经典战略咨询业务在咨询公司营收中的份额从30年前的60%～70%下降到今天的20%，而职能性咨询、技术类咨询、委托／外包类咨询的比例则在逐步上升。这似乎表明，咨询业已经不再扮演导师与拯救者的传奇角色，而是越来越多地被看作一个外脑、帮手。在这一背景下，客户对于咨询公司所能够交付的价值将会有更为理性、客观的预期与评估；相应地，咨询公司的服务收费也难以长期维持在高位。

黑箱子正在被打开，**客户的主导权日益提升**，并有多元化、复合化的趋势。在传统交易模式下原假设的千人一面的客户需求，逐渐变得个性鲜活，千差万别。传统行业和 IT 技术的结合使得不同的领域之间还产生了协同和耦合效应，例如，管理与信息化结合的"非传统"咨询正在挤压传统咨询业的利润空间，"融合"是这一轮产业革命非常重要的特点。

在快速变化的市场环境中，企业更多时候需要的已经不再是那种固有套路下的总体规划方案，而是面对突然发生的外部变化时的应对方案和解决措施。庞大复杂的咨询项目，正在被逐步拆解为若干个"小快灵"的解决包。"微咨询"是配合企业组织的重构而产生的新的咨询模式。

微咨询正在解放更多的专家人员，就像企业与员工的雇佣关系被改变一样，原属于某个咨询公司的那些专家人员，也将跳出咨询公司的控制框架，利用互联网带来的平台化趋势，通过面对面、视频、网络等多种渠道建立与企业的直接联系，快速为企业提供小的、专业度高的解决方案。

伴随着专家人员的解放，知识和信息逐渐脱离了咨询公司内部，正在被云端所汇集。微咨询带来了云智库服务，以往分散在众多咨询人员头脑中的专业知识，能够通过网络快速实现与企业的有效对接。你不需要再专门与各家咨询公司面对面地交流选择，而是将问题直接提出，由分布在网络中的众多行业专家给予回答。移动智库成了未来企业与管理者个人随身携带的智囊团，突破地域和时间的限制，做到泛在化的咨询服务。

同样被解放的还有咨询师这一专有的身份标签。事实上，当互联网可以随时随地地连接各地的问题需求者和答案提供者的时候，我们每个在网的人，都可以为任何一个陌生提问者，给出我们的回答。类似于知乎网站的模式，专家的概念已经被重新诠释，构成专业知识掌握者的范围被大大地扩展，不再是那些供职于咨询公司的专业人员，而是所有能够为你解答心中疑惑，为你的公司带来合适的解决方案的人。更神奇的是，也许那个人就是你的同行，隔壁公司的老总，或者对此有深入研究的一位民间高手。

人人都是咨询师

由于信息传播的权力不再被少数媒体机构所垄断，泛媒体化的时代，已经为每一个具有专业特长的人，提供了最好的传播自己知识、树立个人品牌的技术条件。那些微博大 V、知名博主，以及朋友圈中的博学的人，都是潜在的咨询师，正在通过连接的网络，向企业与个人提供着具体的咨询方案。我们可以看到，在很多网上创业群中，公司高管、成功的职业经理人正在为后来者提供管理企业的经验；而另一边，投资人在传授着如何找到好项目的知识。与此同时，成功创业者也在给新手分享自己的创业心得。咨询不再局限于咨询公司与企业之间的 B2B 模式，而是开始转型为 C2B、C2C 模式。

咨询公司作为长久以来知识的掌控者，其知识的权威和垄断地位，正在被互联网带来的广泛连接所解构掉。咨询公司不再是以往企业众星捧月般的知识中心，而是与企业本身开始融合；不再是围绕自身的知识积累来提供固有的项目产品，而是要围绕客户的实际需要开展有针对性的服务工作。去中心化的咨询业，正在同步进行着组织范式与传播范式的双重变革（如表 10-1 所示）。

表 10-1　咨询业范式变革

	传统咨询范式	新型咨询范式
企业需求	过去稳定的经营环境，带来固定化的项目需求，如战略规划、人力规划、制度建设等	信息社会各个行业都面临巨大的变革，企业有更多突发性、不确定的问题需要解决
产品形态	宏观规划类报告与策划方案；强调标准套路与长期有效	具体问题解决策略和实施方案；强调简单实用与即时解决
能力要求	需要细分领域的专业分析与研究能力，只动脑不动手，如战略专家、人力专家	需要多领域的复合能力，并具有将方案协助实施落地能力，更强调动脑又动手的人才
运作模式	专业化团队，以项目为周期，面向多个客户提供标准化专一服务	综合型团队，以客户为根基，深入企业生产经营环节，提供综合解决方案
角色定位	项目专家	企业顾问
组织形式	B2B	B2B、C2B、C2C

学习的二次革命

对知识和信息的传播，一个重要的渠道就是通过国家的教育机构，通过从学龄前教育一直到成人培训这样一系列的教育体系完成。当我们探讨互联网让媒体垄断话语权的时代结束，人人可以享有知识的民主权利之时，我们也看到，传统的学校教育模式依然是坚不可摧的存在物。至今为止，尽管在线教育风起云涌，可是我们依然需要通过小学—中学—大学这种传统的阶梯式教育来完成知识的储备，赢得在社会上立足的通行证。

可是，几乎所有接受过教育的人，都能够感受到，这种教育模式存在着这样那样的问题，绝不是我们所欣赏、所希望得到的最好的教育模式。尽管我们依然必须通过这种方式来获取知识，但互联网的确让我们有了重新认识教育本质，由此去改变这种教育模式的技术条件。

启发式教育溯源

公元前 399 年，古希腊哲学家苏格拉底被判处死刑，随后他的学生柏拉图逃往外地避难。期间柏拉图游历了西西里、埃及等地，特别是埃及繁荣的古文明给了柏拉图很多收获，以及对知识与智慧传承的启迪。公元前 387 年，漂泊外地多年的柏拉图，终于重返雅典，在朋友的帮助下，他购置了郊外的一块土地，创办了自己的学园（Plato academy）。学园坐落在美丽的克菲索河边，掩映在郁郁葱葱的树林之中，学园的建筑与周围的自然环境相得益彰，十分优雅别致。柏拉图便在此处开门授课，亚里士多德在此求学 20 多年。从此历代相传，延续存在了近千年之久，开创了西方综合大学制度的先河。

柏拉图学园不是几栋教学楼的集合，而更像是一所公园，有林荫小道，有健身场所，还有宿舍。更主要的是，柏拉图为学园制订的教学理念，更加侧重于教师要去推动学生自主思考，鼓励和引导学生学习的方向，对学生的理解进行评价和改进，而不是我们所认为的进行统一的教授和示范模式。

我们可以想象一下，当夏日的阳光洒在绿树丛中，小道的远方迎来了两位身材伟岸的学者，身披希腊式的长袍，手拿着经卷，边走边讨论着问题。这是柏拉图和他的学生亚里士多德，正在思考与辩论某些重要的哲学命题，也可能是对雅典政治制度的审视和评价。学园在宁静中流淌着书香，花草之上涌动着求知的空气。柏拉图学园，就在这种师承制度下延续了近千年，直到公元 529 年，被罗马帝国皇帝查士丁尼下令关闭。

柏拉图认为最好的教育是启发性的教育，而不是强制性的灌输。在《理想国》一书中，他说道："一个自由人是不应该被迫进行学习的……被迫进行的学习是不能在心灵上生根的。""请不要强迫孩子们学习，要用做游戏的方式，你可以在游戏中了解每个人的天性。"这种教育理念相对于两千多年前的整体文明进度，的确是具有相当的超前性。

教育是可以通过启发达到目的的，柏拉图在他的《美诺篇》中指出：知识是具有先验性的，也就是说，知识本就存在于人的头脑中，只不过在出生的时候被忘记了，因此后天的教育就是为了要唤醒对知识的记忆。柏拉图用这种理论来支持他的启发性教育方式，并通过逻辑的方法帮助学生顺利获得对知识的"回忆"能力。

在那个被称为轴心时代的光辉岁月中，早于柏拉图百年时间的东方教育家孔子，对于如何传授知识给人，也有着自己独到的理解。更令人感到惊奇的是，两位哲人在教育理念上有着很大程度的相似性。孔子的启发教育思想，可以概述为一句话："不愤不启，不悱不发。"（《论语·述而》）。一千多年后的宋代大儒朱熹对这句话的解释为："愤者，心求通而未得之意；悱者，口欲言而未能之貌；启，谓开其意；发，谓达其辞。"当学生想弄明白却弄不明白的时候，才能去启发他；想说出来而说不出来的时候，才能去启发他。而且启发教育一定要能够有举一反三的目标，孔子说："举一隅而不以三隅反，则不复也。"

我们看《论语》，通篇都是孔子与学生的对话，而且大多是学生自己向孔子提问，表达心中的疑惑，然后孔子给出他的回答，孔子没有大篇幅的演讲和布道词。这种对话教育，又与其同时代的苏格拉底的对话非常类似。所不同的是，苏格拉底的对话，发起者往往是苏格拉底本人，而且当中有着数回合的逻辑论辩，最终让对方发现自身的逻辑错误，并随即改正。孔子与苏格拉底的对话式教育，一个由学生发起，另一个是由老师发起，虽然方式不同，但本质上依然是一种启发性的教育方式。

启发性的教育，是人类教育发展历史中早期的一种普遍形式，这种形式的教育，其特点是以求学者为中心，以学生为主体。因为主体在学生，所以一切的教育资源和手段，都是围绕学生本身的特质来展开服务，因而也就形成了因人而异、因材施教的延展理念。同时，在教育的手法上，大量采用"一对一"的对话，聊天的方式，营造更加自由、开放的学习氛围。鼓励学生独立思考，提出质疑，一步步地引导分析，激发出学习者的兴趣和主动性，让学习成为一种乐趣，而不是一次任务。在对问题的反复探讨中，完成教育和知识传授的目的。

我们可以从这种教育理念中，看到对人性的尊重。我们说，产品的设计要满足人性的需求，营销的开展要能够唤起人情感上的共鸣，管理的实施也要尊重每个人的个人意志和自由选择。同样，对待知识的传授，对待教育模式，追本溯源，我们也应该一切围绕与求学者这个人群的本能特征来构建。

越发僵化的现代教育

如果用网络世界模型来比喻的话，柏拉图与其弟子的师承关系，和孔子与其弟子的师承关系，就像是两个独立的知识网络。

其中，柏拉图和孔子作为知识的传授者，居于中心位置，而学生则与老师有着直接的连接。同时，学生们彼此也能够建立起相互的连接，这种网状结构，保证了在群体内，任何一个节点，都可以与其他节点有着知识和思想的交互，是一个小世界的模型，一个类似于小型互联网化的知识传播结构图。

教育模式的变化，是随着工业社会来临而出现的。由于工业化生产需要细致的分工，因此出现了众多在农业社会不曾有过的工种和职业，而每一个职业都是高度专业化的，对技术有着非常高的要求。还有一个变化的结果，就是大规模的生产需要大批量的技术工人参与，对于学生数量的产出有着数倍甚至数十倍、数百倍于古代的需求。

高度专业化的技术要求和对批量生产的迫切需要，使教育这一知识传授方式在近几百年出现了彻底的变革。从古代那种"一对一"的师承关系，变成了机械化、标准化的生产关系。在这其中，知识，被作为一种原材料，分门别类地形成不同的学科，而学生作为一种教育工厂生产的产品，在原材料的输入下大批量且快速地产出。

于是，我们再也看不到学生在老师身边，日日相处求学多年的师承关系。反之，是大量的学校兴建起来，一批批的学生，在统一的教室里面，集体输入被处理过的知识信息，严格按照一种标准化的考核方式，筛选出合格的人才交给社会使用。学校成为了专业人才的加工厂，教育成为了模式化的生产线，没有了因材施教，取而代之的是统一的课本，统一的考试，统一的评判标准。一切的一切，为的是满足于工业化大生产的发展需要，即标准化、高效率、大规模地生产出所有的文明成果，包括具备专业知识和技术的人。

工业时代的教育模式，直接改变了我们说的孔子和柏拉图那种传统的、因人而异的、慢工出细活的教育模式。更深层的含义则是，出于对竞争和发展的需要，教育已经不再是所有人在任何时间都能够接受到的一种服务，而是变成了强调层级化、阶段化、专业化、功能化的产物。

教育的层级化。现代教育基本上可以分为学前教育（幼教）、K12教育（小学到高中）、高等教育（大学）和成人培训（工作后），并且由低到高，每一层都是通过考试来逐步筛选出少数的精英以接受下一层级的教育（如图10-2所示）。尽管我们可以找到许多理由来为这种金字塔形的教育体系做辩护，但有一条是无法被辩驳的，那就是这种教育模式剥夺了所有人受教育、接受知识洗礼的权利。沿着这个学习的金字塔，越往上越能够感觉到知识成了少数精英独享的一种稀缺资源，继而变成了一种优势身份的象征和保障，成为了阶层分割的助推器。

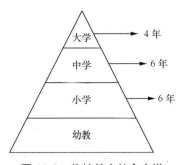

图 10-2 传统教育的金字塔

教育的阶段化。在师承教育时代，没有严格意义上的毕业之说，也就是学生与老师不会有一个明确的关系句点。事实上，很多人都可以与老师成为终身的朋友，并得到终身受教的机会。而进入工业时代，我们在学校学习的时间被严格限制在一定的年份里，我们不能无限期地享有教育资源，因为还有许许多多的懵懂少年，在排队进入这个加工厂，坐在生产线上等待接受知识的灌输。而且，教师也变成了纯粹的职业，干一天活拿一天钱，这种教师资源成为稀缺品，为了保证最大限度地让更多的人接受到最基本的培训，每个人的受教育年限被严格控制。时间一到，就必须离开校园，步入职场。虽然说要活到老，学到老，但实际上，我们无法获得更多的教育资源，终身学习的想法很难在大多数人当中实现。

教育的学科化。现代社会分工日益细致，几乎每一个行业都会有专业度很高的工种，对待各个工种都有着很标准的专业要求。为了适应分工协作的生产体系，我们的教育也必须做到与之相匹配。那么最好的情况是，在学校里就完成分科，中小学开始从学科的内容上分成文理两大类，继而再分成若干独立的学科，各自沿着独立的线条开展教育。到了大学，要根据社会上的工作要求匹配更细的分科，也就是专业方向。总之，我们的知识体系被细分，我们的教育也呈现出多线条并进的特征。但是，传统的学科划分，强调的是彼此独立、各自专精，工业时代需要的是专业化的人才，每个人做自己最擅长的那一部分工作，才能实现效率的最大化。但是，这种强调分科的教育，导致的结果就是文科生严重缺乏逻辑思辨能力，而理工类学生，连最基本的人文素养都谈不上，彻底变成技术的奴隶和冷冰冰的计算机器。

教育的功能化。工业化带给我们的是快速的节奏感，一切都要更快、更强。因而我们的教育内容越来越注重实用性、技巧性，而忽视了那些所谓的无用之学，如哲学、美学、伦理学、心理学等充满灵性与思辨的学问。我们的知识也越来越体现出工具性和问题导向，比如心理学，更多的侧重于如何进行心理咨询与治疗功用，并为此引入了众多量表分析工具，使之更显示出工具化特征。反之，我们何曾想过心理学本身也是对自我认知的深度思考，对人与社会如何共生的探索，对那微妙的、转瞬即逝的心理活动能够有种感知，并以此欣慰。教育的功用化，没有耐心让我们去追随内心的想法，捕捉属于自己性情的一面。因为社会等不起，工厂、公司等用人单位也等不起，他们需要我们尽快就位，产出效益。

让学习的主导权回归学生

谈到教育面临的种种问题，我们可以回想起前面几章讨论的关于产业和组织的范式变革内容，在传统的工业化时代，围绕基本关系构成的社会资源分配体系，是一个个的金字塔形的结构。这种结构能够给予更高效的生产与运转，当然代价就是抹平一切差异化的东西，如对于产品的个性化创新，对于员工的自主管理意识。但是，互联网改变了这一切，传统的范式开始出现变化，就产业金字塔范式而言，原本属于企业内部的产品开发权力，逐渐转移到了消费者手中，由一个个具体的消费者决定产品的形态。而生产也开始出现众包，主导权从居于中心地位的企业转向四周的用户群，随之中心弥散。组织本身的权力结构也出现变化，员工能够更加独立自主地进行各项管理与生产经营活动，权力不再是领导层独占的一种资源，而是变成了碎片化和网络化的存在。

因此，对于传播知识的教育体系，也会随着互联网的深入发展，逐步将学习的主导权由老师、教授、专家转移到学生手中，教育将会成为一种类似于产品的模式，从封闭垄断走向开放和共享，由学生自我进行定义和设计，并仅供自己使用和体验。

对于传统教育影响最大的莫过于网络公开课这种新的产物。网络公开课，意味着打破了过去局限在象牙塔里面的知识垄断局面，将深藏在各大高校围墙内的知识课程，通过网络平台，向全世界愿意接受教育的人开放。从此，学校课堂不再是接受教育的必备地点，每个人都能够享受到知识的服务。

开放教育资源（Open Educational Resources，O.E.R.），被联合国教科文组织定义为"免费公开提供给教育者、学生、自学者可反复使用于教学、学习和研究领域的数字化材料"。随着MOOC这类公开课的大面积推广，这种网络公开课形式，让知识不再是存在于不同学校内部的孤岛碎片，而是能够在网络海洋中广为连接的整体，并且这种连接对每个人都是公开透明的，这也是互联网一直以来所推崇的基本理念。

早在互联网诞生前，这种利用科技推动教育发展的理念就已经出现。1961年，巴克敏斯特·富勒发表演讲阐述了对教育科技工业化规模的思考。1962年，美国发明家道格拉斯·恩格尔巴特提出了研究"扩大人类智力之概念纲领"。1969年，英国已经尝试进行远程教育，将每门课程都通过广播和电视的方式，向在家中的学生进行讲授。这是从古至今，第一次知识突破了现场教授的模式。

但是，这与我们所提到的教育革命还不可同日而语。因为这只是知识传播渠道的扩展，而知识传播的主导权，依旧是中心化的样式，接受者依然扮演着在课堂听课时的角色，被动接受已经被安排好的一切内容。甚至原本在课堂中还可以与老师进行讨论的机会，在远程教学中都很难实现。

直到进入21世纪，在互联网对人类社会组织观念实施变革的大背景之下，我们才开始真正地试图将延续几千年的知识传播模式，进行彻底的改造。麻省理工学院最早提出了网络课程开放项目（MIT Open Course Ware），并联合了世界上多所一流大学创建了国际开放课件联盟（OCWC，Open Course Ware Consortium），开放了一系列学校的课程资源，大受欢迎。

2011年，大型开放式网络课程（Massive Open Online Course）平台开始建立，背后是Coursera、Udacity、edX三大课程提供商，为世界各地的学生提供系统在线学习的机会。这种开放式网络课程最大的特点无外乎以下几个因素：开放免费的课程资源，随时随地连接上课，以及由学生自主选择上课内容。

在 MOOC 平台上，我们面对着全部开放的学习内容，没有人去阻止你听一门看似不相干的课程，或者是被认为高出你所在年级的课程。不需要受制于所谓的成绩分数，将绝大多数人排除在持续受教育的圈子外。每个人都有权利根据自己的兴趣能力来定制合身的课程体系，如果你不喜欢哪一门课，你只要不去点击这门课的链接就足够了，不需要去面对难缠的老师和家长的诘问。这与我们从小接受的金字塔形的教育体系完全不同。

事实上，正是因为这种开放自主的学习模式，使得在 MOOC 平台上和在学校课堂上，学生的表现截然不同。学生的主动性学习更为突出。在 MOOC 上更多地体现出学生的积极主动，寻找自己感兴趣的课程，在无人监督的情况下，能够持续地听课，跟进完成学习进度；而在我们的大学课堂上，似乎总是有着无穷无尽的厌倦学习的现象，课堂的上座率一直以来就是一个大难题。逃课成了大学生活不可避免的一种经历，而与这种现实中的逃课相比，网络上却有着与此完全相反的现象。利用互联网技术，大学生们总是愿意将时间花在电脑前，在网络平台中寻找自己中意的课程，认真地进行自我学习。充满自我主动性学习的行为，说明了学生并不是厌学，而是厌倦了那些无视自己的实际需要，强制被安排的学习。当选择的权利交给学生的时候，这种最基本的求知热情即被触发。

除了学生可以自己选择学习内容，学习的主导权交还给学生还意味着，过去那种启发式教育开始在网络课堂上得以重现。没有传统课堂的限制与控制力，教师无法做到对每一个听课学生的完全控制，无论是行为上还是思想上。这也让以往灌输式的教育很难继续维持，更多的时候，教师会重启最古老的启发式教育，提出更为开放性的问题，让网络上素未谋面的各地学生，开展激烈的讨论，促进相互的交流互动。当然，这也是互联网本身具有的交互性所能够保障的事情。

在线上留言区和讨论区，学生们积极发言和辩论，带动着一个学习型的社区开始出现。社群，一个打破金字塔组织的新的组织形态，不仅仅在企业管理和营销上面起到替代传统的作用，而且在学习与知识传播上也呈现出同样的趋势。我们不再是被动地等待老师们的教导和示范，而是在社群中，以更为平等的角色，与其他所有的求学者结成一张交流互动的网络，在网络之中交流彼此的观点，形成无数条知识的信息流，时刻流动与交汇。而往往创新与智慧就在这种网络的形态之中出现。

开放式教育是对传统教育模式的一次颠覆，是对那种存在着严重不平等教育资源分配体制的革命。《开普敦开放教育宣言》说："这个正在兴起的开放教育运动，把教师同仁之间分享好想法的既成传统与互联网交互式的协作文化融合起来。这一运动依赖于这样的信念——每一个人都应该不受限制地享有使用、定制、改善和再发布教育资源的自由。遍及全球的教育工作者、学习者以及其他享有这种信念的人正在聚集起来，使接受教育变得更容易，而且更有效。"

个性化学习——大数据

两千多年前孔子便已经提出了教育的理念应该而且必须是"有教无类"和"因材施教"。这不仅是作为教育工作者的从业操守，更是整个社会进步的必要基础。知识不应该成为划分阶层和圈子的稀缺资源，而应作为一种普遍服务，成为全人类的共享财富。学习，是学习者自身能够主导的一种活动，只能是基于自己的兴趣、素质、接受水平等个性化的因素，来设定的一种知识获取活动。教育，不应该变成填鸭式的生产流程，而是尊重学习者的自主选择权利，用更为符合人性交流的方式进行。

工业革命几百年来，我们形成的现代教育是为了适应大规模标准化生产需要而设计的模式，统一的教材内容，大批量的班级授课，标准化的考试，固定的学制，用分数筛选和淘汰学生等，这种教育的优势在于能够将从前孔子和柏拉图那般的缓慢知识传递，改造成为高效快速的知识传输系统，而学生作为未来工业化社会的各个零部件，将被传送带推进头脑加工的生产线上，进行统一的制造安装，并在一定的年限内完成出炉，直接用于社会生产的大机器中。

但是，几百年的时间，让我们渐渐忘却了最初的教育理念和学习的初心是什么。工业化的生产，带来了教育模式的若干弊病：知识的陈旧和更新不足，忽视个性化内容和培养，在教学过程中缺乏情感的互动。假如教育本身也是一种产品的话，那么如上所说恰恰就是背离了最基本用户需求的痛点所在。互联网的意义则正在于此，互联网＋教育带来的学习革命也将构建出我们今后的新知识传播范式。

大数据技术要我们可以不再依靠样本统计功能来预测个体行为趋势，由于在线教育能够获取越来越多的使用者的行为记录，使得网站背后的分析师真的可以做到"一对一"地描绘出每一名学员的学习偏好和能力短板，以此给出下一步的学习计划建议。像MOOC学习平台，一方面能够给大量的非在校人员提供更好的学习机会，另一方面，也通过不断地收集学习者在平台上的学习记录，如在线学习的时长、频率、课程选择分布、学习的连贯性等，甚至是通过网站寻找到学生的问答记录，从而收集到更多的数据信息，作为进一步提供个性化学习指导的分析基础。

通过分析网络收集的海量数据信息，可以辨别出每一个学习者的行为规律和学习模式，从而发现他们会在哪些环节上遇到学习的困难，并提供有针对性的帮扶服务。如果系统发现某一学生在同样的问题上多次犯错，那么就会调动网上与之相关的课件资源，对该学生在这一领域的知识进行反复加强训练；反过来，个性化的学习模式还能够促进老师教学质量的提升，如果发现一位教授的学生总是在某一个环节上犯错，那么系统可以自动识别该教授在这一知识点上是否存在教学的瑕疵，并能够帮助他改进教学方法。

设想一下，分析一个数学专业背景的学生，在学习金融类课程时的学习规律。假如其在学习计量经济学课程时，多次在相关论坛进行提问，且该课程的完成速度慢于该学生的其他课程。系统会自动向学生发送邮件，提出学习该门课程的学习建议，并邀请学生反馈课程难点。

另外，还可以分析以往学生的学习规律，如学生在学习某一章节前会重新回顾其他章节，因此系统可以改变授课顺序，提升学习效率。某位在职学员在周末集中学习的时间较多，系统会自动在该时间进行课程提醒推送。在其他时间，则进行课程复习的提醒，提升学生持续关注度。

很多学校已经开始利用大数据的技术，分析每一位学员的个性化需求和学习模式，以更好地服务学员，更好地传授知识。只有将学习变得更为个性化，才能够触发学生积极主动的学习意愿，并让知识更具活力和实用性。互联网带来的个性化学习，改变了传统"一对多"的传播模式，是一种更为精准的知识推送模式。

不仅如此，个性化的学习还有助于终身学习理念的实现，将其与企业对员工的培训有效结合进来。企业利用在线的培训方式，通过数据精准分析出员工的不同培训需求和知识背景，让培训变得更有针对性。如果从员工的素质成长角度来看，那么通过能力测评以及职场压力测试等众多输入，为员工本人的发展提出更为有利的学习建议，这种输入—反馈的模式，可以应用于企业内部的培训、选拔等多种环节。同时，个性化的学习还可以帮助员工建立更适合其本人的职业发展规划，让企业能够给出职业引导，让员工快速地融入到企业的组织文化中。

大数据带给我们的将是更为智能化的运算技术，以及随之而来的"靶标式"学习内容的推送，将是针对每一个人的学习辅导，而不再是传统的大班授课的方式，用大数据的追踪实现真正意义上的量身定制学习，实现一直以来所追求的"因材施教"理想。

社会化学习——认知盈余

当我们谈论互联网时代的产品营销将变为社会化营销模式的时候，其实我们谈论的是通过社交和互动来让产品的影响力扩大，而这背后实际上运用的是"关系"，是人与人最基本的社会纽带。在传统的金字塔模式下，我们的关系网络是被一个个行业、一个个组织、一个个地域所隔断掉的。彼此没有建立连接，没有实现互通互动，自然也就无法形成共识，或者为了一种观点进行着争吵。无论怎样，信息传递被人为地切割成为信息孤岛，知识也在这种孤岛效应下，变成深藏于大学图书馆、实验室以及课堂内部的独占性资源。如果你想获得某种专业知识，必须要去报考一所院校，按时去课堂听课，阅读一本可能是十年前编写的教材，按照学校的学习与考试规则去做。总之，学习变成了你的内部事情，是你的大脑与书本之间的搏斗，是你与你的老师之间的传播与反馈，与周围的环境不相干。

这种情况下的学习是最佳学习吗？

美国学者克莱·舍基几年前提出的概念——"认知盈余"（Cognitive Surplus）引起了人们的关注。简而言之，"认知盈余"就是指互联网让尽可能多的人的自由时间联合起来，结合成一个规模空前巨大的集合体，从而为更为强大的价值创造提供资源禀赋。

其实"认知盈余"的场景是我们非常熟悉的。试想在朋友聚会的时候，房间里有三五个人，每个人都拥有三样东西：彼此不同的知识背景、相对充足的自由时间，以及彼此分享信息的愿望。在这样的环境下，每个人短时间内都会创造并感受到比以往更多的知识或信息。当然，我们无法让尽可能多的人汇聚到同一间房子里，但有了互联网，一切都变得如此简单。

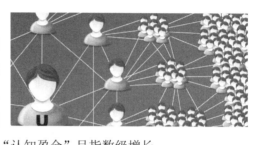

从这个意义上讲，作为一种"虚拟存在"的互联网有着巨大能量，一方面它最大限度拓展了空间的界限，使得尽可能多的人同时聚集在一起，另一方面也将无数多的碎片时间连接起来，使得"认知盈余"呈指数级增长。

在时间和空间上聚集在一起的绝大多数人能创造出什么呢？显然，能创造出传统社会形态下无法想象的"伟大作品"，比如用一年的时间制作并上传相当于整个人类历史长度的视频，比如依靠遍布全球数以万计的协作者编写完成数百倍于大不列颠百科全书的维基百科，又比如活跃于这个世界各个角落的普通人无形中结合成的团队以最简单的分工、最快的速度完成高质量的翻译工作（字幕组）……在"认知盈余"的模式下，个体的人仿佛是微观世界的微生物，既不被看见又有组织地活跃于一个巨大的协作网络中。

事实上，Facebook、Twitter、微博等社交工具的繁荣，都是基于一种"认知盈余"原理。同样，像维基百科以及知乎这种网站的出现，也得益于这种碎片化时间的充分利用和广泛交互的实现。在早期的微博热中，诞生了一批有质量、有专业度的名博，大多是在各自领域深耕的业内人士，利用碎片化的业余时间，将自己的专业知识分享给网友们，渐渐地就形成了若干个专业的知识库，成为一种学习资源，在网络上被无数次地转发和阅读。

> 在知乎上输入：怎样理解"认知盈余"？得到了19个回答，这里摘抄一些很不错的见解：
> ◆ 信息革命，就是大幅地提升信息的生成、流通和消费效率。
> ◆ 无组织的时间力量，利用碎片时间分享和创造价值！
> ◆ 就是群智时代的进一步体现，群体在多样化工具的帮助下创造出智力资源，再利用已有资源消费、创造出更多资源、再循环，而最终指向创造价值。

近来火热起来的知乎也是一个认知盈余时代的产品。在我写这本书的过程中，已经多次利用知乎上的信息进行资料的收集和消化，这种工作在以往是需要大段大段时间泡在图书馆来完成的。但是，图书馆是一种静态的存储器，里面的图书代表着过往一段时间的人类智慧的凝结和提炼，当然受限于图书馆的馆藏量，这种凝结也是在一个小范围内的，不可能无所不包。而且，受限于我个人的时间和精力，恐怕也只能查阅其中的一部分资料。对于我而言，面对图书馆的学习资源，依靠传统的查询—阅读—整理模式，效率是很低的。

但是在知乎上，我看不到成本成本的图书资料，反而是碎片化的，大量零散的问题堆积在那里，每一个问题都有着不同种的答案，或繁或简，任你选择；而且，最重要的是，问题与问题之间建立起了关联，相似的问题是可以通过链接形成一连串的问题族。我以一个问题为起点，开始在知乎上按图索骥进行查阅，通过彼此的链接一点点地深入下去，直到我认为能够满足我写作的需要才结束。这种基于问题导向的知识传播较于大部头的专著要来得更简单直接。而且，知识网络化的好处还在于，第一，这种知识是不断更新的，不会陈旧；第二，这种知识是彼此连接的，能够交互和对比。

有着这两点，时间上的不断递延更新和空间上的连接交互，让知识的图谱迅速扩大和深入。而且这种图谱不会让你有着无从下手的感觉，因为他把一个个线头（问题）摆在你的面前，任由你来选择一根线头，顺着它走进知识网络中寻找自己的目标。问题导向、递延更新、连接交互，促使我们的学习从过去单向线性的传播模式，走向了双向网络的互动模式。每一个人都是潜在的老师，在分享自己知识的同时，也在阅读着别人的真知灼见，而且在多对多的互动和碰撞之下，知识随时随地都在裂变，学习也在与时俱进，永不过时。

萨尔曼·可汗给"可汗学院"未来发展定位时这样表述："我希望我所建立的是一个独立的网络虚拟学校，所有人只要想学习，就可以来到这个平台，从最基本的东西开始，不断前进。他们可以在这里得到反馈、评价和训练。学生可以按照自己的步调学习，而老师更像是教练。"

承担知识传播使命的学校教育，正走在一条变革之路上。孔子和柏拉图的启发式教育理念，已经借助于互联网＋的手段，一点点地实现着。而古老的"有教无类"和"因材施教"理念，也已经透过个性化和社会化的学习模式，逐渐成为现实。以往建立在知识传播金字塔上的基本范式，被互联网慢慢地解构掉了。老师与学生的关系，不再是僵化的、一对多的、单向的传播者与接受者的关系，两者开始有了更多更深入的连接与交互，不仅仅是知识本身，而且是一种带有情感和心灵的交互。

某种意义上，互联网让古老的师承关系又一次得到重现。

与此同时，作为从前知识传播渠道的学校教育体系，正在被跨越甚至被替代掉，学校的知识传播垄断权已经不存在，网络公开课的出现让这种垄断无法继续，只有开放共享才能生存。知识传播结构也在不同程度地演绎着去中介化和去中心化的过程。

互联网时代的创新法

李开复和他的
创新工场

2009 年，从谷歌走出的李开复，成立了一家名为创新工场的机构。创新工场的定位，不仅是一家天使投资机构，同时也为创业者提供全方位的创业服务，重点是创业者在早期创业阶段比较缺乏的商业、技术、产品、市场、人力、法务、财务等资源和服务，旨在帮助早期阶段的创业公司顺利启动和快速成长。

创新工场孵化计划分为三类：①助跑计划——针对初次创业、对技术或产品有很高天赋却缺乏丰富的商业、管理和运营经验的年轻创业者；②加速计划——针对有经验的创业者，产品或服务可能仍处于早期阶段但创始人具备明确规划、团队领导力和行业背景；③创业家计划——针对经验丰富、有深厚行业背景的高端人才，不需要成型的商业计划、产品服务创意或合伙人。

创新工场的定位是"天使投资＋孵化器"功能，创意主导权在创业者手中。创新工场通过"孵化器"平台提供资金和服务来培养优秀创业计划，孵化成熟的创业计划将进入 A 轮融资，此轮融资由第三方风投主投，创新工场发展基金跟投，通关者将正式从创新工场母体剥离，单独成立公司，而未通关团队则将面临解散。独立后的公司将进入 B 轮融资，创新工场将获得一定的股份，而这也成为创新工场的盈利来源。

如今的创新工场模式，已经不是当初模仿美国的"IdeaLab"模式，在中国特色国情及移动互联网发展现状下，创新工场走的是一条前无古人的创新之路，主要集中在以下几点：

第一，相比传统的企业孵化器，创新工场更专业，更能了解创业者需要什么。专注移动互联网行业，用全职专家团队为创业者提供战略方向、技术、资金等服务。

第二，创新工场模式能有效解决企业创业初期，运营能力欠缺、人力资源不足等问题，有利于企业快速成型，产品快速上线。同时能够对行业做出经验判断并对创业者进行创业辅导，可以让创新工场比单纯投资的 VC 获得更高的股权，也能获得更高的成功率。

创新工场诞生之后，引来了很多争论，但也指出了未来创新的一种方向，创新不再是传统企业内部实验室的专属工作，与普通人员无关。但同时，创新本身又具有高度的专业技术要求以及行业属性特点，不是一般人能够简单完成的任务。那么在这其中，必然要走出一条折中的道路，即企业开发自己的业务、技术、行业各类资源，引入更多有想法的人才，共同完成创新。

这类新的创新模式，并不是近年来才出现。但是恰恰是互联网让这种创新变得普遍起来。由于企业已经告别了过去的稳定环境，进入高度不确定的市场中，单单依靠企业管理者小范围的判断，并无法满足市场个性化和多元化的口味，自然，这种单一思考源必须扩散，让更多的聪明头脑加入其中。同时，互联网的广泛连接技术，也让信息流通和彼此协作变得低成本，技术的可行加之市场的压力，促使企业转变，开始更多方式的创新。

链接话题——硅谷为什么会成功？

硅谷作为信息时代美国创新的聚集地，已经成了世界各地互联网极客们的朝圣之地，被誉为"信息产业的圣地麦加"。硅谷位于美国西海岸的北加州，包括从旧金山南部到圣何西北部的狭长地带，中间由若干城市组成。原本是大片的果园和农业产区，遍布果树、牧场，但如今被我们所记住的则是众多世界闻名的高科技企业。1971 年，《微电子新闻》记者霍夫勒将这一地区命名为"硅谷"。硅谷这一名称被使用至今。由于信息技术的发展，硅谷吸引了来自世界各地的高端人才，是全美人口最多元化、素质最高的地区之一。硅谷成了创新的源泉，计算机和互联网等几乎所有的技术和产品创新都来自这里，同样，资本的力量也将这里变成了创富的神话之地。

但是我们回过头来看硅谷的发展历史，并不是一帆风顺，一路领先走过来的。相反，在 30 年前，硅谷还算不上美国最主要的高科技创新策源地，那个时候,有一个非常具有竞争力的对手领先于硅谷,那就是曾经辉煌的高科技园区——128公路地区。

128公路地区有两所美国著名的大学——哈佛大学和麻省理工学院,地处美国东北部,临近纽约金融中心,是金融资本和产业资本最为密集成熟的地区,有着丰富的人才资源和完善的产业环境,至少从牌面上看,128公路地区具备成为新一代高科技产业创新基地的一切要素。但是历史的走向却跟我们开了一个玩笑,短短几十年过去,伴随着硅谷的后来居上,一枝独秀,128公路地区却在这次争夺创新中心的竞争之中,逐渐落后。

为什么会是这种结果?硅谷凭借什么优势能够成功逆袭?美国学者安纳利·萨克森宁(Annalee Saxenian)在1994年写了一本书叫《地区优势:硅谷和128公路地区的文化与竞争》,通过对比分析硅谷和128公路地区这两大科技园区的发展状况和所具备的各种资源要素,逐渐找到了其中决定胜负的那个×因素。

这个×因素,不是什么资金、人才、技术等,而是网络,是涵盖各个高科技公司,以及与高校、银行、企业等外部资源的广泛连接网络。在硅谷,这种网络能够打破公司之间的壁垒,产生更具开放和充分流动的信息资源交互,形成了我们如今所熟知的社群经济模式。安纳利认为,正是因为硅谷具有这种社群网络资源,才能够在社会组织的体制方面获得更多的灵活度和资源扩散性,保证创新力和竞争力的持续提高。

硅谷在过去50年的起伏发展中,很好地诠释了社群网络对创新的推动作用。"二战"之后,后来被誉为"硅谷之父"的弗兰德里克·特曼,为了带动加州地区的科技产业发展,决定依托当地的斯坦福大学,建立一个工业园区,通过土地租赁的方式,吸引那些高科技公司前来发展。就是这样一个决定,改变了后来斯坦福和硅谷的发展轨迹,并最终形成了推动硅谷技术创新和产业发展的社群网络。

在传统的观念下,大学是要能够远离世俗纷扰,在一个安静的角落做学问的地方。学者应该淡泊名利,专注于自身的专业修为。对于崇尚财富的商人,我们总是将其视为金钱主义者,本能地与学校教育和学术发展相隔离开来,认为这是两种完全不搭界的事情。商人就是商人，学者就是学者，在大学校园教授知识的人，是不应该投入商海赚钱的。这不仅是儒家传统下的中国自古以来的一种思想观念，在美国很长时间也是如此。从社群网络的角度来看，这种观念等于将学校和产业彼此孤立，没有连接和交互。

但是，特曼具有很强的开拓精神，他认为大学教授是可以经商的，利用自身的技术创新成果，转化为市场上的商品，是一种真正意义上的学以致用精神，能够为当地的经济发展带来实实在在的好处。因此，正是在特曼的策划和推动之下，斯坦福大学开始"下海"，利用斯坦福的土地创建了第一个高校工业园区，园区内兴建研究所、办公楼，引来第一批高科技公司，很好地将实验室的技术成果转化成为公司开发新产品的资源动力。

特曼的创新之举，不仅仅包括兴建工业园，而且还开创了企业与学校联合办学培训的先河。当初就有公司找到特曼，商量是否可以让内部员工来斯坦福接受继续教育；朝鲜战争结束后，很多复员的军人也希望在工作之余，继续他们中断的学业。于是特曼决定，接收这些职员来学校上课，这种公司和学校联合办学的方式，加深了两者之间的连接。这种连接，通过知识的传输，建立了最早的社群网络，随着后来参与公司的增多，这种网络效应快速壮大，促使硅谷的创新集群迅速显现出来。

当然，在日后的发展道路中，硅谷也出现了波折和倒退。越来越多的公司从早期的公司中孕育出来，硅谷逐渐形成了巨大的人财物汇聚的地带。很多公司也开始更为关注自身的盈利能力和市场拓展，为了更快地提升市场占有率，很多公司不再注重这种创新体系网络的建立，而是开始推行大规模标准化生产和低成本竞争。这种方式导致公司的创新能力日渐消退，硅谷也走到了一个十字路口。正是在这种人心思变的转折点上，一些公司开始重新拾起社群网络这种创新体系，加强与其他公司、学校等各类群体的连接，进行集体学习和互动交流，创新的源泉才逐渐重新涌现。

硅谷的社群，指的就是包含各个创新主体的一个关系网络，这个网络中有大学，有高科技公司，有风险投资商，彼此之间能够建立广泛的连接，实现技术、资本、创意、信息等多种资源的流动和整合，最重要的还是实时更新和全民共享的特征。硅谷创新之路从一开始的单一的斯坦福大学模式，到逐渐建立起产学研一体合作机制，更进一步地分解为多种合作互动机制，逐渐形成了一个不可逆的创新社群。如果从宏观角度看，整个硅谷就是一家创新组织，只不过这里没有清晰的组织结构和权力分配制度，更没有传统组织的金字塔结构和集中化管理，而是类似于自然生态系统的自组织，不断地在试错和调整中实现生长。

到如今，互联网从技术角度提供了更为可靠和高效的连接方式，让这种自组织形态能够更好地构建和运转，自然将创新建立在网络之上，用开放和共享的方式推动创新，能够真正地将封闭在学校里面的知识能量释放出来，满足人们的发展需要。

建立企业的创新场

纵观近百年的科技创新历程，很多重大创新成果都以浪潮式推进的方式涌现。在一些关键年份里，会同时涌现数个重要成果。而几乎每一个发明创造都不只由一人发现和完成，而是在几个发明家的触动和竞争中形成。这种由几个发明家形成的团体情境就构成了创新场。例如，19 世纪电报的发明者，目前已知的就有 5 人：约瑟夫·亨利、塞缪尔·莫斯、威廉·库克、查尔斯·惠斯顿和卡尔·施泰因海尔。他们彼此之间的竞争加速了电报的产生；同样，电话的发明也是在两个发明家贝尔和格雷之间展开，双方都在 1876 年 2 月 14 日当天申请电话专利，贝尔仅仅因为提前了几个小时而获得专利。

多产发明家丹尼·希利斯提出，创新存在很强的同步性，这些同步性有助于加速创新成果的形成。但对于个人而言，创新却是一个残酷的漏斗。"有数以万计的人同时想到同一发明的可能性，但只有 10% 会设想如何实现。这些思考过如何实现的人中，10% 真正详细考虑实际细节和具体方案。其中又有 10% 付诸行动并长期坚持。最终，数万人中只有一个人让世界接受了他的发明。"

在生产节奏相对不快的过去，我们可以看到一个伟大的科学家能够单凭自身的努力获得创新的突破进展，但是在近 200 年的发展中，这种单打独斗的创新模式越来越少见。至少在诺贝尔自然科学获奖名单中，我们就可以看到，两人、三人共同获得某项奖金的现象已经司空见惯。创新将不再是单独个人头脑中的知识重构过程，而需要通过多人连接的知识网络，形成一种创新场，来推动创新的出现。

按照勒温的场动力理论，创新场的形成至少需要三个阶段。

第一阶段："解冻"，即尽可能减少或消除与组织过去标准的关联。

第二阶段：引进或制定一个新标准。

第三阶段："再冻结"，这是建立在新标准之上的一种重新建构。

最主要的工作，就是公司在营造创新场时，要敢于打破原有的体制约束，并形成一套新的体制标准。在对企业进行重新架构时，要着力于物理和心理两个层面。在物理层面，要能够搭建更好的基础设施，形成人员在物理上的聚集，实现高频率的接触。例如，圆桌讨论模式，更有利于创意的迸发。反之，如果是用隔间把员工隔离成彼此孤立的岛群，那么创新场力必然会被消解到几乎无形；在心理层面，企业需要形成一种有平等感、宽容度的文化氛围。实际上，依然是要有着思想上的横向连接。借助于互联网交流技术，这种连接能够更好地实现。

同样，创新场是一种状态，互联网是能够实现这种状态的最有效的工具，无论是在物理层面还是心理层面均是如此，广泛的连接和互动，充分的公开和共享，让知识不会停留在一个人、一个组织的内部，而是在网络中自由流动，看似无法捕捉其行踪，但也实现了对已有架构的拆解和重新组装，而这本身就是创新的过程。

从接受知识到发现知识

你是否有过这种梦想，有一家工厂，能够帮助每一个人去创造自己想要的新玩意儿？每个人都可以随心所欲地施展自己的创造才华，去想象那些世间不可能的美好事物，或者是那些让人脑洞大开的新鲜产品。而这家工厂，只是提供给了你基本的创造工具和知识，让参与者们用自己的头脑和工具，来探索出一条只属于自己的创造之路，去实现那些停留在脑海中的古怪想法，去获取自己感兴趣的知识。

1998 年，MIT 的 Gershenfeld 教授开设了一门课程"如何能够创造任何东西"，结果在学生中间大受欢迎。那些只有创意但没有相应技术经验的学生，却在课堂上创造了许多让人眼前一亮的东西，如为鹦鹉制作的网络浏览（http：//lab.cba.mit.edu/PHM/demos/alex.mpg），收集尖叫的盒子（http：//lab.cba.mit.edu/phm/demos/scream.mpg），保护女性人身安全的配有传感器和防御性毛刺的裙子等。

通过这一现象，Gershenfeld 教授开始思考如何能够让人们的创造力得到更好的发挥。从课堂反应来看，他认为与其直接教授那些已经固化的知识，倒不如让学生自己去发现新的知识，而所需要的工具可以由某个实验室或者平台来统一提供。依据这一想法，2001 年第一个 Fab Lab 由美国国家科学基金会（National Science Foundation）拨款建立，旨在提供完成低成本制造实验的所需环境。这是一个提供一些基础设置和软硬件资源的创新平台，用户可以利用平台上的工具，来自行实现他们头脑中的任何创意灵感。

创意的实现或者是新东西的制造，总的流程大致分为设计、制造、测试、监控、分析，再到文档整理几部分，而在这其中，每一个用户并不是独立去完成，更多时候需要在线讨论和分享一些新想法，同时由于 Fab Lab 只提供一些基础和通用性的工具，因而，用户也可以根据自己的需要去制造个性化的工具使用。

新的创新模式，最大的特点是不再闭门造车，而是充分共享和相互激发，Fab Lab 的用户，就可以利用思考圈，将自己的创新设计上传，与世界各地的用户进行视频沟通和联系，听一听别人对自己想法的评价，有效利用其他人已有的资源。通过这种无间断的广泛的交流互动，形成一个虚拟空间的创新场。

事实上，这种类似于梦想剧场的事情，已经在很多国家实现了。而且，跨国跨文化的合作创新实验室已经成为常态，在这种网络化的创新组织中，少部分用户成了其中的领导者，有着强烈的渴望创新的动机，这种领导性能够实现创新网络的聚合效应。像 Fab Lab 这类直接服务个人创新的平台，在互联网时代已经成为了一个创客空间，超越了曾经的以实验室创新为主导的封闭系统，将知识的再运用权利赋予了广大民众。伴随着智能制造理念与技术的成熟，这种个人设计活动也让创新行为走进一个新的阶段——创新 2.0 时代（如表 10-2 所示）。

表 10-2　创新范式的转变

	创新1.0——专家创新	创新2.0——大众创新
创新主体	专业技术人员	有创意的普通人
创新场地	学校、实验室、研究所	互联网空间
创新动力	系统的知识积累	分散的知识交互
创新脉络	目标明确，线性推进	目标灵活，网状扩散
创新成果	构建设计	自发涌现

互联网+创新的
新模式

提起创新，就会想到美籍经济学家熊彼特的创新理论，在 1912 年出版的《经济发展概论》中，熊彼特提出创新是指把一种新的生产要素和生产条件的"新结合"引入生产体系。它包括 5 种情况：引入一种新产品，引入一种新的生产方法，开辟一个新的市场，获得原材料或半成品的一种新的供应来源，新的组织形式。熊彼特把创新的内涵做了延伸，不仅是物的创新，还有技术、思想、组织等方面的创新。

过了 100 年时间，人类对于创新的理解有了新的认识，特别是在复杂的世界中，如何理解创新现象变得比之前的视角更为全面和深刻。《复杂性科学视野下的科技创新》一文中，针对科技创新的复杂性问题，认为创新应该被视作是一种涌现的现象，而且是在多个创新主体和创新要素的交互作用之下的一种涌现现象，是技术进步与应用创新的"双螺旋结构"共同演进的产物。

而互联网的发明，让创新更多脱离了过去的实验室，推动科技创新的基本范式出现了变革，成了一种全民参与式活动。如同产品的设计权从企业手中转移到用户手中，创新也开始从实验室的专家主导模式，向网络空间和大众社会转移，由此产生了新时期的具有互联网精神的创新范式，具体包括以下几种：

第一，开放式创新。传统的创新基本上是基于企业内部的专家研发主导型，但是自从 Linux 开放源代码带来的全新意识之后，很多企业也开始尝试走出自我封闭的实验室，将自己的能力开放给感兴趣的人，取得新的收益。IBM 将自己的软件源代码放在了 Apache 上面共享，他们生产的计算机逐渐就能够和该社区上的所有软件兼容，这为 IBM 带来了巨大的财富；Facebook 和亚马逊都向全球开发者开放自己的 API（应用程序接口），开发者经过简单的操作就可以在所提供的平台上开发自己的产品，而平台提供者 Facebook 和亚马逊也实现了依靠自身无法实现的市场目标。

第二，参与式创新。互联网的低成本信息传播，让过去的消费者变成了能够参与到产品开发过程的参与者，消费者不再是翘首等待新产品，而是及时跟进到过程中来，提出自己的意见，与企业共同改进、提升产品。小米手机就充分利用了广大粉丝的集体智慧，在每一次的升级优化过程中，都会有针对性地听取粉丝意见，在手机完善过程中，也增强了粉丝的自我存在感和品牌忠诚度。

第三，跨界式创新。 罗辑思维的创始人罗振宇在他的节目中，一直在给听众传播一种理念，就是互联网的核心是连接，将过去很难互通的两个圈子连接在一起，结果往往能发现新的价值点。以往的创新理论强调的是在专业化的圈子内部，依据过往的经验单线条前进；而互联网创新则是跨界、跨行业、跨专业的创新，用一种行业经验去改造另一种行业规则。当前在很多行业炒得火热的互联网思维，就是其中的一个体现，当传统行业商业模式遇上互联网，新的产品和模式便应运而生。

第四，迭代式创新。 360 老总周鸿祎在很多场合都提倡一种微创新的理论，不见得什么事情都具有颠覆性才够精彩，在原有的基础上做得再好一点也是一种创新，这种创新成本更低，风险更小，而且更有连贯性。腾讯在迭代创新方面做得尤为突出，马化腾的灰度理论也推动了这种创新思想的传播，互联网让过去那种十年磨一剑、慢工出细活的生产方式受到了挑战，人们更需要的是快速体验，然后完善的模式。在这种完善中，如果加入参与式、开放式的创新行为，那么这种综合化的创新模式将会孕育出巨大的能量。

在互联网＋创新的时代，越来越体现出开放和共享对于知识运用和重构的价值所在。而在这背后，则是互联网带来的连接网络，将以往基于专业、企业、行业划分所形成的信息壁垒彻底打破，让原本只是自家人内部交流的思想，成为网络社会中能够公开讨论和集体使用的公共资源。有了连接，才有了那些"外行人"的涌入，用颠覆性的思维改造原有的行业规则，让曾经代表知识权威的专业人士，直呼"看不懂、怎么办"！因为有了连接，创新不再成为独立的活动，而是能够变成一种广泛协作和共享的生态活动，在这个生态圈内，已经没有了所谓行业内外之分，或专业与否之别。一切都围绕着需求而展开，没有中心，没有权威，人们在思想相互激发和知识共建共享之中去发现新的天地。

同样，没有创新力的企业也就没有未来。为什么在当前的互联网公司，创新的意识和能力最为强烈，创新文化氛围最为浓厚？因为这是一种人性的解放，当员工不再为自己的想法能否得到领导首肯而惴惴不安的时候，这种解放的心态就能够激发出最大的活力。

乔姆斯基说："人性的基本要素就是需要进行创造性工作，创造性探索，需要进行自由的创造，这种创造不受来自强制性机构的武断限制，那么当然，这意味着一个文明社会应该为实现人性的这一基本特征提供最大限度的可能性。这意味着要克服存在于这个社会的压制、压迫、破坏、胁迫等不利因素。在我们这个社会里，就有这样的历史残渣。"

互联网，正在清扫那些历史的残渣，扫清挡在我们未来之路上的那些残渣。

掌握知识的新范式

从书籍到网络　　　几千年以来，承载我们人类智慧的都是书籍。汗牛充栋的各种经典之作，代表着人类从原始部落、历经农业时代、工业时代一直到如今的信息时代，每一步所包含的思考、创造、收获和总结。书籍已经成为我们获取知识、运用知识的最主要的工具。而且，由于书籍具有的这种排他性的存在，我们在评价一个人的知识和智慧水平的时候，也往往会看他的书，并从中得出对这个人学识素养的基本评价。

从最早的手抄本，到后来发明印刷术之后的印刷本，书籍都是与纸张紧密结合的一种实体物品。这种结合意味着书籍上的信息以及信息中包含的知识，都是与纸张本身密不可分的。我买下了这本书，等于拥有了书中所有的信息和知识，而另外一个人从我手里借走这本书的时候，同时也借走了书中的信息和知识。换句话说，当这个人要获取相关的知识和信息，就必须也只能用借走书的行为来获得。

但是，这种内容与载体合二为一的情况，到了电子化社会有了根本性的变化。1971 年，一名叫迈克尔·哈特的美国大学生，将从别处拿到的独立宣言文件录入到了电脑中，并在 ARPAnet 上发布信息说，《独立宣言》可提供下载。就这样，世界上第一本电子书诞生了。那天，正好是美国的独立日——7 月 4 日，电子书也宣告诞生。电子书的出现，将书籍一分为二，内容可以脱离纸张独立流通，在所有人的电脑上都可以得到复制，而不需要印刷出版相应数量的书籍实体。

如今，人们可以在手机上自行阅读各类电子书，也可以通过 Kindle 和 Nook 来阅读。电子书的出现，让传统出版业真正感受到了被终结的危机，而且是一种无力抗衡的宿命。当我们沉淀几千年的思想、经验都全部电子化之后，书籍对于我们个人学习而言，其意义被大大地弱化了。

最近几年，各地很多中小学都开始推行所谓的"e"学习计划，也就是将过去的纸质课本改为电子课本，学生不用再背着厚厚的书包去学校上课，只需要人手一个平板电脑，就可以实现课上学习与课下练习的功用。通过平板电脑，老师和学生可以进行在线教育和学习活动，而且更为重要的是，这种教学活动可以在线实现互联互通。当学生通过平板电脑完成作业和考试的时候，老师可以直接在上面进行批改和点评，其交互性和效率性远超过去的纸质时代。而且老师对众多学生的学习表现，也可以在网上得到更为精准的统计结果，比如哪些题目错误率较高，老师可以针对这一重点内容进行加强训练；根据每个学生在不同环节中成绩分布的特点，可以帮助学生进行个人的总结和提高。

电子书和平板电脑让知识的传播进入了更为连接和互动的阶段，在我们感叹这种授课效率如此之高的同时，也会有另外一种感受，就是我们已经越来越脱离了书本对于我们知识存储的限制。互联网带给我们的是信息的爆炸，海量信息之下面临的最大问题是如何选择和过滤，而传统上，我们需要做的是寻找和遵守。这是网络化前后对于知识掌握的一次最重要的变化。

从专注到跨界

如果把互联网作为一个单独的行业来看待，可以说如今没有哪个行业是不和互联网相融合的，在行业融合之中，自然就会产生众多跨界行为。但是跨界作为一种行为方式，却不是互联网带来的新生事物，至少在工业革命之后，越来越多的专业化分工带来的行业细分，创造了很多交叉学科和领域，跨界的行为变得不可避免。朱丽·汤普森·克莱恩在其著作《跨越边界——知识、学科、学科互涉》中，就针对美国科技发展历程进行了详细的梳理，并且指出"从科技领域看，最近几十年来，几乎所有的重大研究进展都发生在已有领域之间的学科互涉边界地带。"

依照库恩在《科学革命的结构》中提出的范式理论，跨出学科边界的方式，已经使得传统依照学科划分模式运转的科学范式面临新的危机和调整，跨界模式成了更为普遍和有效的科学发展范式。不仅如此，行业之间的壁垒，也在日益联系紧密的现今社会，渐渐消融，特别是作为联系纽带本身而存在的互联网，天然地将自身的思维范式带入到其他传统行业之中，形成一股颠覆的浪潮，互联网思维本质上来讲是一种跨界思维的演绎。

巴菲特的合伙人查理·芒格一直很推崇跨界思维，并将之比作为解决问题的"锤子"，有这个锤子，所有的问题都自然被看成是一个个钉子。也就是说，一旦突破了从前被学科、专业、行业、组织等各种人为划分的类别边界，通过彼此的连接，就会在更为宽广的视野中，找出解决问题的创新之举。

但是，这种跨界思维为什么没有在很长一段时间内成为行业发展的主流思维？至少在大多数情况中，我们接受的基本教育依然着眼于打造某个行业的专家人士，我们在学校看到的依然是边界清晰的各个学科在独自授课，我们在大学也依然是加入到某一个专业中去继续深造。互联网带给了我们什么关键条件，促使跨界思维能够在更多人的知识构建中得到长足的发展，并能够在更广泛的社会生活中起到改进作用呢？

比较我们讨论过的书籍和网络对于知识承载体现的作用，就会发现，其中一个非常凸显的特点是，书籍传播的是一种封闭的、自成体系的知识结构，而网络则是开放的、互为连接的知识结构。每一本书，都是作者深思熟虑之后，从命题的最初阶段，一步步展开来进行推理和论证。在此过程中，作者会根据自己设定的研究逻辑，去筛选哪些材料可以加入进来，哪些材料不予使用。整本书实际上是作者为我们精心铺就的一条通往最终目标的确定路径，就像我们走进自然景区，买来一张旅游地图，沿着上面设计好的路径沿途欣赏风光。

在《知识的边界》这本书中，作者戴维·温伯格将书籍的思维，形象地称之为长形式思维（long-form thought），并且用 1859 年达尔文写就的划时代巨著《物种起源》作为例子，展示了这种长形式思维的特点。同样，斯宾诺莎用几何学的原理写就的《伦理学》也是一种很典型的长形式思维范例。在哲学层面，这是一种宏大叙事体。每一位读者，都有且只有跟着作者这一思想的导游员，去游历眼前的整个景区。但是，你不能选择走哪条路，看哪些风景。因为摆在你面前的只有一条路径，沿途的风景也都已经固定在其中，你看或者不看，它们就在那里。书籍的这一思维特点，决定了我们获取知识只能是在既有的道路中自己去寻找已经存在的那些思想观点，并且加以吸纳和遵守。

只不过在电子书和互联网出现之后，传统的书籍阅读体验就来了一个彻底的大转变。在网络空间，没有书与书的那种物理边界存在。我们每写一句话，每摆出一个观点，实际上都是整个网络中的一个节点，与之相连接的是无数个相关性的话语和观点。通过电子阅读器，我们可以点击那些感兴趣的词条，连接到更为丰富的网络文库中，广泛查询相关联的背景资料，或者其他人对于此事的不同看法。就像在景区旅游的时候，我们不再是依靠唯一的路线图指引游玩，而是自主去探索各种可能的路线，在任何时候都可以转弯离开大路，去走一段崎岖和安静的林间小道，去体验那些没有在书中设定好的意外之景。

当知识冲破书籍的牢笼，进入互联网的自由海洋之中，我们会发现，在海量般的信息爆炸时代，对于知识的掌握，不仅仅可以通过一本专业书籍，跟随作者的长形式思维做系统的吸收；还可以根据自己的连接路线，在众多的信息之中，经过自我思考后做出选择和过滤，逐步绘制出一幅只属于自己的知识结构图谱。在这种没有任何规律和要求之下的连接中，我们很容易跨越所谓专业的边界，走进另外一个科学领域，去接触一些我们之前没有听说过的理论和方法，还有故事。我们越来越多地借助于这种网络拓扑结构，去建构自己的知识库，也越来越频繁地与多种学科、多种领域发生着连接和信息交互，不断地让我们的大脑空间变得更为多元和复杂。正因为网络的无边界化存在，跨界的现象，从思想到行为都已经成为必然趋势，而且也正在不断地创造新的知识节点。

互联网化的知识观

信息时代，我们总是将数据、信息、知识这些词汇挂在嘴边，至于彼此之间的关系，并没有做太多的严格区分。其实，以上这些词汇，有着不同的含义，当然彼此也有着密不可分的关联。提到这个话题，总会有人想起美国诗人艾略特的那首《岩石》中的诗句：

"我们在哪里丢失了知识中的智慧？（Where is the wisdom we have lost in knowledge？）

又在哪里丢失了信息中的知识？"（Where is the knowledge we have lost in information？）

在 20 世纪后期，经教育家米兰·瑟兰尼和管理思想家罗素·艾可夫的不断扩展完善，最终形成了一个关于知识结构的金字塔模型，依次将数据、信息、知识和智慧做了层次划分，高一层的对象是建立在对低一层的对象的有效处理和认知的基础上，逐步从最原始的数据层衍生出最高的智慧层（如图 10-3 所示）。

图 10-3　著名的 DIKW 体系

这个关于数据、信息、知识及智慧的体系，被称为 DIKW 体系。其中四个层次的运转，实际上分为两种途径。一种自下而上，由数据出发，最后形成智慧；另一种自上而下，从智慧出发，最后落脚到数据上面。

数据指的是我们了解世界的最原始、最基础的素材，包括数字、文字、图像、符号、动作等。在没有进行更进一步的处理之前，这些素材没有特别的含义，也无法形成价值。而说到的处理过程，就是进行筛选、分类、归纳、总结、提炼，形成信息。信息是我们认识世界的输入资源，我们每天都在不停地摄取各类数据，然后在大脑中自然地过滤成为信息。

知识是在对信息进行更深一步的处理之后得到的，这种处理与对数据的处理的不同之处在于，这是一种深度的处理，是基于因果逻辑的一种推理；而对数据的处理是广度的处理，是空间上的组装和构建。对信息进行深度分析之后得出的结论就是知识，这是我们获得社会生产力的价值资源。信息回答了是什么的问题，而知识回答了为什么、怎么做的问题。信息用于了解世界，知识用于改造世界。

而最后的智慧，是依托于知识的不断积累，以及内部的化学反应所涌现出来的。在这里，相同的知识，最终体现在不同人身上是完全不同的智慧水准。

反过来看，当我们有了新的智慧之后，为了让这种智慧能够外化和显现，能够为更多的人所了解和学习，需要将这种无形的智慧转化为有形的知识、信息和数据，这样逐级扩展和普及，变成了后来人们学习的素材。

在我们还依托于书本来获取知识的时代，这种 DIKW 体系内知识的演进工作，本质上是与专家和学者之外的普通人士无关的。也就是说，在过去，并不是每个人都有权利、有机会去构建大众的知识结构，参与到创新之中。知识的构建本身意味着学术权威，信息权威的形成，意味着中心化格局的出现，是一种由少数专业人士聚集起来，在一个封闭的实验室内部的工作。大多数人只是等待这种构建工作完成之后，通过阅读专家的著作，通过学校的教育，去获得这些已经被体系化的知识。

互联网作为一种外力介入进来之后，带给知识的演进以完全不同的模式。虽然 DIKW 体系依然是我们获取知识和智慧的基本路径图，但是当束缚知识和信息自由流动的那些边界逐一消失后，当我们能够自由地获取连接和选择权利之后，一个全新的知识结构就已经出现了。总体上具备以下几个特点：

连接和开放：每一种观点都是网络中的节点，与之相连接的是更多的观点，其中有相互对证的，也有相互矛盾的。无论怎样，所有的知识在互联网上都是开放的，也都是共享的。

提供多种选择：我们每个人手中都有选择不接受任何观点的权利，因为相比以往，我们在网上总能够找到更符合自己胃口的说辞。我们拥有了知识的投票权，拥有了为自己开拓寻求智慧的私家道路，而不一定要遵循已有的书籍中的那些老路。

没有最终答案：每个人都是知识的创造者，而且无时无刻不再更新。纸质书籍代表着过去知识的总结，而网络则能够让知识时刻保持新鲜；纸质书籍的知识是静止的，是一种终点站，是最终答案；而网络则让知识更像生命体，不断进化不断生长，永远没有真正的完美答案和最佳权威。

波普尔区别了两种知识，一种是钟，是精准、确定、光滑的，就像数学方程一样，一目了然，清晰无比；另一种是云，正好相反，无法用准确的语言表达出来，只能是模糊的，能够感知的。我们以往接受的知识、使用的知识，都是钟，而不是云。但是，互联网让我们认识到更广泛的知识体系，本身是具有很高的复杂性和不确定性，是无法用清晰的逻辑脉络所加以明确定义的，是没有固化的规则和套路的。当我们连接的越多，获得的知识和信息也就越多，彼此的关联复杂度也会随之提高，知识是动态的、演化的，知识体系是不确定的，是强调关联的，这正是互联网带给我们的全新的知识范式（如图 10-4 所示）。

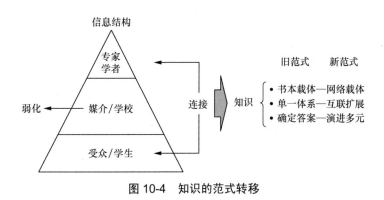

图 10-4　知识的范式转移

第三部分
迎接复杂而自由的新世界

互联网打散了以往工业时代建立的统一、标准、权威的社会运行体系，呈现出了多元化的发展脉络，而且在其内部并不一致，甚至有相背离、混沌的状态。我们需要打破几百年来的理性科学的思维桎梏，更新头脑的操作系统，接受更复杂的世界。

第十一章

互联网 + 思想——更新你的
头脑操作系统

Internet+

经典科学的思维范式

我们的世界本就十分复杂，但是经过长期的简化处理，使得我们认为可以通过因果推理的逻辑，将所有人类的活动都能够确定规划出来。近几百年来，我们就是在这样一种观念的支配下，发展出了一整套现代科学方法，创造了繁荣的物质文明生活。

科学是一个好东西，把科学当作一种工作和学习的方法固然可喜。但是如果把科学当作一种精神信仰就会遇到比较大的麻烦。科学作为一种方法，是能够帮助我们在纷繁复杂的现象中，提取出成逻辑、有体系的知识观点，帮助我们去解决身边的问题，然后再展望下一步的规划。当然，因为科学这个方法实在太好用了，让我们越用越爽，越用越有信心，慢慢地从对这种方法的信任，变成了对这种方法论背后的思想的崇拜。

人的崇拜很有意思，一旦变成被崇拜的对象，就自然成了永无谬误的东西，永远伟光正，永远高大全的形象就这么被塑造出来了。但是，即使从我们自身的经验体会上，也会觉得科学不是一把万能钥匙，也有它打不开的锁，而且随着我们的社会进步，认识世界、认识宇宙、认识我们自己越来越深，这种打不开的锁更多了。

从方法论的科学，逐渐演化成信仰上的科学，使得科学本身承受了不能承受之重，我们需要给科学减负，也等于是给我们自己的思想减负，给我们这个从文艺复兴时期逐渐开发出来的思想操作系统升级换代。

经典科学思维的操作系统，形象表述的话，可以算是笛卡儿设计，牛顿研发，加上后来许多科学家的各种补丁，逐渐形成的一套思考认识的操作系统，这个系统上面又不断开发出了物理学、化学、生物学、心理学、经济学、社会学等应用软件。几乎可以说，我们现在学校里面学到的被称为科学的知识，差不多都是在这个操作系统里面开发出的应用软件，也正是这些应用软件的神奇功能，打造出了工业革命以来文明繁荣的现代化世界，改变了我们的生活轨迹。所以说，笛卡儿和牛顿以及许多科学家，的确是很厉害的产品经理。

这个操作系统很好用，但是也有自身无法克服的 bug。恰恰在这个时候，互联网出现在我们的生活中，人与人的连接变得更加直观和简单，而人们的生产活动却变得更为复杂和多元化。产品不再是统一的标准，而是千奇百怪的形态；企业不再是层级明晰的架构，而成为网状的动态组织；企业与消费者不再是泾渭分明的两类群体，生产伴随着消费，而消费本身也是在继续生产新的创造；信息的传播不再是从中心向四周简单的单向传播，千千万万的听广播的人也变成了新闻制造者和传播者，信息的流动变得无序和不稳定，没有哪个人能够垄断任何真理，众说纷纭而且公开透明。

可以说，试图继续用简单的理性逻辑和因果关系来规范管理我们的社会生活的想法已经无法实现，我们需要做的就是要反思这种控制我们头脑多年的操作系统，这种机械、简单的理性逻辑思想，找出它的不足之处，然后把它升级换代。

我的眼里只有你吗？ 在中学的物理课本上，经常会遇到这么一个神奇的小木块，它没有体积，没有形状，也不考虑材质，简直是一个三无产品，然后假想它在一个没有风雨、没有雾霾的理想空间中，其实也就是在老师的黑板上，在我们的试卷里开始做各种运动。当然，在它运动的同时，我们也不闲着，用各种公式去计算小木块的速度、动能等各类参数，描述出它的运动轨迹。

这个神奇的小木块可以算是典型的科学假设代表，科学家最喜欢搞这一套，假设构建一个剔除了所有主观干扰的客观世界，然后客观分析物体的运动规律。主客完全分开是科学研究的最基本的假设前提之一，只有在这一假设前提之下，科学家才能去总结最准确的运动规律。

主客分离的观念在物理学开始生根发芽，逐渐延伸到其他各个领域。比如，到了经济学这里，研究者同样必须假设作为社会活动的基本单位——人，也像那个神奇的小木块一样，没有自己的那些说不清楚的小情绪、小感动什么的，就是一个纯理性的经济人，趋利避害，是基本的行为规律，于是才会有推导而出的各种经济模型（当然现实中这些模型几乎都不可能完全准确）。如果你非要说人这个动物可是很复杂的，好多时候都很感性，做事不过脑子，容易冲动任性，那这个经济学模型可就真的构建不出来了，因为你掺杂了太多不可把握的主观因素进去。

当然，主客分离本来是开展科学研究时用的基本方法，也可以理解为一种技巧。只不过当这种技巧反复使用的时候，慢慢地人们就会形成这么一种思维观念，主观和客观的世界是能够分开的，物质和意识是能够分开的，客观的物质没有什么思想意识，就是完全客观实在的。

这种观念在历史上是一种巨大的进步，你看美术的发展，在中世纪的学院派画家中，信奉绝对本质的思想，画家应该能够准确地描绘出事物的本来样子。为此逐渐发展出一种透视法，就是用精确的方式来客观真实地描绘出世界万物本来的面目。这个时候的艺术家，比如达芬奇，就是透视法的高手。透视法是一种科学的方法，美术运用了科学的方法，得出精确的结论。背后隐藏的观点假设，即画家作为一个主观的人，能够把客观事物原原本本地画出来，只要用科学的方法就能够实现，一定程度上体现了主客分离思想。

但是到了近代，有的画家越来越觉得有点烦闷，为什么烦闷？因为他们画画多了，就开始不由自主地去琢磨：我画出来的到底是不是真实的呢？比如你画了一条河流，可是河流中的水湍流不息，永不停止，可以说每时每刻都在变化，你画的到底是哪一刻的河流呢？古希腊人所说的"人不可能两次踏入同一条河流"，也许等画出来之后，河流已经不是原来看到的那条河流了。还有，即使是同样一件物品，不同的人从不同的角度去观察，依然会得出多种多样的观感。艺术家最不可忍受的就是他的作品无法真实地反映现实的生活，具体到画家，就相当于你说他画得不够像，实在是太伤人了。

渐渐地，有的画家开始不再去追求那种绝对客观真实地作画，而是花点时间观察完眼前的景物之后，凭借自己的印象和理解，甚至一些想象和发挥，画出一幅作品。莫奈就认为绘画应该是我们所看见世界的那个样子，而不是它本来的样子。用主观的手法去处理那些无法被证实是否绝对客观的事物面貌，结果画出来的作品，就像近视眼没戴眼镜一样，都是模糊凌乱的线条。据说，在1874年一场画展上，针对莫奈的一幅叫作 Impression Sunset（日出印象）的画，评论家们嘲讽此画笔触凌乱，纯粹是凭主观印象画出来的作品，于是乎印象派就这样诞生了。

不再追求客观世界的真实模样，而是更看重我看到的这个世界是什么样子，反映了人们从重视理性主体转而重视感性主体，在艺术流派的变迁过程中，已经蕴含了新的观念认识，渐渐地在人们的头脑中萌芽，这种思想说的是，没有人能够绝对做到客观真实的描述，我观察这个世界，不可避免地把我的因素放到了这里面来，我无法全然抽身出来，只是静静地做一个美男子。不再去追求所谓的绝对真相，因为你无法说清楚什么才是绝对的真实，反之更注重的是主观的感受和创作。之后的西方哲学、文学、艺术等领域，都逐渐开始涌动着变革传统的精神。

这是从主观思想层面开始的一种嬗变，与此同时，在客观物理世界，也出现了对经典科学思维最严峻的挑战。19世纪后半期，随着麦克斯韦电磁方程的出现，整个物理学界普遍存在一种乐观情绪，认为物理大厦已经建设完毕，普朗克的导师就跟他说，物理学已经没有什么新的发现了，剩下的就是打扫战场，把一些参数测得更精确一些而已。谁知，撼动经典物理学的第一人，恰恰就是普朗克本人。1900年，普朗克第一次提出了量子的概念。

20多年以后，另一位德国人海森堡提出了测不准理论，认为外界的观测行为本身，就会影响微观世界粒子的运动状态，导致无法同时测出粒子的速度和位置。经典科学认为，观察者瞪着眼睛看，怎么会影响被观察的物体呢？难不成我看了你一眼，你就不是你了？但是无论怎样，至少在物理学领域，主观的观察行为影响客体这个事实的确被发现了，至于原因解释实在是多姿多彩，难以有统一的定论。

如果放在现实生活里，我们都知道人是这个社会系统的构成单元，彼此之间是无法清晰分割的。假如从我的角度看，我是主体，你是客体，但是我对你的互动方式，哪怕是看你一眼，也是会影响到你的思想乃至行为的。人是社会动物，本身就不可能完全主客观绝对地分开，互不影响，独立运动的。

比如说到某某人有领导力，那什么是领导力？就我们每个人的切身体会而言，领导力，其实就是说这个人在与其他人互动中，有那么一种很强烈的气场存在，能够让你不由自主地去信赖和服从。你虽然是一个独立的人，你的四肢听从你的大脑指挥，但是这个人一出现，他就有能力把这种看不见的气场，渗透进你的思想意识中。你的身体依然是你自己的，但你的思想活动已经不再只取决于你的大脑皮层，而是渗进了他的思想，领导气场就类似于一种洗脑术。所以，即使是两个独立的人，也可以做到你中有我，我中有你。你我无法真正地分开互不干扰。

互联网技术的出现，让人们的关系互动、互相作用的真实影响成倍地放大出来，互联网连接了全世界的人，以往经典科学中用来分析世界的基本方法，即将主客观绝对分开，在社会网络的研究中愈发显示出局限性甚至是不适应性。我的眼中不仅有你，还有我自己！

生命是如何而来的？

在上学的时候，一般遇到比较难解的数学题，老师总会这样说，复杂的题都可以拆解成简单的题，逐个解决之后，即等于搞定了最后的难题。后来，试着把这个经验用在很多题目上，还确实是如此，不光是数学，还有物理、化学基本上都符合这个规则。复杂的事物都是由简单的事物组合而成的观念，就渐渐地成为我们的一种思维定势。

现在反过头来看，这种思想可以归结成一句话：复杂的系统都是可以拆分成基本的单元，掌握了局部就可以了解整体的情况。用这种思想回忆曾经学过的很多课程内在的逻辑，还真的是这个样子。后来看过一些哲学书之后，才懂得这种解题的方法就叫还原论。

毋庸置疑，还原论对我们思想的影响非常之大。比如，科学界一直有这么一种说法：把各门类的学科分成不同的级别，级别越低越是基础学科，如果一门学科的理论、规律可以说明另一学科的理论、规律，则后一学科可以向前一学科还原。物理学普遍被认为是最基础的学科，因为其他的学科最终都可归位于用物理学的表达方式。

还原论最典型的表现，就是化学的元素分析法，将物质分解成最基本的元素，然后逐一分析这些元素，再把元素构成还原为物质。这种分解—组合的研究方法，不仅广泛用于自然科学中，还体现在其他社会科学领域。比如20世纪上半叶风行一时的构造心理学派，代表人物就是铁钦纳，这家伙竟然主张要通过研究找到所有构成人的意识的要素。是不是脑洞有点大开了？不过他在经过分析之后，还真的找到了意识的基本元素，在他的《心理学大纲》中写道：意识由44 435种感觉要素构成：其中绝大多数是视觉要素（32 820种），其次是听觉要素（11 600种），以及肤觉、味觉、动觉各4种，消化道感觉3种。是不是有点不可思议，显而易见，构造心理学元素分析的方法是深受还原论思想的"毒害"！

19世纪德国物理学家亥姆霍兹认为：一旦把一切自然现象都化成简单的力，而且证明自然现象只能这样来简化，那么科学的任务就算完成了。说的其实就是这种还原论的思想，从牛顿力学的理论中，我们就能够感受到牛顿把世界理解成一架精密的机器，由无数个小的零部件构成，人类只要弄懂这些零部件的运动规律，组装起来就能够看懂整个世界，甚至由此可以大胆地设想，人类运用自己的能力可以构建一个想要的机器世界。这个世界完全按照人类自己的想法运转，只要技术足够强大，可以做到运转得分毫不差，真是一切尽在掌握之中！

看似还原论的思想的确是揭开一切难题的至尊法宝。英国物理学家保罗·戴维斯在其著作《上帝与新物理学》中就总结道："过去的三个世纪以来，西方科学思想的主要倾向是还原论。的确，'分析'这个词在最广泛的范围中被使用，这种情况也清楚地显示，科学家习惯上是毫无怀疑地把一个问题拿来进行分解，然后再解决它。"

这么说来，似乎还原论真的是一把万能钥匙。不过，就像主客两分还是遇到了无法克服的缺陷一样，还原论也是如此。虽然它带来了现代科学，但也遇到实际的问题。这里提一下量子力学中的纠缠现象，这算是最让人捉摸不透的一种现象了。纠缠说明量子之间存在着一种非常微妙的关联性效应，无论相距多远，都会及时感应到对方的变化。据说最近中国科学家已经通过实验测出这种超距感应的速度是光速的4倍。

跳出纯粹科学的探讨，我们实际上可以看到，世界万物并不是真的能够严格地分割成零部件，因为彼此之间有着千丝万缕的关联。就拿人体来说，我们可以分解四肢、躯干、头脑各个部分，但是组装起来的人依旧有着单一局部无法解释的整体行为。人体不是盖大楼，由砖头瓦块拼装而成，细胞构成器官，器官构成系统，比如消化系统、循环系统等。这里面就有了一个很有趣的问题，就是怎么解释由个体组装成整体后，能够出现个体没有的现象，其实也就是生命的出现。

再回到宏观世界中，假如我们要管理一个团队，如果用还原论的思想，要想团队获得预期的成果，只要控制规范每一个人的行为，将各自的产出叠加起来就能够形成最终的成果输出物。但是有过团队管理经验的人都知道，团队的能力绝不是简单的"1+1=2"，最关键的是内部人与人在相互配合之中产生的协同效应，由此带来了附加的价值创造，而不是分开后的散兵游勇，只要协同配合得当，最终团队的输出成果一定是"1+1>2"的效果。这种协同性就是物质之间的关联效应，它无法被量化，无法被控制，自然也就无法预测结果，运用之妙存乎一心。还原论在现实世界中不能解释这一问题。

所以，《上帝和新物理学》在夸完还原论的历史贡献之后，笔锋一转，又说道："有些问题只能通过综合才能解决。它们在性质上是综合或'整体的'"。彼得·圣吉的《第五项修炼》中最关键的就是要有系统思考的能力，而这种系统思考的能力是反还原论的，是从宏观到微观的思考模式，与传统的科学分析模式完全不一样。说到这，中医的思维模式倒是给了我们很好的启示和借鉴，对于研究一个有生命力的系统，比如人或者企业组织，拆分去研究每一个部件是找到具体问题的一种方法，但是作为一个整体，要想解决问题发挥功效恐怕就要有一些阴阳调和、相生相克的关联思维了。

上帝不掷骰子吗？

说一个网络笑话，具体内容是：如果当初郭靖娶了华筝，就不会有人带杨过上终南山，全真道士就不会收这样一个人，杨过就不会遇到小龙女，他们就不会有后人，张无忌就不会得到神雕后人的帮助，明教的势力很难达到后来的高度，朱元璋就很难借势成事，大明就很难建立。有点意思吧！这类故事还有很多其他的版本，当然都是博人一笑罢了。不过它体现的思维方式，倒是可以拿出来讨论一番。

从因果思维出发，一件事情的结果，一定有它的原因。但是我们从小受到的教育，基本上都是讲授线性因果的思维，由一个原因，导致一个或几个结果。在线性思维中，对应关系明确，接着这个结果转为下一个或多个结果的原因。依此类推，得出最终的结果。从始至终一脉相承，环环相扣，这种线性思维是科学的基本思考方式。

线性思维最典型的体现，就是两千多年前的欧几里得创立的几何学，从几个最简单的假设命题出发，一步步地推导出了所有的定理，建立起一个至今我们都在学习的几何大厦，逻辑脉络非常清晰，线性思维运用得淋漓尽致。正因为这是一个理性与逻辑解释世界的杰出范例，《几何原本》成了后来崇尚理性主义的科学家和哲学家们心中的一个圭臬，大家都希望用此方式来解释世界万物。

一般认为，最完美的科学理论，就是通过几个最基础的假设前提，能够将世界所有的现象用严密的逻辑推导出来，包罗万象，一次性解决终极问题。例如，整天磨镜片的斯宾诺莎，出版了一本《几何伦理学》，一听这名字就知道该书是以欧几里得的几何学方式来书写的，一开始就给出一组公理以及各种公式，从中产生命题、证明、推论及解释。试图把人类所有的伦理问题全部通过逻辑推演出来。经济学基于理性人假设，基于供给与需求的关系，基于成本与收益的关系，开始了自己的演绎过程，也得出了一系列的结论，将经济学的理论大树繁衍得无比茂盛。

总结起来，线性思维的特点，首先是这种逻辑演绎是可重复的。也就是说，任何人在任何时间按照这一逻辑做同样的事情，都能得出同样的结果。想想看，如果不符合这一要求，那么我们在上学阶段做的题估计答案就千奇百怪，阅卷老师真要抓狂了！同样，如果结果不确定的话，每一次做物理化学实验，要想成功，估计只能求助于当事人的 RP（人品）值了。

线性思维的另一个特点，就是这种逻辑演绎还是可逆的，可以从结果出发，倒推出原因来。数学考试中经常有一类证明题，题目中给出了最终的结果，但是必须证明它的合理性。这种题的解题思路就需要用倒推法，从结论倒果为因，一步步推出一个显然成立的初始条件，把这个倒推思路写出来，题目就证明出来了。

这两个特点，决定了线性思维是一个确定论的思维，即一个系统的运行，结果是可以预测的。大到一个世界，小到一个电子，都是能够预测出它的未来运行规律的。简单地说，世界是有标准答案的，而且是确定的，往往也是唯一的。

就像我们说到的主客观分离思想遭到了物理学实验的挑战，20 世纪以来，确定论思想同样遇到了严峻的挑战，甚至被彻底颠覆。这里又不得不提到量子力学，具体而言就是著名的海森堡不确定原理（Uncertainty principle）。简化而言，假设一个高速运转的电子，我们要观察它的两个指标：速度和位置，结果发现，当我们观测速度的时候，它的位置会变化，反之当我们观测位置的时候，速度也受影响变化。总之，一个电子的状态是无法确定的，是随机的。

这一结论被公布出来之后，引起了物理学界很大的反弹，包括爱因斯坦在内的一大批物理学家，都认为这种结论太不负责任，甚至有些无厘头！因为这和经典科学的确定性思维完全悖逆，世界上怎么还有这种不合情理的现象？据说针对这一结论，爱因斯坦曾经略带嘲讽地嘀咕了一句：上帝不会掷骰子！意思是说，上帝不会允许一个不确定的世界的存在。但是实验是客观的，这种不确定性的确存在。

抛开很难理解的量子力学，还是回到我们生活的世界，人的行为本身也不是完全按照线性逻辑展开的，很多时候也是难以预测的。经济学家中有句调侃的话：赢了理论，输了现实！所以经济学也被分为黑板经济学和现实经济学两个类别。勒庞在《乌合之众》中详细地解释了人在群体中，个体的那点理性精神很容易被融化，反而整体表现出情绪化、极端化、低智商的行为。

在互联网出现之后，互不相识的人群有了社会化工具之后，大大降低了市场交易成本，更容易聚在一起，自发地开展一些事先不会规划得很清晰的行动，这类行动最终的结果肯定也无法用线性的思维去预测。当网络化的程度越来越深，人们之间的随机互动越来越频繁时，这种社会结构的趋势也就越发地无法用简单清晰的线性逻辑去演示，经典的科学确定论面对这种现象，已经是一头雾水。也许上帝真的会投掷骰子，只不过只有他老人家自己心里清楚显示的数字吧！

升级我们的大脑操作系统

在日本漫画《名侦探柯南》中，柯南在断案的时候，喜欢说的一句话是："真相只有一个"，问题是，这个复杂的世界在很多时候，真相是否只有一个？进一步讲，是否凡事都一定会有真相，真相又到底是什么？

2014年有一款衣服的照片，不经意间在网络上引爆成了热点。众多网民纷纷谈论起来，焦点就是这款衣服的颜色问题：到底是蓝色，还是金色？网上为此而争执的人非常多，尽管原始的材料显示应该是蓝色，但是蓝色就一定是最客观、最原始的颜色吗？何为真实？

当我们已经有了这些疑问的时候，就说明我们认识世界的观念开始转变了。过去几百年，由主客绝对分离、还原论、线性思维等组成的经典科学思维，引领我们走出了中世纪的愚昧。按照韦伯的话说，是从"附魅"到"祛魅"的过程，带来了近现代的科学理性之光。通过科学发现和技术创造，社会生产力被极大地提高，构建出了我们现在所生活的商业世界，社会生活方式也发生了翻天覆地的变化。但是，经典科学思维在各个领域取得节节胜利的同时，也逐渐束缚了我们自由思考的大脑，科学打破了对神灵崇拜的思想，但也建立起一种对科学本身的盲目崇拜。

罗素在《西方哲学史》中有过一段话：一个人，倘若粗通哲学，往往是一个无神论者；倘若精通哲学，则是一个有神论者。我们不谈有没有神这个问题，这里想表达的意思是，我们曾经试图用简化的方法来描述这个世界，也就是用简洁准确的数学公式将世界体现出来，希望能够洞悉过去，把握未来，掌控世间万物状态。

但是随着我们认识世界越来越深入，就会发现经过人工简化过的世界脱离了真实的世界，变成了一个只有在课本上成立的理想模型。而互联网技术让真实的世界本身的复杂性特征更为凸显了出来，学者们不断地去调整实验室里面的科学模型，设置更为多样的参数，希望能够与真实世界无限吻合，但是总是无法如愿。就像你打扫房子，无论怎样，都会发现还是有尘土。抹布使得再用力，结果桌子依然不会绝对干净。

如同德勒兹提到的块茎思想，我们要接受一种生命体自然生长的现实，你无法提前规划，不能构建一个清晰的路线图，那就接受它的盘根错节、相互关联的现实。现在看来，人们需要接受复杂化的世界，虽然看上去很乱，不可预测，不遵循逻辑，但也许这才是真实的世界。

从笛卡儿和牛顿开始，为我们开发出了经典科学的思想操作系统，取代了我们在前现代社会有些神秘和迷信色彩的原始操作系统，那么到了如今的互联网时代，我们应该再安装一个能够更包容、更灰度一些，也更加接受随机变化的新思想操作系统，学会接受一种不确定的世界，差异化的世界，不太符合逻辑的世界。

罗素说：差异乃是人类幸福之源。

机械系统世界、统计系统世界、复杂系统世界

简化思维模式　　　人的本性是习惯把事情简化处理，这是一种简化思维。简化的处理在生活的各个方面都有体现，比如各种考试，考试本质上是对人的学识、能力、素养等各方面进行考核评价的一个简化方式。要评价一个人是什么水平，其实是一件很复杂的事情，几乎不可能有完全准确、全面的评价方式，但是考试这种方式把问题做了简化，将评价一个复杂的人的工作简化为一张试卷上面的若干道题目，这些题目得分的合成就被看成是对人的总体评分。

同理，企业的绩效评估也是如此，将一个人的所有工作，抽检出来几个 KPI 指标，用这几个指标的得分来评价一个人的整体工作质量。这种例子还有很多，比如我喜欢一位姑娘，结果就会有人问到喜欢她什么？是姑娘的长相，还是声音、身材、性格，或者她从事的工作，或者仅仅是她的微笑？这种问法背后隐含的思维是，要把一位姑娘拆解成若干部分，通过对这些部分的评价来组成对姑娘这个人的评价，这还是一种简化思维。

简化思维无处不见，这种思维的表现，包括数据化、标准化和单一化。

数据化是现代社会的一个典型特征，无论是科学研究，还是企业管理、政府治理、社会活动、个人生活等方面，都已经被无穷无尽的数据和指标所表述。为了让我们对事物和现象的感知能够更加清晰明确，能够更好地彼此交流，人类发明了数字，并将之用在了各种领域，去表达长短、多寡、强弱、高低、深浅、轻重、好坏。时间是最古老的数据化成果，历法也是一样；到了现代，我们几乎被数据包裹起来。

为了工作的高效，我们会将流程设计成标准化，每个人都按照统一的操作手法来完成工作；为了成本的降低，我们会将产品设计成标准化，便于大规模流水线生产和加工；为了分析用户需求，我们将人的行为设计成标准化分类，人的心理设计成标准化分类，无论是九型人格，还是色彩心理学都是简化的结果。

在经济学中，我们会构建各种各样的模型理论，将人际关系抽象为一个个参数的运行轨迹，目的是能够举一反三，以点带面，通过局部掌握整体。我们用各种公式来

表达世界的变化形势，为的也是能够让任何人可以计算和预测，用数学来看世界。

这种简化带来的结果是对唯一事实的不懈追求，对确定结论的坚定信仰。拉普拉斯认为：假定有一个智能生物能确定从最大天体到最轻原子的运动的现时状态，就能按照力学规律推算出整个宇宙的过去状态和未来状态。换句话说，只要有足够的参数，利用数学公式就可以推导出整个宇宙。这可以看作是经典科学思想对于掌握世界的最伟大的一次宣言。

简化思维是科学产生和发展的重要推动力，而这种思维在逐步发展的过程中，也确立了一种思考方式，即因果式思考。有因必有果，有果必有因。果是一棵参天大树，因是一颗幼小种子。我可以通过对这颗小小的种子的观察，去判断未来它是否可以长成一棵参天大树；同样，对待一棵已经出现在眼前的参天大树，我总能倒推回去，去那小小的种子里找到它能够茁壮成长的理由。

历史研究已经被这种简化的思考逻辑深深地渗透。朝代初期，往往是励精图治，君明臣贤，吏治清明，形势蒸蒸日上；朝代中期，总是盛世繁荣，上下和谐，举国欢庆；到了朝代后期，一定是凋敝丛生，内忧外患，万马齐喑，就像晚期患者无可救药。这是我们最熟悉的历史演进逻辑。

我们试图从已经发生过的历史事实中，去推导出其必然会发生的内在理由。我们坚信一定存在这个理由，导致了后来发生的一切。在具体的研究和教育中，又会把这种隐藏在复杂历史活动中的那些隐形因素，抽茧剥丝成为显性的、符号化的标准理由，作为一种系统输入的参数，好像是通过一组标准化的公式得出最后的历史事实结果。但是，现在越来越多的新历史研究学，通过更完备的考据和物证，将过去那个简化为模型的历史学重新诠释，历史是人的活动总和，是极其复杂的事情，且充满随机的过程。

告别机械系统世界观

19世纪是自然科学大发展的世纪，几乎我们现今学到的各个主要门类的学科，都是在那个时候创建并得到极大完善的。自然科学的基础是物理学，在量子力学没有被发现之前，物理学的基础就是牛顿力学和麦克斯韦的电磁学理论。这种坚实的科学思维，迅速被其他的领域所接受并传播，在科学家的眼里，世界就像是一部精密的机器，按照人们设定的轨迹去运转。只要把参数测得更精准一些，公式的表达更优美一些，世界就是可以确定的系统，我们把这种思想观称作机械系统世界观，而这种思维观念在当时，似乎能够解释人类所发现的一切问题。直到 20 世纪的物理学家发现，微观世界中的量子运动是不符合牛顿定律的，没有连续，而是跳跃，最主要的是运动的轨迹无规律可循，完全随机而行。这种发现不仅颠覆了经典物理学，而且也改变了人们的科学世界观。

从此之后，我们看待世界，不再仅仅依靠牛顿的机械系统世界观，把一切事物的运动都看作是符合因果规律的机械运动，能够得出确定唯一的结果。如果观察很多单一个体的行为，实际上是没有任何规律可言，也无法用精确的公式来描述。但是如果收集足够样本量的数据就会发现，很多领域存在着一定程度的分布规律。

如果我们把一个班级的学生按照出生月份进行分类的话，那么最后的分布很可能是不规律的，有可能大部分学生的出生月份会集中到某一个月份中，还有其他几个月份压根没有人。但是如果将这种调查统计放大到一个年级组，或者一个学校的全体学生，我们会发现最终的统计结果将出现有意思的变化，基本上在样本量足够的情况下，人们的出生月份会朝着平均分布的趋势演进，没有哪个月份明显突出，也没有哪个月份非常之少。

当然，大自然的分布不会只有这么一种，后来科学家还发现在社会领域，很多情况下是没有均匀分布的。比如一个班级学生的考试成绩，高分是少数，低分也是少数，绝大部分的学生分数都集中在一个中间段，样本量越大，这种两边低、中间高的分布就会越明显。我们称这种分布为正态分布，正态分布是存在于我们这个世界最普遍的一种分布规律。

这个时候，机械系统世界观逐渐扩展为一种概率系统的世界观，即认为世界应该是符合概率分布的，只不过其中一部分是严格符合机械运动规律的，是可以被测算和确定出来的。这是我们认识真实世界的一次进步，也是对简化思维的一次复杂化还原。

在《爆发：大数据时代预见未来的新思维》一书中，作者巴拉巴西通过各种行为的大数据分析，发现人们日常行为并不是遵循随机概率的模式，而是具有“爆发性”特点。例如，达尔文所说的进化论，绝非是数十万年时间里的渐进进化过程，但是时至今日，在考古学上也没有发现有力的证据，来证明这种连续进化的存在。反之，几万年的时间就会出现一个新的物种，这和百万年的进化过程相比，更像是一次“爆发性"现象。科学技术转化为应用成果的过程也不是平滑发展的，20世纪的量子力学自从发现之后，在近半个世纪内只是停留在理论研究层面，没有在实际生活中发挥什么作用，直到发明了晶体管才打破了这种僵局。知识的探索也不是稳步向前，总是会在很长一段时间内处于黑暗的摸索期，而总有那么一瞬，有一个伟大的人物，带来一个灵感的火花，照亮了整个黑夜，解决了之前所有的困惑，带来知识上的一次飞跃。

这种爆发是类似于幂律分布的一种概率现象，依据此类理论，只要在大数据的运算下，人类行为大体上是可预测的，至少，在巴拉巴西看来，93%的人类行为是可以预测的。

在20世纪后半段，对于世界变换和人类行为的复杂度分析，不断有新的突破进展，而且这种进展更多时候是伴随着思想观念的革新。1973年，埃德加·莫兰出版了《迷失的范式：人性研究》一书，正式将"复杂性研究"作为课题提了出来。假如将一些具有磁性的小立方体散乱地搁置在一个盒子里，然后任意摇动这个盒子，最后人们看到盒子中的小立方体在充分运动之后根据磁极的取向互相连接形成一个有序的结构。摇动盒子的行为是无序的，但小立方体的磁性可以产生有序性，将无序和有序结合起来将有可能形成更高一级的有序性组合。人们不应在无序和有序之间划出一条明确的边界线，将两者严格对立起来。

后续的学者将复杂性科学逐渐丰富，并形成了更多的复杂性特征描述，如非线性、不确定性和主体的自组织自适应性。在复杂性问题的研究中，几乎所有人都是将过去经典科学的那套线性因果论的特征逐一加以颠覆，并重构了我们新的世界观。

自然世界和人类社会的活动被明显的网络化趋势所表现出来，大量的自然和社会系统可以被网络描述出来，这种网络特性成为复杂性科学研究的新热点领域，在互联网出现之后更是如此，小世界模型和无标度网络就是其中的代表。互联网本就是一个复杂的系统世界，在这个系统中，各个节点的分布是不均匀的，存在着若干子系统，彼此之间有着稀松的联系，而在子系统内部，则存在着紧密的聚合，被称为社区结构。在自然界中，这种复杂系统也广泛存在，地球上的生态系统本身是一个复杂系统，人体和大脑也是复杂系统，都是不能够用机械的系统和均匀的概率分布来解释和描述的。

相反，严格遵守因果定律的机械系统只是其中的小小特例，需要满足一定的前提条件才会产生。概率系统则被认为是在大数据范围内，个体之间的耦合效应被消散后，形成了无差别的分布状态，才能够被统计规律所解释。但是在实际的自然界和人类活动中，个体之间的耦合效应是无法被完全忽视的，这必然会破坏看似美好的统计分布规律曲线，形成更不确定和复杂的行为模式（如图 11-1 所示）。

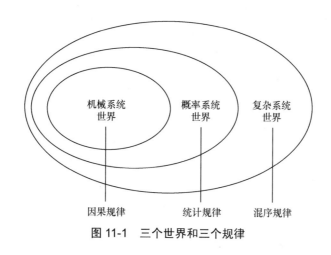

图 11-1　三个世界和三个规律

安装互联网+操作系统

因果思维和相关思维　人类的思维方式可以分为两类，因果思维和相关思维。体现在日常生活中，因果论在我们的工作、研究中运用得比较多。但我们会发现，在平时与朋友的聊天过程中，我们实际上经常用到的思维却不是因果论，而是相关论。如果你用因果论来与朋友闲聊，那这种聊天效果肯定不好，不仅会沉闷，气氛会变得紧张压抑，而且让对方感觉到无趣，像是在进行辩论或者咨询访谈。

假设有这样一个场景：你和几个朋友周末相约在一个优雅的酒吧里侃大山，准备度过轻松的下午茶时间。这个时候，如果你还抱着严谨的因果思维去与大家聊天，肯定不会让这段时间愉快地度过。聊天往往会扯上很多有趣的段子，假如一个朋友吐槽了最近的一段奇葩遭遇，正好引起一个话题的展开，大家都兴趣盎然，按理说最好的接棒方式就是你也讲述一个与之类似的故事，哪怕不是亲身经历，而是道听途说又添油加醋的，关键不在于准确与否，而是烘托气氛，聊天嘛，开心就好。试想一下，这样的聊天模式启动后，你说一段，我跟一段，他再升华一段，就这样有来有往，不知不觉间，就可以由一个话题转移到另外一个话题，比如一开始是吐槽自己，没准一会儿工夫，就有人引出一段吐槽中国足球的段子来，这样话题就跃迁到了国足上，大家又开始了新的愉悦体验，可能再过一会儿，又有人借着这个话题中的一些话头，联想到了汪峰求婚章子怡的八卦，大家又开始八卦上一些娱乐明星和小道新闻来。这样没准一会儿又把话题引到了人民币贬值和经济形势的讨论中。总之，这种聊天模式就是用一种相关思维，以看似漫无目的的网状结构铺散开来，你不知道最后会扯到什么话题上，但回过头来，你会发现你们的聊天主题就是一张不断跃迁的话题网，彼此有相关的连接性，但又不是很严格的逻辑关系，否则怎么可能让完全不着边际的话题恰如其分地融入你们的胡侃之中呢？但不可否认，我们很多时候在业余时间的聊天消遣中，就是在用这种思维与朋友沟通，增进感情，度过美好的时光。

换一种情况，假设你是一个因果论的信奉者，要在这样一个慵懒的下午时光，用因果思维来与朋友展开讨论的话，恐怕结果就是另外一种情况了。当朋友胡侃一个故事的时候，你接上话头，来一句为什么会这样？这是由什么原因造成的？如果朋友随便猜测几个原因说出来，你恐怕还会继续分析，这些原因到底经不经得起推敲，有没有遵循彼此独立、又不无疏漏的原则？如果发现逻辑上的漏洞，再继续追问下去。或者是，你听完朋友的故事或者笑话，不是展开联想继续发散这个话题的趣味，而是试图思考下一步会得出什么结论，给你的朋友摆上 3 种可能的方案。总之不管怎样，在你的逻辑体系下，这种闲散的东拉西扯式的聊天就被套进一个严格的体系框架里，因为什么，所以什么，有谁突发奇想说了不合逻辑和因果的故事，就会被打断，指出其中的错误。这种聊天恐怕会让你的朋友无法坚持下去，你就像一个奇葩一样，与大众格格不入，最后被贴上一个标签——你不会聊天。

当然，在我们的工作中，特别是专题研讨会和项目讨论中，因果思维是一定要坚持的。比如当一个你所在的项目组，在客户调研和数据收集之后，准备开始撰写主题报告的时候，首先就要讨论制订一套研究的思路和体系，这个时候，需要做的事情是把广泛收集的素材和数据结构化和体系化，形成逻辑顺畅、主题明确的文稿。

如果有谁还像聊天时那样想起一段是一段，那就会把大家的思路发散得无边无际、杂乱无章。这个时候需要的就是用收敛性的思考分析，将面前的素材分清楚哪些是现象，哪些是原因，哪些是解决对策，厘清彼此严格的对应关系。不能交叉，不能重叠，也不能有大的遗漏和矛盾。因果思维是研究和分析的思维，就一件事情展开系统和全面的论述，前后一定是逻辑相通的，而不是跳跃的，简单的类比或者有一点相关的素材都是不够严谨的，可以将之作为辅料，但不能作主旨。

我们的思维，就是因果思维与相关思维的融合，当然，在传统的教育中，因果思维会更多被强调和锻炼，物理、数学等理工学科都是这种思维孕育出来的。反之，艺术、设计、创意之类的学问更多是强调相关思维，鼓励创新、联想、出奇，不拘泥于传统的束缚等。前者更像是量子的波动性，后者更像是量子的粒子性表现形式。

谈到互联网社会对传统的商业范式的种种变革，如果从思想方式上去看的话，与以往的牛顿式思想操作系统最主要的差别在于，我们的思维方式将从单一的因果思维基础上，逐步叠加一层相关性思维模式。这种相关性思维模式，将延展出 3 个重要的思想观念：其一要重视个体之间的关联效应，其二要接受不确定性和多样性的世界，其三是要用不断进化生长的发展眼光来看事物。从这 3 个方面做出重要的调整，也就是换一种最基本的看世界的观念，一种与互联网相契合的思想操作系统。

关联重于个体的思维

在现代社会，信息正以我们始料未及的速度增长着，而且其中绝大多数将是非结构化数据，如短信、微博和微信等互联网和新媒体生成的信息，以及视频和音频，企业面临的外部信息世界将变得越来越复杂。大数据，是具有强时效性的巨量、多类型、低价值密度数据的统称。当前多以"4V"描述大数据（如图 11-2 所示）。

体量 Volume	多样性 Variety	价值密度 Value	速度 Velocity
• 非结构化数据大规模增长 • 2015 年信息总量为 8 万亿 GB	• 数据种类繁多 • 80% 以上是非结构化数据	• 大量非相关数据 • 机器学习、人工智能的深度分析	• 实时分析而非批量式分析 • 快速输入、处理与丢弃

图 11-2 大数据的"4V"特征描述

大数据分析，是基于对已有海量数据的处理，对还未产生的数据做出预测和推荐，对未发生的事情预测和推荐。因为大数据是全部数据，而不再是抽样数据，在意义上已经与传统的统计学思想分道扬镳。正因为是全部数据，所以其内在的关联性和复杂度空前提高，在大数据思维模式下，数据处理逐步向全体性、混沌性及相关性转变。因而大数据的分析，要接受不确定性的特征，放弃确定性的思维定式。

维克托·迈尔·舍恩伯格在《大数据时代：生活、工作与思维的大变革》中，提出了一个鲜明的观点：大数据时代人们要放弃对因果性的渴求，转而关注相关性。大数据的简单算法要比小数据的复杂算法更为有效，我们只需知道"是什么"就可以，不需知道"为什么"。这是相对于以往我们成型的思维观念的一次很大的改变，是一种看待外界事物和我们自身的全新认识观（如表 11-1 所示）。

表 11-1　大数据分析特点

大数据特点	内容
数据范围扩大	采样过程中存在**信息丢失的风险**，同时，在特定目的下选择数据，容易**主观**研究结果。在获得海量数据的情况下，对全体数据进行挖掘分析可以更客观地得到更多数据结果
数据精度下降	超过90%的非结构化数据不能向精确的结构化数据转化，接受不精确性能够让更多非结构化数据得到应用
数据关系转变	在**相关性分析**的基础上，对大数据加以应用，挖掘效能驱动因素，是大数据分析的核心

大数据思维对企业的意义在于，首先，企业需要将数据资产作为未来应对互联网竞争的核心要素，企业不再依靠土地、厂房、设备、技术、人力等传统资源构建竞争力，反而需要围绕数据资产进行重构，谁拥有更多、更准确的数据，谁能够挖掘分析数据背后的信息，谁就会拥有未来竞争的最大优势。

其次，大数据让企业的目光从那些大客户身上移走，向众多的小众市场转移。因为大数据带来的是多样性的用户信息，多元化、个性化的市场需求，对于差异化的市场理解越透彻，越有助于企业开展针对性的研发与营销。传统的二八定理，在大数据思维下将实现反转，关注非主流群体，关注小众市场，关注每一个人的需求。重新明确自身的专注领域，找出自己的粉丝，构建自己的圈子。

大数据将是激发新一轮移动互联网创新大潮的推动力，特别是对于个性化需求的数据分析，将成为众多互联网公司的掘金关键点。例如，对于像中国移动、电信和联通这些传统的电信运营商而言，过去我们谈的最多的就是，运营商是做管道，还是做产品？似乎只有两个选项，但是从大数据发展的角度看，未来还会有新的增值环节出现，就是数据服务业。数据服务，本质上就是利用大数据的储备，结合具体的行业和产品，来挖掘用户的行为信息，一方面找出用户潜在的需求，另一方面挖掘出现有商品尚未发现的卖点来。对于互联网公司而言，特别是中小型公司，数据的储备并不是非常充分，挖掘能力也不足，但是这些公司恰恰又是创新欲望最为强烈的一批企业，对于数据的需求非常之大。而运营商作为通信和互联网数据存储最为完备的企业，坐拥如此宝库，不加以利用的话，不仅将会失去下一座金山，更为可怕的是，在通信逐渐被互联网取代、流量逐渐替代语音的趋势下，运营商再不寻求新的立足点，只能面临被淘汰出局的结果。

移动互联网尽管十分火热，但展望未来，目前还仅仅是开始。因为我们的通信速度还不够快，我们的数据挖掘能力还不够强，因此有太多太多的潜在需求没有被发现，也没有被满足。随着 4G 的推出，以及大数据的逐步商用化，可以肯定的是未来几年会有新的革命性的产品出现。

不仅在分析市场销售和用户行为方面，大数据思维还可以用在改善公司内部管理和提效方面。例如，美国银行就通过感应器分析，发现销售类岗位员工共享工作间休息与员工绩效呈正相关性关系，与员工压力指数呈现负相关关系。

大数据思维的核心之处，不再是过去我们所关注的个体行为，也不仅仅是基于样本统计所预测出的一些规律行为，而是全数据量下呈现出来的各种可能的关联行为。我们无法去搞懂为什么会出现这种关联行为，有些甚至是我们根据经验所不能想到的关联，但是只要这种关联出现，就代表着彼此有着奇妙的影响效应，接下来就是如何去利用这种效应为我们的商业世界带来新的价值创造。

如果将这种强调万物关联的大数据思维更进一步延展，实际上是一种跨越唯心论与唯物论边界的思维模式，打破了过往唯心论和唯物论的绝对划分。在著名投资家索罗斯看来，这正是他一直提倡的反身性理论。索罗斯在《开放社会：改革全球资本主义》中解释"反身性"概念说，我们试图理解世界，但我们自己也是这个世界的组成部分，而我们对世界不完全的理解在我们所参与的事件的形成中起着十分重要的作用。我们的思想与这些事件之间相互影响，这为两者都引入了不确定的因素。索罗斯的反身性理论，本质上是一种关联性思维，是相互影响、相互决定的理论。

充满不确定性的思维

从古至今，人类对自然的探索从未停止，一方面集中于对宇宙起源这类未知事件的猜想，另一方面又试图通过对已知的把握预测未来。对于宇宙如何形成这一问题，近代的科学家一直被困扰其中，太阳系是怎样形成的，地球为何绕着太阳转动，地球的运动动力从何而来？连牛顿也无法解答这些问题，只好求助于上帝，认为运动的起始原因来自于上帝的推动。

直到 18 世纪，德国的哲学家康德第一次提出了系统的太阳系形成假说。康德认为，太阳系是由一团星云发展演化而成。康德的说法仅仅是从哲学角度提出的一次假说，没有严密的论证。但是 50 年后，法国科学家拉普拉斯从力学原理出发，经过严密的数学推证，得出了康德的这一结论，进而对人类的宇宙观形成了一次变革。拉普拉斯相信，宇宙是在自然界自身运动中发展产生的，宇宙的过程可以在一个简单的数学方程式中表现出来，而并没有一个掷骰子的上帝。

拉普拉斯和拿破仑曾经有过一段很有意思的对话。有一次，拉普拉斯拿着一本天体力学的著作给拿破仑，拿破仑看了之后问拉普拉斯，为什么在这部书里没有给上帝留下一个位置，拉普拉斯回答道："我不需要这个假设，陛下。"那一刻，拉普拉斯利用理性和逻辑，第一次将上帝排除在了西方人的宇宙观之外。

这就是著名的拉普拉斯信条，即哲学中的决定论，他们认为宇宙完全是由因果定律之结果支配，经过一段时间以后，任何一点都只有一种可能的状态。假设一下，如果你知道目前宇宙中所有实体的运动信息，那么就能预测未来任何一个时间点的宇宙状态。

如果将这种传统的认知信念与今天信息技术的发展联系起来，或许会非常有意思。当前，人类无时无刻不生活在数据世界中，并且衣食住行等行为的数据化进程还在加速。出行需要依赖数据表达的地图路线，寻找餐馆银行需要依靠数据建立的地图模型，公司制订策略需要详尽的市场描述，因而收集巨量的数据建立模拟的模型。借助于物联网以及个人设备，数据已成为一种常态出现在生活中……

如果你认为这些还不够刺激的话，那么接下来的一些狂想一定会让你吃惊。一旦将一个人大致的生活世界和他的身体状况完全实现数据化，我们甚至可以塑造出一个初生婴儿的成长过程。比如计算机可以安排好孩子睁开眼睛第一眼将看到什么，以及之后每一步让孩子接收到什么信息，以产生我们想要的反应。在整个过程中，数据不断修正，直到趋近完美，孩子在这种定制化的教育环境下获得了大人希望有的世界观和价值观。从某种意义上说，孩子可以通过数据化的途径完全被塑造长大。没错，想到什么了？电影《楚门的世界》。是的，数据化定制的想象与楚门的世界有相似之处，也有许多不同，但它们共同的一个特点是：让人觉着不可思议。

科学永远都鼓励大胆想象，想象在任何一种可能的条件下通过某种技术手段达到今天看来不可思议的结果。但是同样的，科学的精神也鼓励人们时刻反思技术进步背后的问题。抛开技术层面的问题，即使这种"数据定制世界"的想象在某些层面得以实现，我们也不免要问，这可能是唯一的吗？

数据的应用当然是存在其必要性的，然而前提是不可脱离人的本质和社会情境，我们的社会并不是一个绝对的系统实体，可以用数据找出单一的解释途径。不同的收集模式，不同的数据类型，不同的解释方法，都有可能衍生出不同的结果，数据分析在本质上仍然是人为算法的体现。如果把某种"数据"当成唯一正确的，可能就会在一叶障目后遭遇到技术对自由的束缚，反而得不偿失。就像电影中的楚门，一个在诡异的设计中快乐生活的年轻人，却有着一个叫作"Truman"的名字，可悲可叹。

决定论是牛顿理学思想的基石和成果，也影响着后世所有的科学发展方向。牛顿用数学计算"决定"了宏观世界万物的运行轨迹，而且是唯一的。但是，这种唯一确定论，是建立在绝对客观世界成立的前提条件之下。只不过，当我们从客观的物理世界转移到主观的人际社会中，这种前提条件已经不存在了。

从反身性理论可以看得出来，参与者本身的思想和情感，会渗入到参与的情境之中，进而影响情景的发展趋势。反过来，情景本身的变化也会导致参与者自身的认知出现相应的调整，两者永远都在动态变化，寻找平衡之中。由于我们的认知是不完整的，是有偏差的，所以建立在我们这种认知水平之上的行为本身也是有缺陷的，这就必然带来环境变化的不确定性，这种不确定性是无法预测的，往往会得出意料之外的结果。

没有终极答案，
只有不断进化

这个世界上到底有没有终极答案？没有，除了宗教信仰之外，万事万物都处于不断变化之中，没有最完美、最全面、最正确的答案。

曾经火爆一时的互联网思维，其中突出的一点就是提倡快速迭代的产品方式。迭代源自数学领域，是一种数学算法。这种算法是指对一个初始值进行相应的公式计算，得出的计算值再作为新的初始值，套用到同一公式之中，重新计算得出新的计算值，这样不断反复计算下去。很多事物经过这种迭代方式，往往能够逐渐蜕变成新的事物。非常类似于"量变引起质变"的思想。

具体到互联网产品中，迭代思想体现得非常明显，互联网产品讲究微创新，项目团队会在最短时间内开发出一款 App 应用，通过最初少量用户的使用得到反馈意见，后台仅需更新完善，不断升级，再发布、反馈、升级循环反复，直到产品达到比较成熟和稳定的状态。当然，这种稳定状态不代表产品是完美无缺，不需更新了。反而我们会发现，即使那些已经通用很多年，非常普及的互联网产品，依然会持续更新和升级，至少每年都会有一个新的版本。例如 QQ、微信这类社交工具，只不过，最开始的迭代是快速的，频率非常高，而后来随着产品的完善程度越来越高，迭代周期相对会逐渐拉长，形成定期升级。但是，几乎没有哪个互联网产品是不需要迭代升级，永远保持原样的。从整体的产品成长周期来看，这种迭代的模式，就是产品本身的进化史，永无止境。

不仅产品在进化，组织也在进化。最初的手工作坊的运行模式，随着生产规模的扩大，开始走向了分工与协作，企业组织的构造开始复杂化，我们的组织管理思想也随之有了不断的更新，出现了一系列新的组织模型和管理理念，事业部制、矩阵制、扁平化等组织形态，伴随市场环境和技术变革应运而生。直到今天，我们依然不能确定当前的组织形态就是最完好的，因为每天都有企业面临着组织架构的调整和优化，每家企业也都会不断思考如何能够应对组织调整后出现的新问题，其解决之道就是再一次调整优化，不断反复。这是一种企业组织的迭代思想，也是组织的进化。

明茨伯格在《卓有成效的组织》中列举了5种典型的组织形态：简单组织、机械式官僚组织、专业式官僚组织、事业部制组织、变形虫组织。但是他在最后还特意强调，这5种不代表全部，而且每一家企业都不是完全符合其中的一种，而是会综合多种结构形成的复合体。况且，这5种形态本身也会随着环境的变化相互演化，没有所谓的最好的组织结构，只有与企业最匹配的结构（如图11-3所示）。

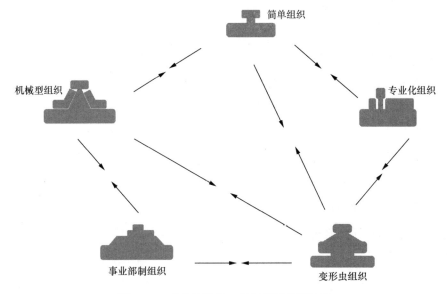

图 11-3　明茨伯格的 5 种组织的相互转换

知识也在不断进化，印刷术带来的知识传播，是以书籍为主要载体和渠道，但是一旦一种知识被印在书籍上出版之后，也就意味着这种知识成为一种过去时，是终点，无法根据新的发展变化进行更新迭代了。而实际情况是，我们的信息每天都在膨胀，我们的知识也在快速地更新换代。我们上学时学习的系统知识，可能过不了几年就已经被淘汰出局，这在技术领域尤其如此。

知识本身也是在不断迭代更新的，比如我们在知乎上问一个问题，你会得到不同的答案，更主要的是，随着时间的延长，后来者的答案往往是建立在以前答案的基础之上。是对原来的答案的一次修订和改良，甚至是颠覆和重新解释。无论怎样，我们看知乎上的答案，或者任意专业论坛上的问答内容，会发现各种答案都有着不断深入的过程，这本身就是一种知识的迭代。理论上，没有所谓的标准答案和完美解释，也许明天当你打开网页，再次浏览曾经提过的问题和收到的答案之时，又会有更新的解释出现在最下端的回答框中。

模糊、不确定、无法用标准和公式完全演绎和预测，是我们这个世界的真实状态。当互联网为我们打开全新的视窗观察世界的时候，以往用经典科学思维构筑的简单模型，已经不能包罗万象了。太多的意外情况，太多的突发现象，都是用传统的科学理论所无法解释的。

这种经典科学思维，就是因果思维，强调了一种单一的发展脉络，我们用它构建了商业社会的各种基础关系和范式结构。生产者—消费者、管理者—劳动者、传播者—接受者，都是用固化标准的模式形成种种主导我们头脑的观念。这一切，在互联网融入到生活领域的时候，都将被逐一打破。

我们依然向往着更加符合个性体验的产品服务，依然向往着更能释放自己能力和价值的组织平台，依然向往着能获得更美好和实用的学习体验，这些都是人类历经千年不会改变的基本需求。只不过，技术的发展是滞后于我们的想象的，蒸汽机、电力、计算机、互联网都是一步步去实现我们这些需求的工具。现在，互联网让我们更加贴近于自己的最初愿望，这是一次巨大的变革。

第十二章

互联网＋企业——森林生态中的新生物系统

Internet+

打造一个适应未来的组织

互联网将过去金字塔形的各种关系结构，转化成为去中心、去中介和无边界的复杂系统结构，我把这种复杂的系统比作一个巨大的生态森林。从最简单的视角看，在森林里，企业就像一棵棵树，构成了森林生态系统的基础要素，其中的人则是一只只生活在树上的猴子，猴子的生活方式就是不断地在树木之间穿梭跳跃，这就好比互联网带给我们的连接性，将孤立的树木连接成为一个整体。

无论是作为产品的提供者，还是员工的雇佣方，企业组织都走在了一个范式转移的道路上，从过去的金字塔形结构向更具互联网化的网络结构转移。这种变革对于每一个企业都是一次巨大而且困难的挑战，太多的企业在这一过程中触礁。问题出在了哪里？

从金字塔到网络化的转变，其关键之处即在于将以往的信息连接链条打散，赋予每一个成员同等的连接机会，企业的竞争力不在于固有的连接机制中的快速运转效率，而在于能否在更广范围内实现尽可能多的连接和互动。有了连接，便有了信息和资源的获取渠道，便有了多方互动之下产生的耦合效应，这是互联网带来的全新的创新能源，只有这种创新能够为企业实现"1+1>2"的增值利益。各个企业将不再集中于存量市场做零和博弈，而是不断创造增量，获取在增量空间上的绝对优势，甚至是短时间的垄断能力。

> **实现人与人、部门与部门的互联**

互联网时代的企业生存，应该从打破旧有的连接链条、重新开始网络化的连接布局做起。

互联网时代的企业，其竞争力聚焦在知识创新的能力之上，创新既来自于外部信息和资源的刺激，更为重要的是发挥出企业内部已有人力资本的创新动力。但是，在传统的金字塔形组织中，员工作为整体的创新有机体，被僵化的组织结构和职责分工所严重束缚，只能带着脚镣跳舞，无法自由地舞动。

打破旧有链条的第一步，是要在传统的金字塔形组织内部，重新建立新的连接，这种连接应该脱离于既有的组织架构的限制，以及职责分工的束缚，围绕最终的目标形成新的动态的连接网络。

现如今，受到互联网猛烈冲击下的企业，往往都是那些习惯于稳定、控制，甚至有些僵化的大企业。这些企业可以说是100年来科学管理思维的杰出代表。如果在工业经济时代，这些大企业都是优秀乃至卓越的标杆。因为在那个时代，企业的竞争力主要来自于规模化和生产效率，只有经过标准化训练的产业工人才能胜任。

但是互联网带来了多元化的商业世界，企业的创新力反而更为重要，而创新力离不开知识型员工，恰恰这些知识型员工是无法进行标准化调教和统一控制的，他们有自己的思想意识和主张，就像那些随机运动的量子一般。所以，作为传统企业，要想在这个万物互联的时代，实现面向互联网的转型，最关键的是改变以往的科学管理思想，借助量子化管理的观点，尝试在企业内部和外部建立尽可能多的关联，并强化这种关联带来的效应。

以往企业规模变大，带来的就是协作成本的增加，名曰"大企业病"。每天无谓的邮件来往，以及冗长的审批流程，再有部门之间疏离的关系、缺乏大局观的本位主义思想困扰着企业。大企业的一个弊病，就是跨部门、跨职级的沟通困难，协作成本增加。任意采访一家大企业的员工，都会听到各种抱怨，其中最多的抱怨恐怕就是沟通问题。企业大了，部门多了，但沟通合作也困难了。一个例子是大企业的"邮件文化"，哪怕再小的事情，也需要写一封邮件，抄送若干人，然后静静地等待回复和审批，即使是时间紧迫，也要走完流程。

还有一个有意思的现象，是所谓的牵头部门和配合部门的关系，很多时候一个任务从公司管理层面下达出去，都要确定一个牵头部门，再由若干配合部门协作完成。但实际情况总是不尽如人意，部门之间缺乏协作性，虽然在任务的内容上分工明确，各做一部分，但是等到将各自负责的模块拼装在一起的时候，却成为四不像的材料，最后的结局往往是，牵头部门变成了全责部门，重新去整合所有工作。

几乎所有的大企业领导者，都是在传统工业时代的管理理念熏陶之下成长起来的人员，过于强调分工使得业务整体性被割裂，部门间彼此的关联被切断。在研发和创新性工作中，这种细致的分工模式导致每个局部人员都欠缺系统性思考和全局观，总是局限于本部门角度，甚至有本位主义思想，企业内部的信息、资源无法实现快速流动。

经济学家、诺贝尔奖得主 Elinor Ostrom 在《公共事物的治理之道：集体行动制度的演进》中提出：在某些情况下，群体中的成员通过不断的沟通协调，能够创造出优于国家和市场管理的效果。互联网的出现，正好为这种沟通提供了大大小小的各种空间，能够实现不受限制和约束的彼此互通，打造高效和灵活的协调机制。

如果从互联网的新思维之下看企业组织，不再把企业看成一部机器，应该将企业作为一个有生命力的复杂系统，企业的各个模块都存在关联性，本身无法被严格分割再组装。正是因为其中微妙的关联性，才能够让"1+1>2"，而且这种关联越广泛，效能就越会提升。所以为了让业务更为高效地完成，企业需要打破以往那种各管一摊的管理模式，必须加强企业内部上下左右之间的关联，特别是人与人的关联，这种关联需要弱化纵向的层级制，以及横向的部门边界，甚至取消一部分层级，减少过于细化的部门设置，让刚性的组织结构变得柔性一些，扁平化、矩阵式模式都是这一思想的具体体现，目的就是尽可能多地建立起关联，让金字塔再扁平化一些，就像蜂群一样，广泛的关联协作才会产生所谓群氓智慧。

引导出企业员工的创新力

在知识创新型企业里，并没有一个专门部门单独承担创造新知识的责任。高层管理者、中层管理者和一线员工都有责任创造新知识。实际上，员工贡献的大小，更多的是由他（她）为整个知识创新系统提供的信息的重要程度决定的，而不是由他（她）在企业中的职位等级决定的。因此领导者的主要责任在于引领创新的方向、引导创新从无序走向有序，也就是通过制度手段引导员工的企业创新，而非个体创新。

日本先进科学与技术研究所知识科学研究生院的第一任院长、东京一桥大学创新研究所教授野中郁次郎在观察和对比了多家日本和美国企业后提出了"知识创新型企业"的概念，并给出了管理知识创新的理念和方法。野中郁次郎推崇企业领导者在启发员工的时候，需要使用独特、形象的隐喻和类比，灌输产品价值理念，建立类比物与目标物之间的思维连接。

"汽车进化论"、"光电子"、在打印机制造部门悬挂易拉罐啤酒……这些在欧美企业看来有些幼稚的想法使本田开发出了思迪（city）新一代城市轿车；使佳能公司在"迷你"复印机设计上取得根本性突破，从不景气的照相机业务转向利润丰厚的办公自动化业务；使夏普公司在定义新技术的新市场、创造"全新产品"方面赢得了很高的声誉，成为彩电、液晶显示器、定制集成电路等业务中的佼佼者。

野中郁次郎指出，这些看起来莫名其妙的口号实际上是一种类比和隐喻，通过类比和隐喻来传递产品设计的目标理念和价值观，让这种理念深入员工的脑海中。以本田公司为例，要设计一款与之前的思域（civic）等轿车完全不同的新一代城市轿车，其项目经理提出"汽车进化论"的理念并将口号张贴于设计办公地点的各个位置，这样的举措是为了让每个员工在心里理解这款汽车设计的基本理念，并保证员工所给出的创新和创意的方向不会偏离"进化"这一原始初衷。

用隐喻连接要做的事情和目标，用类比在事情和目标间构建路径，无声无形地向员工传输该项创新的方向和应当围绕的主要价值观，以此保证创新的方向不会偏离预先设计的轨道，保证创新的效益和效果。

减少信息不平等，构建知识的螺旋

在企业的不同部门中，员工所接触到的信息是不同的，如车间工人对操作流程中存在的问题十分了解，营销人员对于客户的需求也洞若观火，研发部门可能会对新技术有特别敏锐的嗅觉，如何将各个位置上员工的创新想法和信息整合起来，成为组织的创新，也就是知识创新管理的重要内容。

实际上，员工们所接收到的信息、所具备的知识可以被分为隐性知识和显性知识两个部分。其中隐性知识是指那些在生产、工作过程中形成的独特的操作方法、经验积累，具有难以模仿、难以传播的问题；显性知识则具有规范化、系统化的特点，如产品说明、数学公式等。对于具有知识创新需求的企业来说，提高创新能力需要两个步骤，一是推动知识从隐性到显性的转化，通过跨部门的沟通和合作把原属于个人的隐性知识显性化、模式化成为所有人的知识；二是从显性到隐性，第一个过程提高了所有人的知识水平，而个体在接受显性知识的过程中，隐性知识也得以丰富，提高了企业整体的知识和技能积累水平，为日后的创新打下基础。

知识创新型企业的管理过程就是一个通过隐喻、类比将隐性知识显性化，获得知识的螺旋上升的过程。基于这一点，野中郁次郎给出了两个"锦囊"，一是组织内部的"重叠"，二是领导者的职责在于给出公司的"伞形概念"。

"重叠"的本质在于消除部门间信息不对称，使创新想法始终处于可沟通的状态，通过设立轮换机制保证员工在职业生命周期中处于多个不同的部门，从而将其在一个部门积累的经验传递到另一个部门，减少部门间成员的信息不对称，促进"隐性知识"转化成为"显性知识"。

对于领导者在知识创新型企业中的使命，野中郁次郎认为，领导者需要为员工勾画出企业的"伞形概念"，即用高度概括和抽象的语言给出大的概念，表达看似相差很远的活动和业务之间的共同点，从而将它们连成一个和谐的整体。领导者需要不断地告诉员工：我们想学什么，我们需要学什么，我们要去哪儿，我们是谁……用这些方向性的问题引领员工创新的方向。

创新不是一个结果而是一种能力，其实每个员工都有创新的基因，如何唤醒这些创新的基因并引领创新向着有序的、企业需要的方向发展是企业提高创新效率和效益的重点。作为领导者，选择创新的方向、构建促进创新的管理机制是比个体创新更为重要的职责。

追求双向互利的模式

企业与用户的关系范式被互联网彻底改写，其核心的变化是弱化甚至去掉了中间环节，即所谓的去中介化，让以往几乎很少密切接触的买卖双方，能够跨越时空，形成高效紧密的信息交互状态。企业的边界日渐模糊，而员工与用户的互动则成为一种必然的工作。

作为向互联网化转型的企业而言，如何缩短与用户的物理距离是走向真正互动化营销生产的关键一步，这方面智能终端和可穿戴设备的发展，不仅在技术层面实现了企业与用户的零度接触，而且在商业层面，我们有理由相信这种抢夺用户入口的趋势，将伴随互联网的今后的长期发展。

连接1：与用户的"零距离接触"

一部互联网的发展史，就是对用户的步步逼近和入口争夺的历史。什么是互联网的入口，这个概念非常宽泛，概括来讲，只要是用户上网必经之路，就算是入口。基于这种理解，互联网的入口可以分为三个层面：操作系统、浏览器和应用平台。

操作系统是门前台阶，想进门先要登上台阶。20世纪微软的 Windows 操作系统，垄断了绝大多数桌面用户的电脑，实际上把控了这个入口，一直到现在，桌面互联网的操作系统收入，依然是微软现金流的最大部分。同样，移动互联网时代的 Andriod 也是同样的动作，只不过，除了 Andriod，苹果的 iOS、微软的 WP 都占据了一定份额，还有其他众多的操作系统，所以移动互联网的操作系统竞争，远比桌面互联网更精彩。

浏览器是大门口，不想爬窗户只能从此经过：除了操作系统，浏览器的争夺也显得日益激烈。在 PC 时代，微软通过强制捆绑，短期内建立了 IE 一统天下的局面，不过，IE 毕竟有着很多缺陷，让竞争者找到了突破口。如今，Google 的 Chrome 势头正猛，其他各路浏览器更是百花绽放，早已让 IE 腹背受敌，不再独孤求败了。移动互联网发展起来后，浏览器更是呈现了群雄争霸的局面，未来还将会有更多的参与者涌入这个领域。

内容平台是大厅，来客必然要在此驻足。最开始的门户网站是以信息聚集为主，用户登录到这类网站，想看什么新闻都能找到。像新浪、网易等，都是一开始的内容入口。后来信息量迅速扩大，用户希望能够搜索自己想要的信息，搜索引擎便应运而生，雅虎、Google、百度成了新一轮内容入口的领头羊。再往后，用户的信息交互需求增加，于是社交网站和自媒体开始流行，Facebook、Twitter、微博、微信都是新时代的入口强者。这些不同阶段的内容平台，都是根据各自对用户需求的不同判断，设计出相应的上网第一站界面，希望在第一站里面，尽可能多地解决用户上网的各类需求，给用户留下良好的第一印象。

但是无论在哪个层面，入口的争夺还停留在软件范围之内，并没有涉及硬件厂商的地盘。随着小米、乐视、360等大批人马杀入硬件领地，开始大张旗鼓地做起手机的时候，对于用户入口的争夺已经到了白热化的地步。毕竟手机给用户带来的亲切感和占有欲，要远高于摸不着的软件产品。手机是私人物品，谁拥有了这个入口，等于是在用户的私人财产中占得一席之地，在用户心目中的地位自不必说。

离用户越近，离成功越近，这个道理让互联网公司笃信不疑，也随之带来了对用户的"步步紧逼"。占据了入口，就能够把用户吸引到自己的软件服务上来，也就更有机会创造流量，产生价值，互联网公司主张的硬件免费化，靠软件和服务长期获益的商业逻辑才会真正地实现。

连接2：参与经济和产销一体化

大家都在说小米，雷军也在到处宣传自己的互联网思维，但是在他无数次地喊出"简单、极致、快"的口号背后，真正让小米脱颖而出的，绝不是手机本身，而是深度的产销一体化，也就是参与经济。与工业经济不同的是，信息经济的典型特征是生产、消费不再是一前一后的顺序，过去基于工业经济的生产者和消费者的角色划分，在信息经济之下也变得愈发模糊起来，大家既是生产者，也是消费者。比如对于新媒体，我们每天都在生产着大量的个人素材，同时也在消费着别人的动态消息，彼此之间存在着很强的关联性。同样，信息产品不是以功能取胜，而是以体验胜出。体验从哪里来，就是从用户的口碑中来，只有深度地参与，才会与用户打成一片，成为贴心人。

打破企业与市场的边界，建立与用户的关联才是所谓互联网思维的真谛。不同于工业品以功能使用为主，信息服务产品更多是以用户的体验为主，所以强调个性化、定制化，产品的人格化趋势越发明显。要想生产出用户喜欢的产品，就需要了解用户的需求，互联网给了我们深度交流的可能，用户不用等到产品完成后再品头论足，而是在产品的策划阶段、研发阶段，乃至生产与试用阶段都能够参与其中，产生互动。

一本《参与感》说透了小米4年600亿的市场奇迹，通篇传递的核心秘笈，恐怕就是打破以往企业与市场的信息边界，建立起企业与用户的关联。可以预见，这种关联会有诸多影响：第一，今后企业客服部将会成为最重要的营销部门，至少会与市场部相融合，因为那里有着与用户最紧密的关联渠道。第二，客户服务不再是售后，而是会前置到售前，一以贯之整个销售全流程，客户服务部门在企业内部的话语权将会得到极大的提升。第三，传统生产部门的核心地位将会终结，随着工业4.0、工业互联网，以及机器人制造的技术成熟，纯粹的生产环节将会变得简单易操作，成为一种常态而不再是独特的优势。

连接3：用户参与的企业运营

对大多数传统企业来说，虽然打开企业的门户，建立与用户的广泛连接是可行之举。但是基本上很难做到让用户直接参与到自己实际的运营中来，因为对那些拥有庞大而又复杂机体的企业而言，将用户引渡到产品运营中，要么显得不现实，要么显得难以实现。

不过英国的虚拟网络运营商（MVNO）Giffgaff，确实让用户参与到公司的实际运营中，实现"您的网络您做主"。Giffgaff 是英国运营商 O2 的全资子公司，是全球首家社区模式的电信运营商。Giffgaff 一词在苏格兰英语中的意思是"互赠"，体现了公司和用户之间相互给予的关系。此外，Giffgaff 的广告语为"您的移动网络您做主"，也反映了用户通过各种活动帮助公司运营的事实。因此，Giffgaff 与传统移动电话运营商的不同之处就在于，用户也可以参与公司的部分运营，如销售、客服、套餐设计等环节。

销售推广：基于会员社区的营销。Giffgaff 实行"全员"营销，每一个用户都是 Giffgaff 社区的一员，老用户可以通过向别人推荐帮助公司进行营销推广，作为回报，每放一个号就可获得 5 英镑回馈（新用户同时获得 5 英镑的话费）。目前 Giffgaff 的全部用户中有 25% 来源于老用户推荐；此外，Giffgaff 还向会员用户提供营销推广工具，由会员进行互联网推广。

客户服务：用户之间的信息共享。Giffgaff 将自己以及包括所有用户在内的整体定义为一个社区，并基于这一在线社区进行营销推广和客户关系管理，因此其主要的客服模式就是依赖于会员解答他人提出的问题。当问题不能由会员直接解答时，就会有一个小型的客服团队提供进一步服务。这一方面增强了作为一个社区的 Giffgaff 的凝聚力，另一方面也节省了大部分客服成本。

产品设计：永远都是 β 版的理念。Giffgaff 的目标用户主要定位于年轻群体，除了低廉的价格外，吸引用户的还包括个性化的套餐设计。为做到尽可能的个性化，Giffgaff 秉承了谷歌提出的"永远都是 β 版"的理念，创造了"Giffgaff 实验室"：新产品概念首先在 Giffgaff 实验室初步试验，然后为所有会员短暂开放。若广受欢迎，可能将其纳入主打产品，否则予以撤销。此外，Giffgaff 社区也是一个创意收集的平台，用户不断将自己的想法反馈过来，部分被采纳的创意将进一步通过Giffgaff 实验室实施。

在英国，虽然 Giffgaff 是一家规模较小的运营商，但其在年轻群体尤其是学生中的知名度非常高，用户忠诚度也位居前列。Giffgaff 客户数超过 10 万名，2011 年营业收入达 1 900 万英镑，EBITDA 2.2 万英镑，客户满意度达到 91%。

值得注意的是，Giffgaff 还是一家虚拟移动网络运营商。这类运营商的竞争力主要源于较低的服务价格和个性化的服务组合，虽然不能获得基础运营商那样大的市场份额，但也能在小众市场博得比较高的竞争优势，再加上其运营成本较低（如 Giffgaff 充分调动了用户对自己的贡献），利润率一点也不输给基础电信运营商。

建立与用户的连接和关联，体现在产品的设计参与，还有创新营销的参与和互动方面，不过这还需要有效利用大数据实现对用户的深度分析。随着信息技术的进步，"大数据"这个可能对未来产生深远影响的概念正逐步融入普通人的生活。而基于大数据的各种商业模式创新更是层出不穷，如 Facebook 以社交平台数据为基础，通过开放平台共享数据的方式，不断创新业务模式；阿里巴巴以其电子商务平台交易数据为基础，向基于供应商供货和结算数据分析的金融领域拓展。

连接4：让用户创造内容并获利

互联网的商业模式本质上是平台模式，平台意味着要打开企业的围墙，告别封闭式的内部创新和运营，转而寻求与外部资源的连接引入，相当于将全世界的有效资源和人才都为我所用，这其中的创造力和商机，远非单一企业内部员工能力所能够比拟。在互联网时代，企业不需要追求所谓的自力更生式的发展，优秀的产品都是联合外部人员共同完成的杰作。这其中，对用户创造力的使用是很关键的因素。

作为互联网"读图时代"的代表性网站，Pinterest 在连接用户与企业实现内容创造方面，一直是很多公司模仿的对象。用户通过 Pinterest 发布自己的各类图片，同时浏览其他人的图片，这背后的行为数据都记录在了后台服务器上，作为 Pinterest 以及合作的公司营销人员的基础数据，Pinterest 不单单是图片搜索网站，也不单单是图片社交网站，转而变成了一个互动营销的平台。

当然，对于利用用户的创造力谋求自身内容资源的价值，在此类商业模式上，还有更为突出的连接创意。Pinterest 的竞争对手 Fancy 在与用户连接方面也走出了新的一步。当大家都在关注 Pinterest 爆发式的增长速度的时候，同为图片类网站的 Fancy 开始探索如何将用户创造的新产品赋予更大价值的新模式。

Fancy 将自己不仅仅定位于图片搜索和阅读的终点站，而是推出了"读图购买"的服务。相比 Pinterest 的用户只能停留在欣赏图片的阶段，Fancy 更进一步，向用户提供了图片中相应商品的购买服务，用户只要在 Fancy 网站上看到任何喜欢的东西，都可以直接购买。而 Fancy 在交易过程中也找到了稳定可靠的收入源。

另外，Fancy 与用户的连接，不仅是希望用户在其平台上发布自己创造的内容资源，而且还积极为用户的创造力找到潜在的买家，兑换价值。曾经有一名用户，是工业设计专业的学生，将设计的磁性电灯开关罩上传至 Fancy 网站，结果数天之内就收到了数百份订单。过了一周，一位天使投资人联系到了这名学生，掏出 25 万美元的投资，希望能够将此物件实现大规模的生产和销售。

通过 Fancy 的读图服务能够带来投资收益，这样不是简简单单的 UGC 模式，如果将此模式视作企业与用户建立连接的第一阶段的话，那么企业回报给用户更多的价值则是建立连接的第二阶段，即不仅实现了资源的引入，而且实现了价值的引出。Fancy 之所以能够做到 Pinterest 所做不到的事情，实现这一连接的升华，根本原因是 Fancy 的用户，其参与度要远远高于 Pinterest 的用户，极高的用户参与度保证了 Fancy 可以将用户设计的产品，转化为大量的订单乃至于投资。

如果仅仅是获得用户的关注，那么除了流量之外，企业并不能收获实实在在的经济利益。而 Fancy 的模式，相当于将流量直接转化成了一份份具体的订单，将用户凭借兴趣发生的参与行为，成功转化为获取利益的经济行为。

在以往，企业将用户隔离在外，用户希望了解企业如何设计产品，如何预测市场需求，如何做好营销服务，却没有任何渠道使其参与到企业内部的运营中。互联网给了这种冲动实现的技术条件，建立了连接。发生最初的连接，也许依靠的仅仅是用户的一种参与冲动。但要想长久地维持这种企业与用户的连接，就必须让双方能够共赢，能够让用户从这种连接中获得实际收益。

**建立跨界与
共享的经济圈**

连接1：企业与个人品牌的结合

2014 年 5 月 20 日，罗永浩的锤子科技发布 Smartisan T1 智能手机，这款手机可谓千呼万唤始出来。当初罗永浩一猛子扎进手机界，让很多人直呼看不懂，也看不明白，后来凭借着大家对他"做了一年的锤子系统，开局声响很大，但现在，锤子呢？"的疑问，罗永浩还被挖苦为"年度最不靠谱 CEO"。

不过，当锤子手机终于出现在人们眼前的时候，依然轻松上了头条。这款手机的设计的确不同凡响，双面玻璃机身设计，玻璃覆盖面积 83.8%；同时还配备了 4.95 英寸 1920 像素 ×1080 像素 JDI 屏幕（445PPI），搭载高通骁龙 801（MSM8274AC）四核处理器和 2GB 内存；1278 万像素索尼第二代堆栈式主摄像头，以及 500 万像素的辅摄像头。支持快捷对焦，即同时按住左右两侧的音量键和亮度调节键即可启动相机对焦，放开按键即可完成拍照。

这款手机先后获得了多项国内外产品和设计大奖，其中包括素有工业设计界奥斯卡之称的"iF 国际设计奖金奖"，这是中国大陆的智能手机首次获得该奖项的金奖。罗永浩初创锤子科技，并没有产生任何商业业绩，而仅是凭借一款不断优化的 ROM 创造话题便被估值 4.7 亿元，获 7000 万元投资，看似矛盾的事情，罗永浩如何做到的？这里面有着如何将企业与个人品牌有效连接的多种策略。

借力的艺术。不得不说，罗永浩将微博营销运用到炉火纯青的地步了，他是一个懂得把握网民心态，制造话题和热点的高手。一方面他在微博上分阶段剧透锤子 ROM 的创新体验，使锤子产品有一种"犹抱琵琶半遮面"的神秘感，同时又以一贯的形象"睥睨天下"，讽刺打压对手，似乎按照他的思路，锤子产品发布之日，就是其他安卓厂商掘坟之时。看似是在耍嘴皮子，但从营销角度讲，他其实是认真负责的，在利用各种资源与策略（包括段子，抑或是吹牛），让更多的人知道他正在做的锤子产品。所以有人预测他欲收购苹果是假，锤子产品有新动向才是真。

转化的艺术。从老罗英语开始，罗永浩就在将个人品牌转化为产品品牌，将粉丝转化为用户，他善于用人格而非其他来塑造品牌，他的理想主义、段子语录和高调攻势成了他的符号，锤子科技的产品品牌显然也是受益于他的个人品牌。同时，这种转化也得益于粉丝经济。正如小米推崇"拥有粉丝而非用户"，罗永浩也号称锤子科技的唯一营销代表，他的思路是把自己当成一个营销卖点和流量渠道，把罗粉通过锤子产品给洗成用户。但这种转化其实是把一个产品甚至一个公司命运压在某一个人身上，风险就在于如何确保粉丝对自己长期的热度。

定位的艺术。站在人文与科技的十字路口，罗永浩兼任着"工匠"（产品经理）、"贩卖理想主义者"（营销总监）、"名人创业者"（CEO）几种职务，罗永浩的炒作与彪悍是在为自己的产品和企业代言。的确，为了活下去，为了取得壮大所必需的资源，要发声没错。但是作为一个"门外汉"，如果概念很新，执行力很弱，团队不成熟，仅是过度宣传，那最后做出的也就是"快三秒"的产品，捡了芝麻丢了西瓜，届时不仅负责站台代言的 CEO 没有名利双收，产品也将穷途末路。

提到锤子，便想到了罗永浩和他随身体现的鲜明的个人特质。任何企业的管理者，既要能仰望星空，也要能脚踏实地；以往的管理者更习惯于坐在后台，遥控指挥千军万马，但如今互联网将企业自身的各种秘密逐一揭开的时候，企业与用户和市场的距离瞬间化为无形。这个时候，要想能够在众多的直面竞争中获得稀缺的注意力资源，赢得时间的竞争力，就需要企业的最高管理者能够从幕后走向前台，勇敢为企业代言，也要会借力使力；要有为梦想无需解释的彪悍，也要"心有猛虎，细嗅蔷薇"。

连接2：更大的上下游开放与共享

对北方人来说，椰子总是稀罕物，夏天如果能喝上几口新鲜清爽的椰子汁，肯定是上佳的体验。但是物以稀为贵，北方人想要买一个椰子，花费相比本地产的水果，要贵很多。不过 2014 年，有心的淘客可能会发现，淘宝上的椰子卖得有些出奇地"便宜"，5 元左右就能买到从海南寄来的新鲜椰子，这是为什么呢？

原来，之所以有这么便宜的椰子，主要有两个原因。首先，淘宝上卖椰子的店家很多都是种植椰子的果农，产家直销，省去了中间环节，自然能让利于消费者；其次，即便对那些只想买一两个椰子的超级散户来说，买椰子也不用担心要付邮费的问题，因为就算你花 5.85 元买一个椰子，也可以包邮！

"亲，包邮哦"，这曾经是淘宝店家吸引买家的一大利器。那个时候，淘宝上购物包邮的门槛很高，且由于淘宝店铺具有极其分散的特征，买几样东西可能就需要接收几个包裹，如果每个包裹都要付邮费的话，对大多数消费者来说也是一笔比较大的开销。所以尽管有这样那样的优点，淘宝在物流上的表现一直难以让人满意。相反，京东这样的自建物流的电商平台依靠其超高的物流体验迅速拉高了人气，如今已经成为仅次于淘宝系的我国第二大网购平台。

为弥补自身在物流上的短板，马云开始玩起了"菜鸟网络"。与京东的"单打独斗"不同，"菜鸟网络"走的是合纵连横的路线，联合全国数十家物流公司，充分整合资源，搞起了物流行业的"智能管道"。"菜鸟网络"高调起家，随后迅速低调下去，仿佛不存在了一样，直到今天我们才终于感受到其威力。得益于不同渠道间的资源高效整合，如今的淘宝店家发货时已经不再需要按照包裹的数量收费，而是按"件"计费，每"件"则可以包含很多个包裹。多个包裹共享一份邮资（15 元左右），单个的运费成本自然下降了不少。依靠这种方式，"菜鸟网络"最终使得淘宝的包邮门槛大大降低。

相反，我们再比较一下依靠物流体验迅速起家的京东。可能由于人力成本的上升，也可能是上市后面临着更大的盈利压力，京东再次提高了包邮门槛（从 39 元提高到 59 元）。门槛提高 50% 后显然对一部分价格敏感的消费者产生了消极影响，比如我想买一本三十几元钱的书，在京东买的话需要再交 5 元钱的运费，而在天猫买的话，就可以不付运费，而且如果选择同城发送，第二天也能到货，体验一点也不差。

对淘宝和京东两大电商平台包邮门槛的前后对比，可以从中得出一些有意思的分析。当一个企业采取相对封闭的经营策略，如果能比竞争对手经营得好，那么你的竞争优势可能就会加倍；相反，如果竞争对手依靠有效的资源整合（借外力）弥补了自身在效率、成本、用户体验等方面的劣势，那么就有可能反败为胜，化劣势为优势。更进一步想，"封闭"和"开放"两种经营策略哪种更契合互联网时代的主流商业精神呢？

永恒的入口之争

如果存在这么一个行业，本身能够实现互联网基因与传统业务领域的结合，同时还能够与用户建立长久和稳固的连接关系，那么这个行业一定是智能手机行业。这是一个充分竞争的行业，也是一个残酷的淘汰平台；这是一个充满机遇和创新的行业，也是无数模仿和跟随者的最佳实验基地。手机行业从以往单纯的通信制造行业，发展到现在，成为了互联网公司从天而降、打击传统企业的一个利器，同时也是用户的第二身份属性的承载之处，吸引越来越多的外行人进去，去寻找庞大人群中那一小撮与自己"三观"契合的消费群体。手机以及随之扩展开来的智能终端、可穿戴设备等一系列硬件设备，正在死拼互联网时代最宝贵的战略高地——用户的入口。

互联网公司做手机，很大的卖点是手机的高配置、低价格，像小米手机，主打的就是这种看似离谱的手机性价比。难道这些人疯了吗？之所以这样做，互联网公司自有其逻辑，他们的算盘打得很精细，也很长远。本质上就是用长线的软件和服务收入，来补贴短期硬件的亏损。一开始，互联网公司说服手机厂商用低价，甚至零利润出产高配置的手机，但是许诺未来靠内置在手机里的软件带来的流量收费补贴。甚至拉上运营商，借助渠道和网络，最后从流量和广告收入中分成。这就是周鸿祎所声称的"从一次性卖硬件变成长期的一种服务收费"，而且这种做法已成为互联网公司笃信的未来发展趋势。而他们之所以敢这么设想，还是在于只要占据了入口，迁移来用户，就不怕没有流量；只要有了流量，就必然会带来可观的收入。盘子做大了，才好分配。硬件终端公司也才愿意亏本做终端，为的也是将来可以在流量市场上分一杯羹。说到底，还是互联网的流量实在惹人垂涎。

由此可见，互联网公司在下一盘很大的棋，由入口开始，到流量收尾。先抑后扬，先赔后赚。完全颠覆了传统的硬件商业模式，独创了一套只有互联网公司才会想到的新模式。在这"三部曲"中，占据入口是至关重要的一步，自然也是竞争最激烈的一步。甚至在未来一段时间内，入口争夺依旧会是移动互联网的主旋律。

可穿戴设备成为未来的入口争夺重点

伴随手机的趋同化和低利润现状，智能终端的概念逐渐扩展到了人们的四肢和五官的辅助功能设备范畴。技术是人的延伸的论断，随着智能眼镜、智能手表和智能运动鞋这些新的发明出现，越发得到了验证。

自"可穿戴设备"这一概念出现以来，围绕着诸如谷歌眼镜、智能手表等新概念产品的讨论一直不绝于耳。然而这种热度仅是因为资本炒作，还是真的相信可穿戴设备未来的发展前景？

先看一个例子。早在十几年前，以日本为代表的一些国家的企业一直在探索手机未来的新形态将会是怎样，比如有的企业设想未来手机将与手表合二为一，人们打电话不再是拿着话筒对着耳朵听，而是跟看手表一样，并且能同时进行语音和视频通话。这样的产品创意放在当初，的确算得上开天辟地、独领风骚，但放在今天看来，这种设想也就是将智能手机"手表化"，仿佛是给手机装上一个表链，然后戴在手腕上。听起来或许真是个好主意。

不过可惜的是，十几年过去了，至今依然没有真正的颠覆性的产品出现，即便是到了手机支持视频通话的年代，人们还是更习惯把手机拿在手上，而不是绑在手腕上。为什么呢？原因可能有很多，但有一个是比较明显的：随着手机进入智能化时代，除了基本的通信需求，人们更倾向于通过手机满足诸如游戏、阅读等信息需求，因此大屏高配也就成了用户非常看中的因素。在这一背景下，试图将手机绑定在手腕上就显得不合时宜，谁愿意在自己的手腕上戴上一个又大又笨重的手机呢？所以，手机的"手表化"显然不是一个明智的创新举措，这也就解释了为什么现在市场上出现的大多手表式的智能穿戴设备，如苹果的 Apple Watch、三星的 GEAR 等，都没有试图去取代手机，而是要在手机之外探索自己核心的价值。

由此可以看出，如果仅做产品形态上的改变，很难实现破坏性创新，因为单纯形态上的改变必然在两个方面面临挑战：一方面，难以挑战原有的产品生态，包括已经形成的产业链和用户习惯，就像试图将手机"手表化"的努力一样，最终可能会变得不伦不类。微软的失败经验也鲜明地验证了这一点，那种试图将 PC 和平板糅合起来的努力并没有得到用户的青睐；另一方面，单纯的产品形态创新很容易被模仿和复制，最终不可避免沦为依靠拼参数和拼价格打市场的局面。

关于这一点，美国达特茅斯大学塔克商学院教授维贾伊·戈文达拉扬（Vijay Govindarajan）曾一针见血地指出，"大多数组织都把注意力放在打造短期产品创新的能力上，可大部分的产品都没有太多能持之以恒的竞争优势，而且也未能创造任何利润；而那些赚钱的产品，通常很快就被竞争对手争相复制，抵消了任何长期的优势。最后的结果便是，企业在产品发展上投入了重大的投资，却未能获得相对应的投资报酬。为了能持续增长，企业必须把产品创新跟商业模式、流程以及服务创新放在一起，做出更佳的整合。"

关于如今热火朝天的可穿戴设备投资领域，《浪潮之巅》的作者吴军也表达过与戈文达拉扬教授类似的观点，他认为如果只是把智能手表、手环之类的看成电子产品，就失去意义了，应该把可穿戴设备看成是收集数据和展示数据的终端。

从这一角度出发，未来在医疗和大众健康领域可穿戴智能设备将会有很大的市场空间，用户可以随时随地监控自己的健康状况，而且这种创新已经超越了传统对手机终端的定位，真正实现了从商业模式、流程到服务创新的全新整合。

可穿戴设备将会推动大数据改变我们的生活

当我们还在为智能手机获取越来越多个人信息而感到一丝恐慌的时候，那么诸如 Google 眼镜这类产品，也许会收集到我们更多的隐私数据。而未来如果可穿戴设备遍布于我们的周围，逐渐将以前没有智能化的生活用品全部替换之后，那么可以说我们将不再有任何的隐私可言。因为通过你穿的衣服会了解到你的穿着品位，你观看的电视会收集到你的娱乐喜好信息，你使用过的钢笔会收集你的习惯性用语信息，你的球拍、运动鞋能够计算出你身体机能的好坏，这些从前你不主动提及别人不会发现的大量数据将在不知不觉之中上传到云端，形成关于你个人的非常全面的数据信息。而提供这些产品的服务商，也将能够运用大数据技术，将这些信息分析处理并预测到你的未来需求，进而提前生产出新的定制化产品，提前对你进行绑定。也许到那个时候，你可能会惊叹，那些服务商真的可以走进你的内心，了解你所想所爱，这种未卜先知般的能力，必将是全新的蓝海市场和巨大商机，等待着人们的开发。

从互联网诞生的那一天起，人们就在议论着这个虚拟的世界与现实生活到底是平行存在还是互相影响，那么可穿戴设备的出现，实际上让移动互联网更加具有了生活实用性，让虚拟的网络世界不再是人们的精神乐园，而是能够将虚拟与现实结合，产生出全新的产品服务。未来，在可穿戴设备逐渐替代传统产品的过程中，移动互联网产业也将不再是专业人士口中的词汇，不再是年轻人热衷的娱乐，而是关乎每个人生老病死、一举一动的全生命周期产业。

链接话题——你是否真的需要Apple Watch？

2015 年 3 月 10 日，苹果春季发布会如期而至，其中被万千可穿戴智能设备的从业者和发烧友寄予厚望的 Apple Watch 终于华丽现身，开启了苹果的科技时尚之旅，预示着**一场手腕上的革命**即将开始。

库克在解释智能手表时表示，Apple Watch 是最私人的设备，是佩戴者表达自我个性的一种方式。Apple Watch 也是苹果系列中款式风格最丰富的产品，满足了不同的喜好和品位，运动风、时尚风、商务范，总有一款适合你，款款体现时尚设计元素。尽管 Apple Watch 的最低售价为 350 美元（约合 2588 元人民币），但典藏版的售价已经不输百达翡丽和劳力士等一线奢侈品牌的机械表。

注：图片摘自 http://www.mcyit.com/articles/506.html。

另外，与以往品牌产品不同的是，Apple Watch 首次邀请了产品代言人，而且是像奢侈品一样启用超模。一个科技型时尚奢侈品品牌形象已经逐渐形成。

发布会上，苹果介绍了一些著名服务提供商或应用开发商为 Apple Watch 开发的应用程序，其中包括微信，展示了 Apple Watch 的多个应用场景，如接电话、Apple Pay 支付、值机机票、好友互动，查看照片、叫专车、订酒店、开酒店房间门，欣赏流媒体音乐等功能。Apple Watch 的应用大多仅保留了原有功能的关键且适合穿戴设备的功能，如支付宝钱包仅保留了余额宝、付款码、汇率换算三个功能。尽管演示得相当酷炫，但囿于有限的屏幕空间和固定的穿戴位置，加之用户之前固化的应用使用习惯，Apple Watch 的操作不知能否如演示那般酷炫。目前，围绕 Apple Watch 构造的全新应用场景已初具雏形，相信随着更多商家的加入和支持，Apple Watch 的使用场景会发挥出更大价值。

之前虽然有诸如三星、Moto、华为等大型厂商推出智能手表，但都未引起消费者足够的关注和追捧，导致智能手表市场不温不火，一直没有出现真正的领军产品。此次 Apple Watch 上市，其他智能手表品牌不担心竞争的加剧，反而庆幸并希望苹果能像 iPhone 当年改写智能手机市场一样来点燃智能手表市场、掀起一场手腕上的革命，因为没有哪家厂商在教育市场及培养用户习惯上比得上苹果。摩根士丹利预计，2015 年苹果有望销售 3 000 万块智能手表产品，Apple Watch 将构筑消费者对智能穿戴设备的整体认知。不仅传统电子产品厂商因此而欢呼雀跃，甚至连传统手表企业都将在 Apple Watch 的影响下将传统手表改造升级成智能手表，如江诗丹顿、飞亚达均表示将推出智能手表。

点燃可穿戴设备星星之火的谷歌眼镜在 2015 年 1 月 19 日被迫宣布项目停止。谷歌眼镜带大家提前看到了未来可穿戴设备的使用场景，然而由于成本过高、缺少应用生态、实用性欠佳、大数据价值无法支撑以及在隐私、安全方面的问题，最终败下阵来。相较而言，Apple Watch 对于用户个体的"侵入性"相对较低，在便携性、交互体验与审美功能等方面都比谷歌眼镜更胜一筹。另外，目前可穿戴产品的接受度也有较大提升，似乎 Apple Watch 有着更为广阔的前景。但是，对于新生产品，我们还是要保持一丝谨慎，在 iPhone 已经可以满足一切需求的前提下，消费者是否真的需要一款智能手表？

清晰的定位是成功的保障

定位最核心的理论就是"区隔市场，焦点经营"。任何一个品牌都必须在目标受众的心智中占据一个特定的位置，形成有别于竞争者的价值，并维持好自己的经营焦点。走差异化路线，才能填补消费者的需求空缺。

2011 年 6 月 20 日，由人民搜索网络股份公司推出了新的通用搜索引擎平台——即刻搜索，其前身是人民搜索，背后有着国企的支持，相当于搜索领域的国家队。推出之后，即刻搜索号称国家权威搜索，顶着巨大的光环，坐拥独有的政府资源背景，但是在品牌的定位上一再出现错误，光 Logo 就换了三次，在第一时间里便没有给用户一次清晰的感性认识。涉足搜索后，即刻搜索又去做食品安全和曝光产品，战略和产品定位摇摆不定，在"大而全"和"小而美"中举棋不定。

其实在搜索领域，除了大众市场，在很多细分领域，比如公共资源搜索、新闻文献搜索、学术搜索等领域，从搜索结果的权威性、公益性、可靠性寻找差异化，都是大有可为的。但很遗憾，即刻搜索没能把握住这部分用户的心智空缺，而被 360 搜索弥补了，通过承诺更安全、不接受医疗广告等，360 搜索最终撬走了百度一块不小的市场份额。特劳特的商业畅销书《定位》对于这一类商业失败案例，给出的总结建议是，发动一场真正的侧翼战必须头一个抢占细分市场，否则只能眼睁睁看着头狼抢走肥肉。

特劳特还曾在另一本书中提到了"成功的关键在于你能否骑上一匹好马"，但用到即刻身上真的是这样么？不得不说，"国字头"的即刻确实是骑了一匹好马，充裕的资金，宽松的政策，在吸引人才方面拥有足够的竞争力，也经历了搜索市场重新洗牌的大好时机，但并未由此走上成功之路，或许根本原因不是马跑得不够快，而是跑错了方向。就像《定位》写的那样，营销竞争的终极战场是心智，不仅是完成任务也不仅是抢夺市场，将企业产品与形象植入用户心智才是目的地。但是仅有好马也是不够的，如果没有驭马之术、经世之道，那千里马也可能终会成为普通马。

在个性化产品多如牛毛的互联网世界，依靠单纯的"一招鲜吃遍天"几乎不可能再维持长期的收益。产品营销越来越细分化和情感化，每一个产品背后都是一个小的社群圈子，加入圈子的人，都是在兴趣、价值观上与产品所传递的概念相吻合的一群人，注定绝大多数产品一定是满足于一部分人的特定需要的。所以未来企业面向互联网的产品营销定位，必须聚焦再聚焦。

创造价值的新竞争力

曾几何时，企业的竞争力更多地体现在产品上，谁能够提供物美价廉的产品，就能够在市场竞争中获得胜利。相反，对于用户服务，在很多时候被企业视为一种成本，在整个企业的价值链中并不处于最重要的地位，生产和研发环节才是企业视为价值产生的重心。

但是到了互联网时代，信息可以无障碍地流通于企业内外，消费者能够更广更快地了解企业的信息，并且消费者彼此也能够跨越地域和时间的隔离，开始频繁地对产品和企业的评价进行互动，形成对企业前所未有的影响力。过去基于一切信息不对称下的企业优势资源，在互联网让世界扁平的过程中，越发显得弱化甚至消失。

这个时候，企业的竞争优势，实际上已经从专注于内部产品的生产制造，开始向外转移至对用户的分析与服务，以及对整个产业生态系统的构建和合作上，价值的内涵依旧是企业的产品，但牵动价值的引擎不再是专属于企业和生产制造部门，而是属于与用户建立最终联系的客服部门。这个时候企业要想在互联网时代存活，其专业化能力不仅仅体现在具备产品竞争力，还需要能够更好地建立和维系与用户的互动关系，更好地为行业合作伙伴带来商机和共赢价值，也就是企业首先要具备的不是产品竞争力，而是全新的流量竞争力和平台竞争力。

打造流量竞争力，把用户留在身边

流量竞争力包括创造流量和了解需求两个切入点。在过去，流量可以理解为人流量，靠的是店铺的地理位置，所以黄金地段永远是企业竞争的焦点战场，因为那里的人流量最多，带来的商机也最大；但是在网络经济下，即使企业高价赢得市区最繁华的商业地段，也不见得就能够让巨大的人流量转化成利润价值，用户可以在线下商店试用商品，然后通过手机寻找到最便宜的网店，一键实现购买。同样，过去靠降价促销的手法，引来的抢购一阵风也不可能持续。互联网带给我们的思想革命，是羊毛可以出在猪身上，敢于不从产品本身赚钱，才有了免费思维的出现。大家发现免费才是最能够获得流量的武器，对此所有的互联网公司早已谙熟于心。像微软终于跨出重要一步，Windows10 免费提供给全球用户标志着这家老牌企业真的开始向互联网转型了。免费思维是提升用户竞争力的至关重要的一步。

当然，企业必须学会更准确地了解用户需求，这里面包含两个误区，一个是通过传统的问卷调查方式获取用户需求，但用户往往并不知道自己想要什么产品，而是关心是否有产品可以解决问题。当年福特的名言：假如我问客户想要什么的时候，得到的可能是速度更快的马车。另一个就是坚信创造客户需求的理念，以技术领先为导向，相信自身能够预判用户需求，当年 IBM 早于微软 Windows 95 之前推出了OS2 操作系统，功能更强大，占尽天时地利，但最终败北，原因在于其在做市场调查之前已经给用户设置了一个产品框架，用户只能在 1 和 2 之间选择，但其实用户想要的是 3。所以开放式创新与参与式互动才成为现今很多企业的目标，让用户参与到产品的制造过程，能够最有效地与用户需求吻合。

打造平台竞争力，让合作伙伴帮你赚钱

互联网让传统的产业链变成了彼此连接的产业生态系统，优秀的企业一定能够为生态伙伴提供价值，而不是独善其身一人专美，而打造平台就是最好的与人合作的方式，越来越多的企业都从产品化走向了平台化。

平台竞争力包括大数据能力和基础服务的能力。平台赖以生存的基础一定是有着大量的用户群体，所以不是每个企业都能够做成平台，必须是已经有了稳定的用户规模的企业才会转型为平台。用户数背后就是用户的大数据，腾讯通过微信，阿里通过淘宝，百度通过搜索掌握了最多的互联网用户数据，数据的挖掘能够真正了解用户的偏好，能够提供针对性定制化的营销服务，这就是平台最大的财富。

正因为有了大数据资源，才会吸引更多的中小商家和行业外企业加入平台，提供各种各样的产品，平台提供者需要做的就是维护好这些进来做生意的企业，给他们最基础的服务资源，比如支付能力、计费能力、宣传渠道、广告位等，帮助这些商家赚钱的能力是平台的核心竞争力。2015 年年初微信广告利用三家商品的发送，

制造了不小的话题。收到宝马的用户着实兴奋了一下，而收到可乐的用户也小小酸了一把，看着大家乐此不疲在朋友圈的晒图，微信实际上也就让用户在互相吐槽的过程中给了三家企业最好的营销服务。可以说，世界上最好的商业模式，就是企业能够出租场地给许多商户，通过商户的收益赚取分成。

打造服务竞争力，给用户最好的体验

最后企业还是要回归产品本身，做好一个产品专家，思考怎样的产品能够为自己带来价值，这个价值一定是满足了前面两者之后带来的，而不是一开始就要的。

产品竞争力包括极致的产品功能和良好的体验服务，传统工业时代的产品是以功能取胜，功能越多越全才好。但是现在我们看到的明星产品，恰恰不是那些大而全的产品，往往是一种核心功能打动了用户，获得了市场。所以才会有专注极致的产品思维，以及由此构建的企业定位。

另外，服务越来越成为产品价值的核心部分，20 世纪 90 年代，IBM 就已经开始转型为服务提供商，硬件投入大量减少，将 PC 业务出售给联想，收购普华永道和几十家软件公司，等等。现在服务的内涵进一步扩大，用户越来越重视良好的使用体验，比如简单易上手的产品，远胜过说明书厚厚一本的产品。

在企业的竞争力重构上，不同的企业会有不同的侧重，但是一定离不开流量、平台和服务的维度。互联网带给企业的生存法则，就是从传统以我为出发点、以产品引导顾客的思维跳出，转型为以用户为中心、打造用户需要的产品服务为目标。归根到底，互联网时代的企业如何重构自身的竞争力，可以总结为三句话：首先要考虑的是，我能为用户创造什么价值？其次要考虑的是，我能为行业提供什么价值？最后要考虑的才是，我能为自己带来什么价值？

从卓越到优秀的二次转换

在篮球比赛中，如果某队员连续命中，其他队员一般相信他"手感好"，下次进攻时还会选择他来投篮，可他并不一定能投进。这种心理现象被称为"热手效应"（hot-hand effect）。一份调查显示，91% 的球迷认为球员在成功投篮两次或三次后更可能再次命中。

从表面上看，热手效应似乎合理，然而一系列运动研究证实了投篮表现的冷热势可能只是一种假象。人们倾向于形成基于几个事件组成的模式，例如球员三连投，然后用这种模式来预测随后的情况。这就是顺势的谬误，是大脑给我们开的另一个玩笑。

就像股市中预测股价上涨还是下跌的心理博弈一样，当一家公司的股价开始上涨时，投资者会认为这一上涨趋势将会持续，于是纷纷采取跟随战略追涨，但涨势持续一段时间之后，特别是到了一个普遍认为比较高位的时刻，更多的人则认为这种涨势不久将会结束，有可能反转，于是在这种心理作用下，纷纷从买进改为卖出。这种行为被称为"赌徒谬误"。

在判断股市走势的场景下，有研究表明，大多数理性投资者表现的"赌徒谬误"效应会高于"热手效应"。曾有研究人员做过相关的实验，得出的结论是：在持续上涨的情况下，上涨时间越长，买进的可能性越小，而卖出的可能性越大，对预测下一期继续上升的可能性呈总体下降的趋势，认为会下跌的可能性则总体呈上升趋势。

但是如果站在市场消费者的角度，看待企业的持续创新能力方面，很多时候我们会发现，"热手效应"往往会强于"赌徒谬误"，当一家企业在过去做出过连续的创新贡献之后，自然就会在大众预期上水涨船高，那么大家普遍的认知是这是一家具备持久创新能力的超级明星公司，下一次的产品发布也会被认为是新的创新高峰。这是一个很有意思的现象，但是有哪家企业能够一直处于时代浪潮中的最前面，并且屹立不倒呢？

苹果的创新神话正在消退

就在 2013 年，三星发布了 Galaxy S4，由于被市场认为新意不足，三星股价因此下跌了近 3%。这与同一时期苹果推出的 iPhone5 面临的处境十分相似，当时甚至有投融资分析师打电话询问"苹果是否已失去持续创新的能力"。又过了两年，虽然苹果随后推出了 5S 和 6，而且在手机的外形上也不再拘泥于以往成功的框架限制，开始向更多样化的品种发展。甚至推出了 Apple Watch，战略意图非常明显，就是希望能够像当年的平板电脑一样，为日益单一的产品路线探索出新的蓝海市场。但市场反应呢？

很遗憾，如今的苹果已经不能带给我们太多的疯狂和惊喜，即使苹果依然雄踞市值榜首，依然有着数量庞大而又坚定的果粉，任何城市中的苹果体验店里还是人满为患，熙熙攘攘，乃至苹果每一次的发布会还是举世瞩目，一票难求，尽管每一次发布会结束后，针对新的产品都有着这样那样的吐槽和不满。我们仍旧明显感觉到，苹果正在创新的引领者这一角色上艰苦地挣扎，试图在舞台中央多停留一会儿，怎奈其表演带给观众一次次的失望，留给苹果的还有多少时间？

在过去的十几年中，苹果发布了 3 款产品：iPod、iPhone 和 iPad，创造了新的品牌市场，构建了完美的商业模式，充分满足了自己都不曾发掘的需求。然而，在苹果三次成功"投篮"后，下一个"球"一定会成功吗？我们是否给苹果寄托了难以满足的市场预期？我们是否已陷入顺势的谬误？反之，如果苹果在库克的带领下连续"失球"，我们又会预期苹果以后的投篮将风光不再？我们忽冷忽热的态度背后折射的恰恰是旁观者的偏见和非理性。

其实，资本市场上的苹果是非同寻常的。早在几年以前，《经济学人》分析指出，苹果股价已上升近 50%，跃居美国股市估值最高的公司，总值超过 5 500 亿美元。过去 20 年间，美国股市市值最高的头把交椅大多数时间由 3 家公司轮坐：埃克森美孚、通用电气和微软。与苹果相比，前两家算是巨人公司：埃克森美孚年收入 4 120 亿美元，通用电气有超过 30 万名雇员；而苹果 2014 年收入 2 202 亿美元，全员总数仅 6 万～7 万人。"轻实业，重创新"的苹果已成为现代企业的缩影。

21 世纪是知识经济的时代，资源占有和规模生产不再是企业维持竞争力的关键要素，取而代之的是持久创新能力，苹果凭借独有的创新能力颠覆了手机产业，随之建立了自己的商业帝国。但成也萧何、败也萧何，创新力不像土地、资金、人员以及机器这些有形资源，具有独占性和垄断性，创新是无法长久固守一处。工业时代的生产制造企业，当确立了自身的产业优势地位之后，便不会轻易被撼动，更不会很快被打倒，其稳定性和持久力一向很强悍。所以在过去的商业法则中，规模的成长是企业家不懈的追求目标。

但是，一切规则在互联网时代都被重新改写，野百合也有春天，小公司、后发公司有了非对称的竞争机会。破坏式创新的成本大为降低，也让苹果、Google、Facebook 这些本非行业先行者的后来人，能够通过自身的创新能力实现"革命"，巨头的围墙不再牢不可破。

企业的外在表现很大程度上取决于内部领导团队的风格和思路。相对于乔布斯的能言善辩和激情冲动，库克温文尔雅、彬彬有礼，总是保持着一贯的低调，再加上其和缓的美国南方口音，被戏称为"南方绅士"。而正是风格的不同也使得库克在领导方式上发生着改变，比如在对待投资者方面，库克会确保参加电话财报会议与股东会议，而这些乔布斯很少去做。

然而在温和的外表下，蒂姆·库克却有着与乔布斯一样对工作的专注和执着。就像乔布斯专注于苹果产品每一个细节一样，库克专注于苹果在运营过程中的每一个阶段。他曾在一次业务会议中当场要求业务主管立刻飞赴亚洲处理问题。

虽不再"艺术"，却更加"卓越"。

如果说苹果产品的风靡离不开乔布斯及其设计团队艺术家般的天才创造力，那么苹果公司能够在后乔布斯时代维持股价高位，在产品没有重大创新的情况下依然受到全球热捧，这些今日的辉煌绝对离不开蒂姆·库克卓越的运营管理能力。

相对于前任的光彩夺目，蒂姆·库克并不具备产品设计领域的非凡才华。然而加入苹果十几年来，他对于苹果公司运营管理的杰出成就证明了其毋庸置疑的能力。加入苹果仅仅一年，库克就通过严格的成本控制与供应链管理，使得苹果产品线的利润率大幅提升，实现扭亏为盈。

库克还将 iPod、iPhone 和 iPad 的生产效率提高到了令人难以置信的水平，并且修订了苹果的售后服务，从而让顾客满意率大幅上升。可以说如果没有库克，苹果的产品销售范围远不会如现在这般广泛，公司盈利能力也不会达到眼前的惊人程度。

只不过，这一切稳重踏实的经营工作，虽然给公司铺就了长久发展之路，但在外面的人看来，都抵不过产品创新上的乏力。这种乏力，在乔布斯去世的2011 年，苹果推出 iPhone4S 的时候，便开始露出端倪。随着 iPhone5 以及其后系列的发布，蒂姆·库克和苹果公司虽然仍旧成功博得头条，成为舆论关注的焦点，但是，人们不再为苹果公司创新而完美的产品所赞叹，更多的是对于库克领导下的苹果公司创新能力的质疑。事实上从 iPhone4S 开始，苹果在产品创新上的乏善可陈，显示出了苹果的产品优势在不断缩小，当年的神话已不再，苹果公司正在走下云端。

在过去，有乔布斯掌控苹果产品的每个细节，蒂姆·库克可以专注于公司的运营管理，而现在库克必须同时关注产品创新和公司运营两个领域。在竞争对手的紧追之下，如何保持苹果的领先优势，提升以创新为标志的核心竞争力，作为苹果的"守护者"，蒂姆·库克任重而道远。

> **无法永远领先的
> 创新力**

传统社会的结构范式是金字塔，是基于一切资源的独占性，构成的中心化权力分布格局。只要掌握了独占的资源，可以基本确立在市场上的优势地位，剩下的就是如何提高生产效率，扩大生产规模，抢占更多的市场空间。效率是所有企业维持竞争的生命线，为了实施效率，企业在内部做了复杂精密的分工和管控体系，每个人成为没有人格特质的流水线工人，共同组装一个产品，用最快的速度推向市场。

创新，在传统社会，更多的是基于现有产品和技术做的延续性升级，即使有破坏式的创新，其发生成本极高，自然发生的可能性也极低，只有那些大企业才能够有这种资本和时间琢磨创新。

互联网改变了金字塔的结构范式，凝聚在塔尖上的资源，被快速地分散到所有网络连接的节点上，成为大家的共享资源。创新不再是关在实验室内部的专业化工作，而成了大众的业余化爱好。俗话说"三个臭皮匠赛过诸葛亮"，如果仅仅是从智力角度来讲，这种观点不见得正确。但是如果"臭皮匠"本身就是市场，就是市场上的众多消费者，那么他们的意见则不可等闲视之，甚至比"诸葛亮"更为重要。

与其他传统行业不同的是，移动互联网的到来使得整个互联网产业以及与之相关的其他行业的产业生态发生了重要变化，表现为利益格局重新洗牌、商业模式推陈出新、行业交叉渗透加深、产品迭代速度超摩尔定律等。在这样的环境下，无论是传统的互联网巨头，还是新兴的小企业，都需要不断寻找具有颠覆式创新效应的新产品，力图在短时间内抢占市场先机，避免被替代的命运。

《浪潮之巅》的作者吴军认为，"反摩尔定律使得 IT 行业不可能像石油工业或飞机制造业那样只追求量变，而必须不断寻找革命性的创造发明，因为任何一个技术发展赶不上摩尔定律要求的公司，用不了几年就会被淘汰。"反摩尔定律使得所有的新兴小公司都有可能在发展新技术方面和大公司处在同一个起跑线上。因此，对那些三五成群、小而灵活的创业团队来说，信息产业本身的这些特征为所有有梦想、有眼光、有能力的创业者提供了开放且平等的发展机遇。

市场是波动的，群体的行动是无法用规范来控制的。知识、信息都是不断流动在交互的网络中，来去自由，随时随地发生着碰撞和化学反应，也随时随地地创造出新的成果。这个时候，任何一家企业，都不可能成为创新的主控者，规划出未来的创新之路，因为创新的必须资本——知识、信息已经不专属于某家企业，成为共享的资源。创新者可能是你，也可能是我，还可能是你和我思想的碰撞之后的合体。也许，下一次革命性的创新就在某一个角落，不为人知，等待着被新进入的创业者发现并拾走。

互联网时代的商业世界，不再是静止不动的塔形结构，而是波浪，一次次带来新的浪头，取代原来的领航者。这是一种规律，是基于创新大众化和交互化之后必然带来的改变。

这的确给企业带来了一种两难选择，一个是聚焦高端市场，提供精品产品；另一个是聚焦中低端市场，以粉丝和规模取胜。做高端，抢占高价值小众市场，就需要长期地打磨精品，这需要时间，慢功夫与互联网节奏不符合。互联网的需求浪潮一浪叠加一浪，更新很快，注定某一家公司是无法长期占据制高点的，因为需要低头积累。

做低端，占领广大的利基市场，庞大的屌丝群体虽然单个消费能力不足以提供高的价值，但是数量庞大，需求多样，变化多端。一家公司也不可能满足所有人的胃口，只能挖掘一部分人的特色胃口加以满足。所以必然是竞争百态的市场，风口虽有，但竞争激烈，一不留神就会被别人提前卡位，即使堵上前来，但总会有漏风的缝隙，才能使得后来的小企业有那么一丝的逆袭机会。这也是互联网不断向前发展的原因，因为体量再大，也堵不上巨大的风口。

互联网创业浪潮中有这么一句话："得屌丝者得天下"，其实反映的就是重视利基市场、小众市场的一种商业思维，而"长尾理论"也告诉我们，很多时候那些看似不起眼的小市场，加总起来的收益与少数几个大市场不相上下，而前者往往得不到足够的重视和开发，留给许多人很好的创业机会。像 Google 的 AdSense 服务，就是面向数以百万计的小网站和个人博客，提供个性化的广告定制服务，将每一位客户不起眼的小钱加到一起，成为一笔很可观的收入。

只不过，在越来越细分的市场驱动之下，创新的浪潮只会来得更快，没有哪家企业能够永远占据在风口浪尖之上，长期成为行业的领导者。相反，更为务实的策略是，当属于自己的浪潮过去之后，能否不被下一波浪头打翻，而是在起伏的海面上获得稳定航行的能力，等待下一次的领航机会。

对于苹果而言，如果自身产品还是没有革命性突破，依然只是延续性地升级的话，可以肯定的是，苹果公司目前的领导者地位将会被新的陌生的创新者所取代。但是这都没有关系，重要的是，能够在浪潮之巅过后，还能够生猛地活下去，即使不是下一波行情的弄潮儿，也是重要的推动力，这就够了。因为，互联网让所有参与者都航行在风浪之中，每个人都有机会驾驭未来的一次浪潮。

从优秀到卓越，是企业成长的第一阶段。但没有永远的胜利者，未来的企业需要理性对待可能的产品创新失败，市场也需要理性地期待企业的新品，甚至接受可能的失败。从卓越到优秀，才是互联网时代企业需要学会的一次角色转换，保持优秀，努力创造下一个卓越的时代。

咖啡馆模式与小而美企业

> **互联网+咖啡馆的平台模式**

2015 年 5 月 7 日，李克强总理视察中关村创业大街，在 3W 咖啡屋与众多"创客"交流，同时点了一杯香草卡布奇诺。如果说去年的"主席套餐"包子，着实带动了像庆丰包子这类民间小吃的购买热潮，那么今年的"总理咖啡"则更是引领了年轻人集体创业的热潮。在政府领导的示范作用下，除了创业本身成为越来越多年轻人的职业选择之外，像遍布中关村的咖啡馆这类孕育创新的场所，其本身的运营形态也开始受到更多的关注，咖啡馆模式将会成为未来企业发展的新常态之一。

所谓创业咖啡馆，在建立之初也许并没有浓厚的互联网创业的意味，更多的是搭建一个都市青年之间思想交流的场地。早期的咖啡馆，更像是茶馆一般，不仅欢迎那些希望结识朋友、交流思想的人，同时也欢迎大部分的普通消费者，喝一杯咖啡，看一本书，坐一下午。当然，随着思想交流的深入，越来越多的人开始从思想落实到了行动，希望能够获得更多的实际的创业支持。这时咖啡馆作为一个休闲场所，便逐渐附加上了更多的专业技术交流和整合各类资源人脉的功能。

随着互联网创业潮的风起云涌，咖啡馆这一场地开始出现越来越多的互联网创业元素，比较著名的有车库、3W咖啡馆等，其一开始的定位就不同于普通的咖啡馆，立足于互联网知识的普及共享，以及创业团队的资源支持，乃至资本对接等活动。有相关研究总结出，创业咖啡馆的功能由浅入深，可以分为4个阶段（如表12-1所示）：

表 12-1　创业咖啡馆的 4 个不同定位和服务内容

功能定位	提供服务
社交平台	举办互联网主题沙龙，积累人脉，找到合作伙伴，制作主题课程，吸引客流，提升品牌知名度
办公场地	提供最基本的办公设施（如纸张、网络、会议室等）给初始创业团队
风投对接	为创业项目和资本市场提供对接平台，为双方牵线搭桥，实现资源对接，以及未来拿到一定的收益
创业孵化器	提供创业所需的一切服务资源，通过培训指导来支持创业团队，直至拿到A轮投资

一些成熟的创业咖啡馆目前已经与很多大的投资机构有长期的合作，为其寻找具有潜力的创业项目和团队，如3W咖啡馆就有着如红杉资本、枫谷投资、松禾资本等知名投资机构的支持与合作关系。同样，这种资源效应也吸引着更多的小创业团队，前来借助这一平台实现孵化，创业咖啡馆实际上已经演变成了一个双边市场的平台模式。

咖啡馆从最初的休闲聊天场所，渐渐地变成了一个平台，支持外部人的创新需要，提供各类相应的服务资源。从这个角度讲，互联网＋咖啡馆已经成了企业平台化的全新模式。创业咖啡馆为什么会受到如此广泛的欢迎？简单来说，就是因为它高度契合了移动互联网的创业需求和时代精神，可以说是"最具互联网范儿的平台企业"，也是"最具互联网范儿的孵化器"。

海尔提出的企业平台化、员工创客化，是一种基于传统企业内部创新的变革方向。但是，企业员工在内部平台创业仅仅是创业大军的一部分。更多的是市场上的自由人，带着自己的创业项目，在寻求资金支持和创业服务。移动互联网带来新一轮创业浪潮，且由于其产业迭代更为迅速，创业机遇更为开放和多元，创业方式也更多走向"短平快"的方向，创业咖啡馆正好为众多的小团队创业提供了灵活、个性化的平台。这也是咖啡馆这类场所迅速转为孵化平台的关键动力。

很多创业咖啡馆，本身的组织形态就符合互联网所提倡的平台思维，定位于服务小型的创业团队和投资方，构建创业团队和投资方的信息对接平台，实现撮合交易。互联网体现着信息的开放共享精神，而平台模式本身也强调服务共赢的思维，传统企业在内部的平台化变革，本质上也是实现咖啡馆模式的一种探索。重要的是，无论是市面上的这些小型咖啡馆，还是传统企业内部的"咖啡馆"，都是为了聚拢创业资源和智力资本，连接资金、技术和创意等各种要素，形成一个创新的社群体，不同团队之间、创业者和投资人之间的信息隔阂被进一步消除，并带来了网络化的耦合效应。

工业时代的企业以大为美，互联网时代的企业以小为美。小，意味着企业的内部组织结构的极简，业务领域的集中，人员队伍的高度专业化。目的是在互联网的不确定世界中，保持高度的反应速度和灵活性，快鱼吃慢鱼，慢鱼往往是那些体态笨重的大鱼，而快鱼，一定是能够快速掉头就跑的小鱼。

小而美的微创公司

小而美，不仅仅是那些初创公司的形态，也是快速成长后的大企业，面对未来挑战的一次瘦身战略。海尔将自己定位于平台，将内部组织架构做了重大的调整，形成众多的小团队自发拓展。而阿里巴巴，也在这些年做着一些"修身养性"的工作，除了针对未来市场变化和产业升级进行各项调整，在内部管理上主要就是进行"小而美"的组织架构调整，具体是把"公司拆成'更多'小事业部运营……不仅仅需要看见相关业务的发展和他们团队、个人的成长，更希望看到他们通过各自的小事业部的努力，把公司的商业生态系统变得更加透明、开放、协同、分享，更加美好。"在这一理念的背后，则是阿里巴巴对自身的一个非常重要的定位，即"建设商业生态系统而不是商业帝国"。

2011 年 6 月之前，阿里巴巴各业务部门相对独立，包括阿里巴巴、淘宝、支付宝、中国雅虎和阿里软件；随后进行了组织架构调整，划分为淘宝、一淘、天猫、聚划算、阿里国际业务、阿里小企业业务和阿里云七大事业群。不过这并未实现马云所说的"小而美"的理念。于是在2013年1月，阿里巴巴又进行了最重要的一次组织架构调整，正式拆分为25个小事业部。通过这25个事业部名称可以看到，阿里已经逐步改变了之前业务部门的相对独立性，转而将公司一般性的支撑部门提到了与原先的业务单元同等重要的地位，如共享业务事业部、物流事业部、数字业务事业部、综合业务事业部等。

这样一来，各事业部之间的协同性更加凸显，避免了企业内部出现各种相对封闭的"小帝国"。马云是这样解释的，"我们希望各事业部不局限于自己本身的利益和KPI，而以整体生态系统中的'各种群'的健康发展为重，能够对产业或其所在行业产生变革影响；希望真正使我们的生态系统更加市场化、平台化、数据化和物种多样化（四化建设），最终实现'同一个生态，千万家公司'的良好社会商业生态系统。"

国内一流互联网公司360更是把公司内部的扁平化做到了极致。360里有大量业务小组，公司提供资源让员工立项做自己想做的项目，创始人周鸿祎往往会加入这些员工组建的项目群，直接监督这些项目的实施情况。如果3周没有什么成果就会拆散这些项目，让他们自由组合到新的项目中去，如果没有项目可去，对不起，你可以走人了。在这种模式下，做事比做人更重要，管理让步于结果。公司则变成了创造创新的平台。这些平台式企业搭的是客户的平台，但是你会发现，它的内部也是平台式的，那么内部给谁搭的呢？当然是给员工搭的。老员工要不断创新才能保住自己的位置，新员工则有了凭借本事逆袭的机会。很多创业公司之所以薪水不高，但是仍然拥有忠诚的员工的关键就在这里，因为它自己打造了一个平台。

时至今日，互联网公司以及感受到互联网冲击的那些传统企业，仍在不断探索实践"小而美"的组织管理理念。当企业的势力越来越强，企业的组织规模就会越来越大，愈发庞大的企业就要面临如何保持市场、创新能力，如何保证公司内部的

高效协作，如何避免公司不同业务单元之间的无谓内耗，以及更重要的，如何保持公司的开放而不是成为封闭的帝国等问题。"小而美"思想反映了未来企业平台化趋势下，对互联网时代的商业环境的独特观察，相信同样也值得其他行业的从业者深入思考。

链接话题——假如公司是一个部落

当你已经厌烦了每天的上下班打卡行为，面对电脑无休止地修改会议报告，以及在繁杂的员工管理制度中艰难地寻找着一处稍微舒适的空间，你是否会想一想，在日渐庞大的企业规模中，该如何评价自己与这个公司的关系。

现代企业管理脱胎于泰勒的科学管理思想，此后的发展基本上是围绕一个核心问题，就是如何把员工当作一个个螺丝钉，严丝合缝地镶嵌在精细复杂的企业生产大机器上不断地滚动。直到互联网和信息社会的出现，才让我们感受到了面对冰冷和严谨的企业管理体系，作为有着情感和自由向往的社会人，我们也有能力去改造这个成长到有些不近人情的庞然大物，把它还原回当初人类发明组织这个事物的初心中。于是，我在想，对比现代企业，作为人类社会最原始的组织形态——部落，又有着怎样独特之处，为我们指出一些未来的企业发展启示呢？

首先，规模小。论人员数量，部落的规模一定要比很多公司小得多，部落少则几十人，多则上百人，像有些大的部落，如蒙古部落、日耳曼部落，都是众多小部落构成的或紧或松的联合体。小规模最明显的优势，那就是信息的传递速度更快、更直接，彼此能够发生联系，人与人没有了在高耸的写字楼中的距离感和陌生感，更能够形成紧密的团队。

其次，人员灵活度高。身在部落，你不会感受到烦琐的制度压身，处理一件事情可以有较大的自由度和主动权，比如外出狩猎，维持生产，大家各尽其能。制度管理并不是很细致入微，相反，部落人群也不需要靠各种规章制度来维持有序的行为，虽然看似自行其是，但同时有着共同的目标，混而不乱。

再次，有着共同的文化纽带。我们看到，几乎每个部落都有自己的图腾和偶像，就像是企业文化一样，都有自己的品牌标识和理念口号，用来统一认识，凝聚共识。只不过，部落往往由同祖同源的人群形成，先天的带有共同的文化基因，有着共同的祖先、生活方式，彼此的血缘关系。这种文化凝聚力，远非在当今制度化与功利化的作用下，用人企业与员工之间的合作关系所能比拟。因而，在艰苦的生存环境中，部落的人愿意奉献自己，紧密团结，共同御敌，而不是仅仅为了维持生存领一份工资那么简单了。

最后，领袖的影响力更加突出，部落首领的领导力与一般公司的高管有很大的不同点，一方面，他的领导力不仅仅取决于刚性的权力，同时有着更多的宗教与精神的力量，产生并利用自身的领导力和魅力去感召手下。另一方面，由于规模小，制度少，有着共同的文化与信仰的缘故，部落领导的影响更容易覆盖到部落的每一个角落，取得一种精神领袖的地位。他有着睿智的头脑，前瞻的眼光，不怒自威的气场，维护全部落的一种责任心，这些构成了部落首领的领导力。就像摩西带领犹太人逃出埃及，走向应许之地一般的领袖魅力，没有强迫，没有监督，大家都愿意相信你，跟你走。

人类的社会发展史，往往是一种螺旋上升的历程，所谓螺旋体，纵向看，社会发展总的趋势是前进和进化，但横向看，又发现每一次都是一种轮回反复。例如企业组织的发展，历经百年由简入繁，由小到大，到如今又开始返璞归真，化繁为简，化整为零。有时回头看看，古老的东西不一定就是过时与破旧的，也不仅仅只当作茶余饭后的谈资，说不定什么时候还能当作继往开来的启示和指引呢！

未来：无组织的世界？

"如果有一天，你们发现我看不惯你们了，请记住，一定是我老糊涂了，我混蛋……这个时代有太多的不确定性，所谓的不确定性，就是不能根据过往的经验来判断未来没有发生的事情。老人的尊严、前人的教诲、大师的结论，在这个时代统统被一扫而光。在互联网时代，老家伙们几乎没有前景可言。"

　　2013 年 5 月，在 APEC 青年创业家峰会上，《罗辑思维》的罗振宇（罗胖）做了主题为"这一代人的怕与爱"的脱口秀节目。罗胖现场纵横捭阖、上天入地，畅谈互联网对这个时代的改变，以及在这一前提下作为个体的人应该如何在新时代更好地安身立命。罗胖的开场白直率重口，体现出了他一直以来自居的"互联网的布道者"的身份。

　　如果只把罗胖的开场白当成笑话，未免太过幼稚；而如果把它当成是廉价的进化论，认为新事物一定胜过旧事物，又有些肤浅。在互联网时代，人的生活将面临更多的不确定性，即过往的经验不再有效，新生事物将凭借全新的生态系统的价值标准对旧系统造成致命冲击。

　　"文明社会不管如何发展，其实都有一个底层动力，这个动力你可以称之为交换、分工或者协作。正是有了分工，人类社会开始出现各种各样的组织，但也正是有了这样的组织，个体被一步步束缚起来，变得不自由。"

　　从某种意义上说，社会分工极大促进了人类社会的生产效率。亚当·斯密认为，其《国富论》所阐述的经济学原理在根本上就可以归结为分工产生效能。但从另一方面看，社会日益严密的分工结构在促进生产大发展的同时，也对人的自由生活造成了影响，所有人开始被束缚在严密的组织内，不能逃离也逃离不了。也正是基于这一点，马克思向往的共产主义理想就是打破一切组织的束缚，实现人的自由全面发展。

　　"脱离还是加入组织，这是社会给我们的选择。就业是加入组织，创业是自建组织，而我主张的方式是什么？是不要任何组织，以个人的方式面对整个世界，这是符合互联网的整体趋势的。在互联网时代，人的分工正在模糊化，一个典型的网民，早上在睡眼未睁的时候，从床头柜上拿过手机发微博的时候，这个时候他就是评论家；当他到办公室处理邮件的时候，在每一个邮件里他扮演的角色都不一样，有的时候他是主导者，有的时候他是打酱油的。趁老板不在的时候，赶快打开淘宝下几个单。每一个人的身份在每一时刻都发生着变化。"

　　互联网时代实现了马克思对未来的一部分预测：打破组织，实现自由。不过从横向来看，互联网的确为罗胖等人带来了新的机遇，"以个人的方式面对世界"，但是这并不适用于社会的所有领域，传统工业社会的组织形式和运行方式就目前看来还会持续；从纵向来说，互联网领域内也是存在组织的，比如罗胖的团队内部成员也有各自的分工。

关于"互联网时代人的分工模糊化"，我倒认为，互联网不是使人的分工模糊了，而是由于信息传输效率的提高，使人们在生活中扮演的角色更加丰富了。一个人，无论是作为评论者、主导者还是消费者，在每个情境下的身份所包含的具体分工都是很清晰的。

有限生命公司联盟

当经济学思考人类如何提高生产效率的时候，发现分工能够带来最大的效率提升。亚当·斯密在《国富论》中讲述了当时英国的扣针制造业，在没有分工的情况下，一天可能连一根针也做不出来。当有了细化的分工之后，一天能生产出上千枚针。但是分工必然带来的是协作交易成本的增加，分工和协作成了一对矛盾之物。这也是之后企业出现的原因所在，科斯定律认为，企业因市场上的交易成本过高而存在，因为将外部自由市场的交易行为纳入到企业内部的管理行为，能够大大降低交易成本。

只不过，互联网出现后实现了外部市场交易成本的大幅度降低，甚至低于企业内部的管理行为成本，使得企业本身也不具备成本优势，甚至相比通过网络联合的自由合作联盟，企业达到一定规模后，其管理成本还要高于市场交易成本。通过互联网，即使是不同的公司，对于具体产品生产制造的协作，也能够实时地互动和配合，能够提供大规模生产和个性化定制的结合，产品从开发到销售的全流程将出现全新的变革，分工带来效率的提升，同时协作成本也将不再是一种障碍，也会出现降低。

马云总在说，阿里巴巴要做一家102年的公司，其实很多企业都希望自己成为百年老店。时间的长度成为衡量企业成功与否的标准，但是这种标准，在互联网时代是否还适用呢？互联网的普及应用，在制造环节创造了新的商业范式，即负责设计开发产品的公司，可以不需要自己生产出全部成品来，而可以通过互联网，基于产品的要求寻找到合适的合作伙伴，实现分布式生产。专业化的生产制造公司，与主导企业达成项目合作联盟，联合起来生产新的产品，这种联合形式不是过去那种企业内部的一体化生产概念，而是动态的，基于具体项目而自愿结成的合作互助组织。实际上，是一种"有限生命公司联盟"，为一款产品而生，又会因为产品的结束而消失。

罗胖夸大了互联网对传统组织和社会的影响，互联网冲击的是组织的形式而不是组织的本质，它为人们实现价值提供了新的途径，不再局限于依附传统的组织，也可以通过互联网实现自由人的自由联合。互联网改变了人们的生活方式，让人们在同样的时空条件下可以扮演更加丰富的角色，为人们的生活带来了更多新的可能。

第十三章

互联网＋个人——不确定世界的成功者

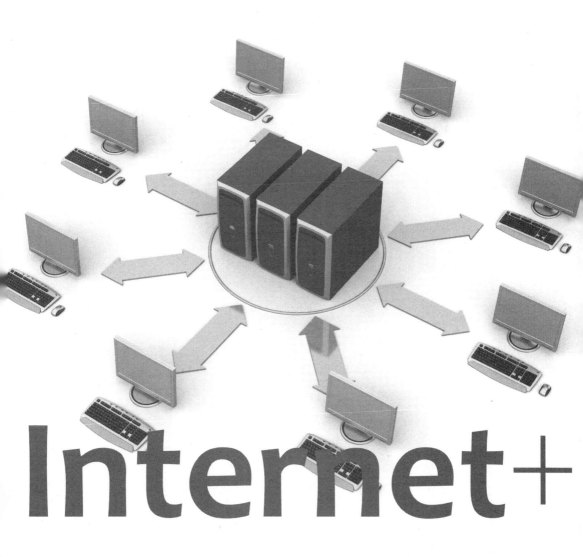

互联网在本质上让个人从社会组织体系中获得了新的自由，由于互联网改变了以往维系社会基本关系的金字塔结构，并且将工业时代赋予每个人的固定角色进行了重新组合。我们既是产品的生产者，也是消费者；我们拥有了更多的自我管理权利，同时也接受组织内外各类成员的管理；我们不断创造新的知识，同时也接受其他人的传播。我们每个人都在互联网时代重塑着自己的身份。

无论是企业的领导人，还是普通的员工，都切身感受到这种巨大的变化带来的冲击力。过往很多规范我们言行思考的说教，变得无法再使用下去。而面向未来100年的新理论，远远没有被完整地构建出来，甚至仅仅是一种可见的趋势，一种可能的猜想。依靠严谨的逻辑推导不能把握这个日渐复杂的世界系统，依靠专业分工和标准作业不能创造引领时代潮流的个性产品，依靠固有组织体系的调配不能满足社会经济的持久运转。我们走在了一条逐渐脱离组织、脱离权威、脱离单一轨道和模式的新生之路。

每个人，都不再是运行于设置好的流水线上的零部件，走着已经注定的成长路径。相反，每个人犹如绽放出来的缤纷礼花，射向四面八方，形态色彩各异。你无法预先判断十年以后的自己和时代，而能够做的就是创造出这个时代和自己。还好，我们走进了互联网时代，拥有了连接资源的技术能力，一切都在这种网聚效应之下，变得不再高不可攀。

我们都是这个不确定世界的管理者，也是创造者！

人本主义新管理思维

重新诠释的
阿米巴精神

在小而美的企业理念之下，越来越多的公司开始走向团队化的运作模式，化整为零，删繁就简，在一个大公司的平台之上，实行更多的灵活化的团队运作。当然，这种颠覆性的改革，必然带来对企业管理者全新的领导力要求，作为一个管理人员，在金字塔的层级权力架构下的工作方式，与新的网络化的组织形态下的工作方式，将会有很大的不同。

小团队的运作，在互联网产生之前便有过成功的实验，最典型的莫过于稻盛和夫和他的阿米巴管理。阿米巴的中心是文化，是共同认可的精神，但是难解的题是精神往往与具体人的肉身相结合，甚至是只有在具体人的肉身上才能得到最佳的影响力散播，稻盛和夫之后，京瓷退出了世界 500 强，文化的中心主义只能通过人来得到不断的传递，再中心化不是传统刚性权威的回归，而是文化的聚拢和权力的分散。

阿米巴经营有三个目的：一是"确立与市场挂钩的部门核算制度"；二是"培养具有经营者意识的人才"；三是"实现全体员工共同参与经营"。京瓷创建的第三年，稻盛和夫经历了一场持续了三天三夜的激烈谈判。最终稻盛和夫用生命做赌注，发誓要维护好公司，才留住了要求加薪的员工。这次经历让稻盛和夫彻底警醒，身为领导的他，应该带头为员工谋幸福。于是他把"应在追求全体员工物质与精神两方面幸福的同时，为人类和社会的进步与发展做出贡献"定为了京瓷的经营理念。一方面是对内部员工的贡献，另一方面是对外部社会的责任，这样强烈的使命感深入到全体员工的心中，激发了员工为"自己的公司"努力奋斗的主人翁意识。

"付出不亚于任何人的努力"这是稻盛和夫六项精进中的第一条。因为这是企业经营成功和人生成功的重要途径。对于个人来讲，努力可以带来个人的成功和随之而来的成就感和幸福感。对于企业经营来说，一个经营者"不遗余力"的工作则建立起了员工与经营者之间信任的桥梁。稻盛和夫在公司业务出现问题时，就会立即坐镇指挥。他在授权的同时，并非彻底放权，而是到现场帮助属下一起解决问题，鼓励他们。员工们在看到经营者为了大家而尽职尽责时，自然也会为了公司而努力履行自己的责任。身先士卒，是一个领导者必备的素质。

人生 × 工作的结果 = 思考方式 × 努力 × 能力，这是稻盛和夫的著名公式。其中努力和能力的范围是 [0，100]，而思考方式则是 [−100，100]。思考方式指的是哲学、思想、伦理观和生活态度等人格因素。如果一个人的能力很强，也足够努力，但一味损人利己，这个人的思想方式是负的，对社会就会产生负面的效应。所以一个人的人格修炼很重要，尤其是领导者。

做人何谓正确？在阿米巴经营中，每个阿米巴都有一个经营者，他们规划着各自部门的目标，激励员工，提拔员工，在遇到阿米巴之间的利益冲突时，还需时刻为自己部门争取最大的利益。如果他做人不正确，必然会损伤公司利益。所以他必须公平地对待员工、公正地定价、有正义之气、有勇气超越自我、诚实地面对领导，能忍耐，够努力，有足够的善意关心他人，谦虚并且博爱。这些是人类普遍的价值观，也是公司经营的原理原则。由此可见，"正确做人"是能够成为领导的首要因素。

人才是事业的基础，若有一群把公司经营当作自己的事的员工，那么劳资双方齐心协力地经营公司是可以实现的。但问题是，员工为何要如此忠诚？稻盛和夫采用的是"大家族主义"的做法，通过建立家族式的命运共同体来解决这一问题，关爱、鼓励、帮助员工，营造大"家"的氛围，帮助员工获得成就感。

阿米巴管理在京瓷获得了巨大的成功，但是很尴尬的情况是，当稻盛和夫将这种管理方式作为一个标准的成熟产品介绍到中国来后，却遭遇了很多失败。甚至说，目前中国企业家，虽然对稻盛和夫本人有着很高的尊崇，但对于这种阿米巴管理方法和工具，都有着普遍的不适应感。

阿米巴管理有着非常详细和复杂的操作技术，如同日本人本就擅长的微观分析思维，阿米巴管理历经几十年，已经被京瓷和稻盛和夫本身发展成了相当完备的体系，如同一个封装好的产品。只不过，阿米巴产品不能有效地安装在中国企业的操作系统中。

相比具体的阿米巴管理术，我更看重的是阿米巴在思想和精神层面的指导价值。阿米巴实际上做到了对传统西方工业管理思维的两个变革：第一是对组织层级的弱化，赋予团队人员更多的自主权和灵活度；第二是注重文化教导的作用，强调爱人、包容、互助等颇具儒家伦理的处事理念。传统管理学本质上解决的是如何正确地做事，而阿米巴突出的则是如何正确地做人，人的核心作用被重点凸显出来，并成为连接其他一切事物的关键点。

互联网带来的组织管理的革命，本身就是人性的解放运动，犹如文艺复兴将欧洲人从天主教的思想控制中解放出来一样，互联网也将把组织中被异化的我们逐步解放出来，重新审视我们的人性需要，然后依据这种需要重构我们的组织和管理行为。21世纪我们再谈阿米巴管理，是适应于互联网时代的新的阿米巴主义思想，而不再是那些具体的操作方式。作为互联网化的领导者，就是要在权力分散化的大趋势之下，用文化的聚拢来维系一个更加自由的组织发展。

> **发动机文化与
> 情感驱动**

在联想公司成立30周年的时候，作为公司创始人之一的柳传志，为此专门写了一封内部信，并广为流传，其中提到的"发动机文化"引起各界的关注和讨论。所谓"发动机文化"，意思是最高管理层是大发动机，而子公司的领导、职能部门的领导是同步的小发动机。

"发动机文化"与"齿轮文化"相对应。齿轮可以高效运转，但本身不产生动力。在"齿轮文化"的公司中，员工听从老板的指挥，不偷懒，也不越权。"发动机文化"中倡导领导层与骨干员工的工作积极性和主观能动性的发挥，在确定大方向的前提下，层层下放权力，让下级员工也产生动力推动企业的发展，强调员工的"参与性"。虽然"发动机文化"这个概念易于理解，但要真正实施却并不简单。在企业组织告别金字塔，走向网络化和扁平化的时候，企业文化的转变也势所必然。

柳传志针对他所提出的发动机文化一说，明确指出"做企业的'发动机'须耐得住艰苦，且要有潜质"。联想作为国内PC行业的领头羊，强大的品牌实力吸引的必定是经过筛选后的社会精英人才。也许不能要求每个人都能够积极发挥主观能动性，但是，只要有一部分人在联想企业的平台上鞠躬尽瘁，发挥的能量便不容小觑。由小部分高连接度的网络节点，驱动网络世界整体的活跃度，这已经被科学家所验证过。

从柔性管理方面来说，通过成果激励、薪酬激励等方式，调动员工积极性。双因素理论告诉我们，要调动人的积极性，物质需求的满足是必须，而自我实现的激励因素才是关键。越来越多的企业开始在股权设计上花费心思，给核心管理团队以及核心员工股权，从产权上打造了他们的主人翁意识，这是保障物质基础。但更重要的是在精神层面上，充分给予那些具备专业领导能力和业务能力的人才以决策的权力——公司大方向确定后，具体怎么实现目标，由具体负责人根据实际情况考量实施。分权化的目标一定是群智主义，确保整个组织在前行之中尽可能地避免重大的决策错误，同时用分散化的探索来捕捉互联网快速变化的需求和机遇。

在团队文化构建方面，南非前总统曼德拉曾指出，领导力的关键在于创造领导环境，在无形之中让团队中的所有人都最大限度地发挥自己的潜能，实现他们的梦想。作为一位黑人领袖，曼德拉近乎完美地展示了领导的艺术，他不仅得到了非洲黑人的拥戴，更赢得了南非白人和全世界的尊重，甚至有人将其与印度圣雄甘地相提并论。创造一种环境，这正是曼德拉式领导的高明之处——真正吸引人的文化不是生日的一束花，而是团队成员能够看得到自己的成长，对未来有期待、有梦想、有机会，曼德拉恰恰给了他们这样的期待、梦想和机会。为了做到这一点，必须同时了解和理解团队成员的头脑和情感，去体会他们内心的诉求、理解他们心中的想法，只有如此，才能在影响人的头脑的同时影响其内心，也才能够真正让团队联合、凝聚起来，拥有强大的力量。

哈佛商学院院长尼廷·诺里亚和保罗·劳伦斯在《驱动力：人性如何塑造选择》中归纳了员工情感驱动的 4 个关键：获取（acquire），即获得稀缺的东西，包括社会地位等无形的东西；结合（bond），即与个人和群体建立联系；理解（comprehend），即满足我们的好奇心，了解我们周围的世界；以及防御（defend），即抵御外部威胁和推动正义。这些驱动力是员工行为的基础，也是领导力得以实现的渠道——如何给予员工他们需要的、无形的东西；如何建立个体与群体之间的联系；如何帮助团队形成一致的对外界环境的理解并推动团队前行。

调动员工积极性、倡导员工参与是"发动机文化"的核心，也是情感驱动管理的表现方式，这正是互联网精神在企业管理中的集中体现。一个人的力量是有限的，但是很多人团结起来为一个目标而努力，其力量是无穷的。"发动机文化"的践行需要整体的民主自治的氛围，需要一批优秀而希望有所作为的业务骨干，需要一个扁平化的管理机制，还需要一个运筹帷幄、掌握大局的领头羊，这并不是每个企业都能有的。但迟迟无法建立这种文化的企业，将在未来的发展中遭遇极大的不适应感。

**幸福竞争力和
优势为本**

2013 年顶尖人物测评咨询对中国经理人的幸福竞争力的调研显示，幸福和快乐并无直接的关系，快乐是短暂的感受，幸福却是持久的状态。常见的误区认为它们始终具有正相关性。而调查显示年收入 20 万～ 30 万元以及 80 万～ 100 万元时幸福竞争力达到了峰值，而 40 万～ 50 万元以及 100 万元以上则呈下降曲线。因此并非收入越高越幸福。

那么企业中的人员，其幸福点在哪里？调查显示，幸福竞争力与业绩的高低几乎呈完全一致的正向成长关系。绩优人士的幸福竞争力几乎是绩效中等人士的两倍。因此，"幸福竞争力"是一种通过培养、协调与个人、组织绩效的关系从而达到"既幸福又成功"的状态的一种能力。幸福竞争力来源于何？快乐并非幸福，幸福与财富不总呈正相关，但与绩效、成功关系紧密，"硕果累累，幸福加倍！"

互联网改变了传统的雇佣关系范式，员工不再仅仅为了一份薪水和稳定感，受制于企业的各种制度束缚，承受相应的被管理压力。相反，在自由度大大提高的时期，员工对于个体情感的需求正在迸发出来。工作的动力不是仅仅为了赚钱，还为了快乐和体验。这一转变，需要企业管理者倡导以"心"为本的幸福管理理念，而提升员工幸福竞争力将有利于企业整体生产力的提高。

哈佛大学的研究发现，员工满意度提高 5%，会连带提升 11.9% 的外部客户满意度，同时也会使企业效益提升 2.5%。另外，现代管理学已从物本管理发展到人本管理，进阶到心本管理阶段。心本管理核心理念的体现与延伸就是幸福管理，因此这一可持续发展的新型管理模式也成了管理学上的又一次革命，即强调企业要在赢得利润的同时注重人的本能、需求、自尊和幸福感，将刚性管理与柔性管理相结合。

目前人性假设包括"经济人假设""社会人假设""幸福人假设"及"休闲人假设"。从时间发展顺序可以看出，经济人假设是管理思维的肇始源头，最开始的泰勒管理思维，将人作为简单的经济人，也就是理性人，由此前提假设衍生出了科学管理理念。随着不断的实践，特别是对人性的更深层次的研究，又先后出现了其他几种假设前提。

这几种假设的出现顺序，表明企业管理者越来越重视人关于精神及自然的身心状态的追求。因此我们看到，近20年来，特别是处于创新变革前列的互联网公司，在管理活动中充分理解人的本性，在工作设计中兼顾挑战性和愉悦性，实现人岗匹配，完善工作分析，并把组织营造成为一个亲密合作的团队，从而创建轻松、快乐的工作氛围，满足人对社交的需求。

彼得·圣吉的"五项修炼"提出要自我管理、改善心智模式、建立共同愿景、团队学习、系统思考。其中"心智修炼"即提高员工心理素质，开发员工的心理资本，就是将个体所拥有的包括自我效能感、希望、乐观、复原力等积极心理资源进行投资开发。

与此同时，另一种适合互联网时代的管理理念即"优势为本的领导力"（Strength Based Leadership，SBL），在这一领导力理念下，"领导者不仅需清楚自身优势，由心而导，更要善于了解员工与企业的竞争优势，并根据员工的优势进行激励和培养，将他们的优势最大化地转化为企业的内在动力，从而实现组织的共同目标。"

近期，以"优势为本"的领导力理念得到了最新发展，跳出了停留在概念理论层面的困境。一项从神经学角度的研究发现，以优势及幸福力为中心发展领导力，能大大提高与想象力密切相关的视觉皮层活动，为神经元干细胞发育创造条件，有助于激励学习和做出行为变化的关键竞争力。如今，优势为本的领导力理念已被有效运用于全球各行各业的人力资源战略及企业管理战略中。研究也发现，优势为本的领导力理念有助于打造幸福企业，提升企业的生产力。

不同于以规范、科学为核心的西方管理，中国传统文化以人为本、重人情、以和为贵，其管理的精髓在于"人本管理"，即注重人的内心、满意度、幸福感、人际关系的和谐，并讲究激励的艺术，强调"知人善任"。如《论语》中"赦小过""举所知"，讲的就是"优势为本"的领导力理念，强调在用人过程中应了解员工的优势和劣势，要很好地利用他们的优势、回避他们的劣势，不要求全责备。

从中华历史长河来看，我们也不乏以"优势为本"的领导力事件。孙权能完成三分天下有其一的霸业，其因素固然有很多，但主要在于任用了鲁肃、周瑜、吕蒙等人，尤其是"贵其所长，忘其所短"，用西方"优势为本"领导力理念的语言来表述，就是"着重于唤起下属积极情绪因子，减少批判、修正弱项等激发负性情绪因子的管理行为，进而提高下属认知、情感、知觉和行为的接受性和功能"。

这些近些年来逐渐盛行的新管理理念的提出，为互联网时代的管理思想变革做好了前期的铺垫。对中国企业管理者来说，面向未来的发展，消化吸收这些最新的管理理念，首先要基于中国传统文化，深入理解"人本"二字；其次要"恰当地践行"。

量子化的生存法则

科学与管理，一直都是密切相关的两类活动。牛顿力学定律横空出世，标志着近现代科学出现。牛顿的理论，不仅解释了世界万物的运动规律，更为重要的是它传递了一种观念，就是世界犹如一部精密的机器，可以拆分成无数个零部件，机器的运转轨迹是可以预测的。只要掌握了个体的运动规律，人们可以去组建一个确定的系统。牛顿的影响不仅仅在自然科学领域，随着近代科学技术与工业革命的伟大成果不断涌现，人们开始相信，牛顿的思想不仅可以解决客观世界的运动问题，同样也应该能解决人与人的社会关系问题，其中就包括管理学。

从泰勒的科学管理肇始，历经百年发展，我们看到企业有着越来越复杂的组织结构，越来越精细的操作规范，越来越量化的考核指标，所有这些管理工具的发明，目的都是通过控制规范好每一个员工的行为，达到整体企业的良性运转，取得预期的效果，减少企业运行的不确定性因素。这其中处处闪耀着牛顿的科学思想，员工如同螺丝，万众一态，企业就是机器，稳定可控。由此可见，人的管理思想实际上是自然科学思想的一种映射和转化。问题是，20 世纪以来，经典的牛顿科学遭遇到量子力学强有力的挑战，同样我们业已形成的世界观和管理思想也面临着新的转变。

量子化管理学 1982 年，法国物理学家 Alain Aspect 和他的小组成功地完成了一项实验，证实了微观粒子之间存在着一种叫作"量子纠缠"（quantum entanglement）的关系。不管它们被分开多远，对一个粒子扰动，另一个粒子（不管相距多远）立即就知道了。2013 年最新的试验测出，量子纠缠的传输速度至少比光速高 4 个数量级。量子力学的建立，是 20 世纪物理学的一件大事，而与经典力学可分、稳定、可预测的思想完全不同的是，量子力学认为，世界是不可分割的整体，粒子彼此之间存在着微妙的关联，单一个体的运动是随机不可测的，甚至认为物质本身是有意识的，海森堡的测不准理论就认为，仅仅观测本身就会改变粒子的运动状态。量子力学的复杂难解，即使是爱因斯坦也无可奈何，徒呼"上帝不掷骰子"，但随着近 20 年实验的不断证实，量子的确存在着这种有趣和神秘的随机运动，以及超距感应。

历史上无数次经验表明，科学技术的每一次进步，都让人类的思想观念得到升级换代。量子力学的出现，同样让人们以往的经典科学思维出现松动和转变。近些年来，有学者已经从量子纠缠的客观事实得出启发，尝试建立新的管理理论——量子管理学。

所谓量子管理学，核心的观点就是万物关联，如果说量子力学研究的是物质之间的关联性，那么量子管理学研究的就是社会中，企业内的人与人，组织与组织之间的微妙的关联性问题。关联，意味着彼此之间不是客观独立的，而是有着互相影响的机理。打个比方，假如在一个团队里，科学管理思想认为你可以规范每一个人的动作，拼装起来就能产生预期的团队成果；而量子管理不这么看，团队的成果无法用简单的个体叠加得来，而需要经过彼此之间复杂的关联协作得来，而且这种关联协作过程无法精准控制，其结果无法预知，其效应也是无法言表，运用之妙在于一心。

在现实世界中，与传统的大企业不同的是，那些新型的创业公司的组织构成往往都是不够清晰的，没有那种严格固定的层级结构和职责划分，人员的内部流动，信息的跨部门传递很频繁也比较通畅，很多产品经理似乎没有固定的分工，经常是团队作业，快速决策，跨级交流。整体看这类企业的运转更像是一张流动的网，而不是一座固守的塔。

这类似于量子的运动规律，个体的随机和彼此的关联，让一个组织系统无时无刻不在变化和调整之中，凯文·凯利的《失控》描述的蜂群效应也有异曲同工之妙，只不过，这种看似杂乱无章的组织运作模式，却能够体现出群氓的集体智慧，带来动态的活力与创新，让企业能够在变化无常的市场中随时都能保持一种应变能力和自我调整机制。可以说，从量子管理的角度看，企业不再是一部精密的机器，而是一个自我生长的生命体，不再是从中心发号施令，统一步调，而更是分形生长，随机纠错。

量子管理思想的价值，是因为提出的量子的关联性和随机性，非常契合知识经济时代的人才的特征。工业经济时代，企业的竞争主要体现在生产规模和效率上，那么经过标准化训练的产业工人就能够满足需要。但知识经济体现的是企业的创新力，越来越多的知识型人才涌现出来，成为企业的核心资源。知识型人才有自己的思想和价值观，有比较强的自主意识，这种人才不可能还用传统的标准化规范来管理，而是需要给予其足够的活动空间，让他们自我探索，自发组织，自觉试错，才会有创新成果的产生。

做自己思想的CEO

物理学中的量子，就相当于社会学中的每一个个人，是构成这个世界最基本的单元，看似微不足道，却有着强大的能量场，具有不确定的运动规律。在量子理论中，很难把主观和客观世界分得清楚，而是互相影响，彼此作用的一个整体。当无数个这样的个体混合在一起，那么该如何去管理，或者有效地引导这个看似无序的庞大群体，恐怕是现在很多企业管理者都关心的问题。

夏洛特·谢尔顿（Charlotte Shelton）博士在《量子飞跃》一书中，围绕每一个人自身的心理和人格完善，介绍了七种量子技巧，包括对自我的认知，对人与人关系的处理以及人与外界客观世界的能量影响。由于从事管理咨询的工作，所以我的兴趣点很自然地落在个人越来越自由的互联网时代，如何更好地实现自我管理？无论个人在组织内或外，企业与人之间的管理关系都需要有本质的改变。

总的来说，我更倾向于把量子比喻成知识型员工这类人，现在无论是在国企、外企，还是科研机构、政府部门，都是由越来越多的知识型员工所构成。相较于普通的技术工人，知识型员工普遍是高学历，具有较强的专业素质和个人修养；心理上追求自我价值的实现，重视精神激励和成就认可；工作上喜欢个性化和创造性，不喜欢被命令指挥，抵触所谓的官僚化管理，敢于挑战传统权威。量子管理理论的出现，对于如何提升对知识型员工的管理是一次很好的探索和尝试。

不确定性是我们这个社会一个很大的特点，互联网带来了海量的数据信息，也带来了快速的市场变化，无论是组织还是个人，过去成功的经验，很有可能变成今天失败的导火索。"成功是失败之母"应该是互联网时代市场发展，乃至个人成长的新特征。这是一个多元化的世界，每一个个体都有了前所未有的发展空间，也带来了普遍的差异化世界。

罗素说：差异乃是人类幸福之源。尊重差异，容忍创新，其实是每一个组织都应该认真接受的事实。但是，我们依然会本能地喜欢一致性、统一化的世界，愿意接受一个有着标准答案的考试，愿意做选择题和填空题，而不是开放式的讨论题。同理，对于企业管理者而言，更愿意员工接受统一的着装，服从统一的制度，遵循统一的流程，制造统一的产品，为此，很多企业领导喜欢说的一句话，就是统一思想。但是统一思想真的对企业发展有利吗？或者说，是否真的能够统一员工的思想？

我认为，对于知识型员工来讲，思想的自由是最为重要的，企业忽视了个体思想，希望将员工头脑格式化，而灌输同一思想意识却都是徒劳的。比如说，如何去建立好的企业文化，很多企业认为，企业文化就是挂在墙上的价值观口号，企业的最高领导在口号的提炼上可算是费尽心思，遍阅经典，遣词造句颇费工夫。但是除了那一句句口号，在内部的员工思想本身并没有实质性的变化，依旧还是老样子。其实，文化无法统一规划设计出来，只能是自下而上，从小到大地逐渐积累培育形成，这里面就要尊重每一个个体的价值差异，并从中找到彼此的共同点，加以融合和发扬，形成公司全体的思想共识，相较于统一思想，我更喜欢凝聚共识这句话。

互联网本质上，就是建立社会系统中，各个单元之间关联性的工具。在互联网产生以前，人与人之间已经有那种微妙的关联，互相影响着对方的思考和行动。在互联网出现之后，这种关联突破了地域、时间的限制，实现了全球范围的泛在化网络连接，带来了社会结构深刻的变化。社会是一张网，每家企业都是其中的节点；企业内外由于有了社交化工具，人与人也建立了非正式的关联渠道，时时刻刻在流动着信息和能量。企业再也不是以往可以被精确控制的机器，员工也不再像以前一样受到自上而下的管控，横向的联动，无边界的互动让每个员工的自由度大大扩展。个体的流动更像量子的运动一样，既存在着随机性，也存在着关联性。

过去的管理思想，是通过固化人的行为，消除一切不确定性。但是，实践发现，这个世界本身是变化万千的，市场是难以预测的，只有量子的行为才是适应生存的客观事实。从量子管理的角度看，企业不是一个固定不变的堡垒，而是一张动态的网，不仅内部有着千丝万缕的连接，而且触角伸向外部各个方向。企业内外部的人员有着量子行为，随机运动，建立关联。所以，谈互联网转型，就要弄清楚互联网化的企业是什么，就是每个人如同量子一样随机运动，产生关联，将企业整体形成一张泛关联的网络体。相机而动，收缩自如，打破僵固的硬结构，建立自生长的软组织，来适应这个越来越复杂化的世界。

其实回归本源，互联网带来的自由连接，取代了人为构建的组织体系，成为我们每个人在社会中实现互动和交互的基础条件。当我们不再需要一个强有力的组织提供给我们体制化的管理和指导之后，对于个人未来的发展和抉择，摆在面前的最大问题便成了如何做好自我管理。

德鲁克在《21世纪的管理挑战》中很早就提到，你首先要对自己有深刻的认识——不仅清楚自己的优点和缺点，也知道自己是怎样学习新知识，是怎样与别人共事的，并且还要明白自己的价值观是什么、自己又能在哪些方面做出最大贡献。因为只有当所有工作都从自己的长处着眼，你才能真正做到卓尔不群。

自我管理，就是做自己思想和行为的 CEO。一个成功的人一定具有 4 个基本的管理能力，第一是时间管理能力，时间是稀缺资源，需要正确合理地利用；第二是健康管理能力，身体是革命的本钱，成功需要健康身体的支撑；第三是沟通管理能力，信息交流依赖于沟通，良好的沟通往往能事半功倍；第四是情绪管理能力，成功之路并非顺风顺水，要学会正确排解负面情绪。有了这 4 个支柱，你才能基业长青。

在互联网时代，知识工作者的寿命已经超过了组织寿命，相比组织而言，个体能够来去自如。所以，做好自我管理会是一场革命，在这场革命中，量子理论可以为我们提供帮助。

拥有两种思维的轮转能力

人本身具有因果思维和相关思维两种完全不同的模式。当然，因果思维是构建经典科学思想的基石，所以我们的基础教育都是对因果思维的不断训练和强化，并且开始用一种机械和线性的理性主义方式，诠释这个世界和人的行为。只不过，由于技术的进步，我们越来越感受到世界的复杂，人与人互动关系的不可捉摸性，并不像实验室中的金属球那样严格符合所谓的科学定律。互联网让人们突破了传统的组织束缚，能够更加自由地连接世界万物，这种对社会基本结构范式的变革，更让以往基于理性思想构建的金字塔大厦剧烈动摇，以至于开始慢慢塌陷，变得更为扁平和离散。所以，这个时候，所谓网络世界的节点——自由人，我们需要重新去思考如何处理人与人的互动关系，如何去吸收海量的信息和快速更新的知识，如何构建自己在互联网时代的全新竞争力？

管理：控制模式和触发模式

20 世纪后半段，统治我们几百年的经典科学思维渐渐被后现代的思想所瓦解，越来越多的哲学家、艺术家开始抛弃那些强调理性客观的金字塔叙事结构，转而从更为具体实在的问题入手，重新梳理认识世界的观念。从因果思维和相关思维推导出来，我们会发现，在人与人的互动上，实际上也是在这两种思维下演变出两种不同的模式来。

控制模式

如果用因果思维来对待人与人的关系互动，那么应该是这样的一种思维路径：有果必有因，存在这种行为，必然是某一因素的影响，为了鼓励或者抑制这类行为，要在根源上做改变。改变的方式就是制订规则和要求，在这种规则要求下，得到符合预期的行为和结果。控制论思想就是这样产生的。控制模式是一种管理模式，是建立在一些严格规范下的逻辑系统，就是制订一个游戏规则，然后大家在这种游戏规则之下按照要求进行各种活动，那么产生的结果也会在预期范围内，不会有太大的偏差。

规则的制订是由粗到细的发展，因为越粗的规则，对人的行为要求力度越弱。我们常说上有政策下有对策，为什么呢，因为一般宏观的政策或者规划，内容都太过宽泛，解释的空间很大，结果在落地实施的时候经常会走样，带来很多没有想到的问题。后来为了让结果更加符合管理者的预期要求，规则就要制订得细一些，对人的行为要做出更具体的区分和研究，针对不同的情形，制订更有针对性的规则说明。

这样，一个公司有整体性的规划之后，下面会有具体业务的发展计划，接下来还会有配合这些计划，新生成或者修订的一系列制度流程出台，目的都是要尽可能地细化公司的规则，能够将可能的行为都包括进来，作统一的要求，减少不确定的行为发生。这样从因果论推导，不确定的行为越少，不可控的结果就越少。

为了实现这种精细化的管理，量化考核就是不可避免的方式。各种复杂的统计工具、考核工具都会由此发明出来，因为数据是最直观的表现行为结果的指标，可以根据需要精确到小数点后几位，当然这是一种理想情况。不过从中可以看出，在控制模式下的管理思想，是遵循因果论，为了让结果符合预期，减少不确定性，就要从过程开始管控，从行为开始管控。当然再往前推，思想观念决定行为方式，所以要从思想上入手，制订思想层面的规则，也就是企业的文化价值观。

最早的企业管理思想，即是这种控制模式下的思想。从物理学的角度看，是牛顿力学在管理学中的映射，牛顿力学反映的哲学观，是万事万物都符合一定的规律，可以被预测，也就说明可以被规则化。当然自然规律不是人的因素能改变的，但涉及组织管理，对人的行为的管理，这是可以从源头制订规则来控制的。毕竟自然界的上帝在天上，而一个组织的上帝，就是这个组织的管理者自身，他就像上帝创世一样，用自己的理念创建一个组织，招募符合自己要求的员工，制订符合自己理念的规则，运作这个自己的小世界。

科学管理思想是控制模式的具体体现，可以说很长时间，我们学到的管理学，都是控制模式下的管理学，本质上都是要用规范来减少一些不确定的行为，减少不确定的结果。用控制模式的管理思想，对人的要求就要做到符合规则，各安其位，不能轻举妄动。因为不同的行为方式会带来内部合作的困难，也包括组成产品本身的不统一性。

打一个比方，在传统社会，同样是修鞋的，张师傅和王师傅的修鞋方式就不一样，做出来的鞋穿的效果也不一样。而且同一个人，两次修鞋都会不一样。在小作坊的年代，无所谓这种不统一性，但是在大工业生产时代，为了避免每个人做出来的东西效果不同，比如同一家工厂生产的同一款皮鞋，彼此都长得不一样，有的小号能套进大脚，有的大号却穿不进小脚。必然要有分工和标准化的出现，其实这也是控制模式必然的结果，就像上面提到的组织制订规则，但是规则一定要细化才能起到预期效果。分工和标准化也是细化规则的一种体现。福特汽车的流水线，丰田汽车的看板管理都是如此，精细化到一定程度，不仅在经济角度可以节省尽可能多的成本，提高效率，在管理的思想上，也能够减少不确定性出现，因为控制了因，理论上就一定能够控制果。

从科学管理一路走来，管理学的思想也是在逐渐细化分化。假如我们把管理学本身也看成是人类这个上帝给自己的同伴制订的大的规则，那么在不同的时期，不同的组织里面，又会有很多人，包括理论家、企业家，通过各种研究实践，将管理学做很多的丰富和演进，提出更多、更细的理论模型，构建起一座复杂无比的管理学大厦来。所有这些目的都是为了更好地控制组织的运作，控制人的行为，得到预期的效果。

触发模式

我们再从相关思维来看管理思想，会得到完全不同的认识。因为相关思维不要求因果关系，不承认要想得到果，就需要先从上一级的因入手改变。相关思维是横向铺开，而不是纵向传递的。从一件事情引发出与之相关的新的事情，同理，从一个行为可以引发出相关的新的行为，一个想法可以引发出另外的新的想法。彼此之间没有严格的因果关联，仅仅是某一点触发了人的想象因子，继而演化出新的思想和行为。可见，这种相关思维下的行为模式是不可控的，也是不必控制的，是要允许大家广泛地联想和自由地发挥才能实现触类旁通、举一反三的效果来。

如果用相关思维主导管理思想，就是触发模式的管理。作为一个企业的管理者，无法事先仅凭自己的先验理念，就能制订出一个庞大的，面面俱到的、甚至是事无巨细的规则来，约束员工的思考和行为，这是控制模式的管理，是科学管理的体现。而触发模式的管理，应该是这样子的：你告诉大家我们的目的地在哪里，我们的目标是什么，我们为什么聚在一起，至于如何能够从这里到目的地，路途可能有几百条，你也不知道哪一条是最佳捷径。你会说一个大致的方向，大家开始围绕这个基本判断做各种分析和努力，可能有的人在你的这个指引下继续走，走了一段发现前面是沼泽地，走不过去。这个时候，他告诉大家应该向左拐，然后从旁边的草地穿过去。再走一段，发现有个岔路口，一个是小土道，另一个宽马路，这个时候大家分成两派，一派主张向左走小土道，另一派主张向右走宽马路，你也不知道该往哪里走，但没关系，让大家各行其是，根据自己的判断走自己的路。结果发现，小土道能够走得更远，宽马路走不远就被堵上了。总之，管理者做的是指导，而不是要求，是推动，而不是约束。每个人、每个团队根据以往的经验和别人的成果，来激发自己的分析，往前再深一点，再多走一步，看看情况。就像我们曾经玩过的走迷宫，不断地试错，不断地进步。

这种触发模式的管理，会极大地弱化规则的作用，因为规则的目的是要控制不确定的行为，也就是与主流不同或者管理者认可的行为之外的行为。在触发模式下，没有大一统的规则，大家都是在彼此的触发之下，就像是酒吧聊天一样，你一言我一语，一段接着一段，把话题铺散开来，可能某一段话题就能引起大家广泛的兴趣点，达到了聊天愉悦的目的。管理也是如此，因为不确定最终是哪个人能够走到终点，能够实现组织的目的，那就干脆放权给尽可能多的人，让大家各去摸索，去试验。这种模式下怎么可能会有很细化的规则呢？也许有的只是相对比较宽泛和原则化的要求，但是不会管到很具体的场景。因为你也不知道今后会发生什么变动，不确定性是不可能消除的，不确定性有风险，但也是机会。每个不确定性的行为背后，都是一种成功的可能。

像控制模式下的管理思想，只能有尽可能少的确定性的路线可走，就等于说消除了大多数不确定的路径，包括风险和机遇。成功与否全赖最高管理者，或者核心决策层的智慧和远见，然后按照规则集中所有的资源，往既定的方向前进，成则大成，败则大败。

而触发模式的管理，相当于赋予了每个个体自由权，去根据情况选择合适的对策。当从一个组织的角度看，就像是蜂群一样，没有统一的管理和调度，而是看似杂乱无章地飞呀飞，但从结果来看，总会找到花粉采蜜。当然，触发模式的管理，一定不能是短时间的行为，因为这种模式，就是等于让大家各自为战，频繁试错，各显其能，通过概率上的可能来实现目标，所以必须要有一段时间才会见效。从效率的角度，往往不如控制模式有优势。

当然，从人的心理偏好讲，每个人本能上都是喜欢在一个确定的环境下，解决确定的问题，不喜欢不确定的事物，那样意味着风险。所以相比较而言，控制模式可以在一段时间内避免不确定带来的风险，而触发模式则没有明确的方向和要求，只能靠自身的摸索了，有点"生死有命，富贵在天"的感觉。无论是政府，还是企业，在竞争环境的压力下，自然需要最快见到效果，所以控制模式自然而然成为首选，并不断地加以复杂化和完善。但是，这种模式也显露出很多弊端。

在互联网时代，一切规则都变得不那么牢靠，甚至有些阻碍人们的思想脚步，这个时候，触发模式的优势便体现出来，虽然触发模式的成功速度不如控制模式那么快，但那是在这件事情已经有了比较靠谱的判断和规划的前提之下。如果企业或者个人面临的外部世界更为复杂多变、更为不确定，这个时候，触发模式能够在空间上更广泛地与各种可能的资源和机会建立连接，因而从总体上抵消了其中一件事成功的时间滞后性，反而更能适应快速变化的场景，这也就是互联网带给企业管理的一次新的思维范式革命。

学习：体系方法和衍生方法

体系方法

回顾我们获取知识的过程，会发现我们在学校的十几年教育，基本上是一个体系化的教育方法。具体是将世界万物的知识分成若干专业类别，每一类别再具体细分成很多领域，当然各个领域都有非常完备的知识体系，包括现象、原因和对策等内容。我们学习的数学、物理、化学、生物、历史、地理都是最为初级的专业划分，从我们的课本编排上就可以看出每一个学科都自成一个体系，形成一个系统。彼此之间有一定的交互，但是在获取的时候，无论是授课一方，也就是传统的学校教育者，还是听课一方，也就是学生，都会有意识地避开这些交叉的地方，习惯于一事一议，就一门课程从头到尾进行系统化的学习。

体系方法最主要的任务是建立一个能够包含该专业所有知识点的逻辑框架，比如一个树状结构，从最初的核心问题展开，通过金字塔原理，进行总分的逐级推演，一步步形成一套比较全面、类别丰富、层级鲜明的知识体系。体系方法讲究用体系把现有问题全部各归其位，用体系来把分散的知识点连接起来，甚至于可以从中找到逻辑依据，用来预测未来的潜在的新知识点。这主要表现在两方面：解释现有问题，预测未来的问题。如果这套体系已经比较圆满，也就是能够逻辑自洽，形成闭环，能够解释所有的现象问题，还不需要新增什么工具，那么从体系的角度看，可以说这门专业已经是功德圆满了。比如 19 世纪末的物理学，当时的人们普遍认为牛顿力学、麦克斯韦电磁方程已经把所有的物理现象都能够很好地解释清楚，而且还能预测客观事物的一切运动轨迹。这个时候，很多人就已经开始乐观地认为，物理学的探索已经走到尽头，以后的工作就是细枝末节的修修补补，再精确一下现有的参数就够了。

在理想情况下，知识体系最大的好处在于能够预测出未来新的发现在哪里，并且，这个体系早就为之留好了空座，虚位以待。如果发现现有的知识还不足以让体系完美，还缺少一些内容，不用紧张，只需要分析现有体系中各个知识点的逻辑关系，便能够预测出将会有什么新的知识点等待发现。剩下的工作就是开发新的技术，当技术条件进步到一定程度，能够通过实验发现新的问题或者现象，并从中提炼出新的知识点来补充原有体系，这个体系就会更为完善。

这种体系化的自我完善方式，在科学演进过程中有很多例子。最典型的莫过于门捷列夫发现的元素周期表，当时在制作这张表的时候，还有很多元素没有被发现，但是没有关系，根据周期表这个化学体系的内在逻辑进行推理，门捷列夫能够预测未发现的元素是什么结构，而且已经在周期表中留好了这些元素的位置。

所以说，体系方法是一个学习知识的很重要的方法，就像是我们到了一个景点，无论是九寨沟、张家界等面积比较大的自然景区，还是像故宫、避暑山庄这些面积稍小的人文景点，首先要做的就是买一张旅游地图，为什么呢？因为我们的习惯思维就是要有一个体系，里面包含了这个景区所有的景点，而且能够查找彼此的线路，路途中遇到什么风景，等等，做到一目了然，然后在这个体系内进行实际的观光和了解。

体系方法对我们的思维、学习习惯影响之大，以至于我们每当学习一门课程的时候，都习惯要将之体系化，恨不得把所有的知识点都能够在一张白纸上画出来，而且彼此还能有逻辑联系，让我们一图在手，成竹在胸，对以后可能遇到的问题都提前有了准备。但是，我们会发现，即使再完美的体系，也会有想不到的地方，也难保不会有意外的情况发生。特别是在技术快速进步、整个社会更趋于复杂化的时代，已有体系很难做到包罗万象，更不可能预测未来。那么，我们如何在这么快速变化的时代去学习新的知识呢？这就有了第二种学习的方式。

衍生方法

小孩子在没有上学之前是如何认字、学说话、了解周围的新鲜事物的呢？假如一个 2 岁的小孩子，指着一个红红的圆圆的东西问爸爸，这是什么？爸爸告诉他，这是苹果，可以吃的。那么对于小孩子而言，红红圆圆的苹果便成了他的一个知识点。也许第二天，他又看到了一个红红圆圆的大家伙在屋顶上悬挂着，他可能以为这也是苹果，其实是灯笼。

如果我们真的想不起来小时候是怎么学会说话认字的，倒是可以去书店找一找幼儿教育的图书，就知道对于孩子的教育是什么样的一种思维了。它可不是我们在学校里受到的那种严格的体系方法，而是看起来散乱无序，指哪说哪的一种方法。其实，很多教育专家都已经研究指出，对于孩子而言，最重要的是培养他的联想能力，用联想去把事物串起来，形成自己的认知系统。而联想本身，恰恰是不能严格局限在一个专业里面的，而是跨专业、跨学科、跨越看似毫不相干的事物。红红圆圆，那是什么，从一个苹果出发，可以联想到一个大红灯笼，又可以联想到红色的气球，还可以联想到红色的灯泡，等等，这种没有一定之规的方法，是一种基于已有知识进行衍生的方法。

衍生方法不是只有学前儿童才使用，其实这种方式在我们的成长过程中一直在发挥着作用，所谓举一反三就是如此。只不过，在工业社会，学校早已设置好了严密的专业体系，这种没有体系的衍生方法只能在一个狭小的范围内去发挥很少的作用，以至于多年后，我们渐渐失去了联想的能力，而更多地聚焦在前后的逻辑关系上，我们的思维不再自由翱翔，而是被一重重的专业知识系统套牢，被体系化了。

现在有一句话，叫作"外事不决问 Google，内事不决问百度"，指的就是我们现在的网络人，已经习惯于在搜索网站上找我们感兴趣的、任何方面的知识。但是在我们每一天的搜索行为中，你是否注意到，这种搜索本身就是一种联想功能的表现化，只不过以前停留在大脑的思想行为，现在能够在网络上予以实现。我们经常在读到一个名词解释的时候，会想看一看从中偶尔提到的其他名词是什么，紧接着又想了解被提到的一些人物情况，于是我们就会去搜一搜与之相关的公司、国家等信息。我们的搜索过程跨越了时间、空间的限制，从一个领域飞跃到另一个与之似乎不相干的领域，并逐渐地在头脑中完成了对一个名词的学习与了解过程。而这些行为本身恰恰难以被专业的学科所体系化，它是零散的，基于一个起点衍生出很多不循规蹈矩的旁支来。互联网的连接功能让我们的这种学习能够快速实现，而这也构成了衍生方法在高度信息化的社会重新获得生命力的关键要素。

体系方法适合于学科已经比较成熟的时候，也就是能够通过大量的知识点形成一以贯之的逻辑，并能够解释现象问题，侧重于将学科内部的枝叶梳理清楚。但是体系方法的问题在于不同知识体系之间往往是难以贯通的，甚至有时候是有错位的。因为都是自成一体的逻辑在起作用，就像从两个不同车间出厂的零部件，有可能就拧不到一块。而现代信息的快速传播，已经打破了很多过去学科之间的壁垒，跨学科、交叉学科越来越多，很多时候靠单一学科内部的逻辑不可能完成的工作，只有通过弱化严格的逻辑论证，用类比或者联想的方式突破学科壁垒，融合多学科的知识，才有可能找到新的激发点，实现突破和创新。已有的交叉学科其实一开始都是用这种类比联想等方式建立起两个不同学科的关联，然后慢慢地再建立这个新学科的内在体系，形成一套闭环。

衍生方法实际上是鼓励我们去探索未知的广阔世界，大胆地面对不确定的外部信息和奇怪的现象问题，超脱出一般的体系思维的禁锢，敢于做两个毫不相干事物的连接，就像树木一样自行生长出多个枝丫，各自去生长。如果再用之前旅游的比喻的话，就是不再去那些已经开发完备的成熟景点，而是喜欢去一些不为人知的地方做一次探险，没有前人画好的地图，也没有修好的道路，只是自己凭借想象去摸索出一条条生僻的小路，去看前人不曾看到过的风景。前方会是什么谁也不知道，也许是一片沙漠，那是否会存在绿洲？也许是一汪海水，那是否会存在扁舟？衍生的方法就如同去这些地方做一次次的冒险，去学习新的知识。在互联网时代，衍生方法能很好地适合我们与碎片化海量知识建立连接，符合跨界融合和破坏式创新的互联网思维，是一种自生长的学习方式。当然，这种学习方法没有体系化的强逻辑，也就不利于去深挖，可以广博但不深入。只有掌握并融合体系方法和衍生方法去获取知识，才能够在互联网时代，获得更为鲜活和强大的思考和创新竞争力（如表13-1所示）。

表 13-1 体系方法和衍生方法对比

方法	主导思维	外在体现	实现基础	适合方面	利弊
体系方法	因果思维	纵向树状图	学科细分	整理已知的确定信息	有深度缺广度
衍生方法	相关思维	横向网状图	跨学科融合	发现未知的不确定性信息	有广度缺深度

链接话题——创新的初心在哪里？

"单有技术是不够的，这是技术和艺术的联姻，和人文关怀的结合，是我们的心在歌唱。"

——乔布斯于 2010 年 1 月介绍 iPad 的演讲结尾

提起苹果的成功，几乎都要联想到乔布斯个人对美学的造诣。他经常被各种媒体誉为伟大的创新者、艺术家或者技术革命者。然而，如果用一个更新的专业术语，乔布斯可以堪称为出色的人因工程师。

人因（Human Factor）指的是使产品去适应人的特性，配合人的能力、缺陷和需求，使人们的生活品质更好。这门学科是如此强调人的重要性，正如乔布斯如此重视人对产品的感知。举个小例子，Mac Book 睡眠指示灯的闪烁频率，与成年人正常呼吸频率一致，即每分钟 12 次。乔布斯能够做到这样的极致，可以说是对人性的透彻理解，呈现以"简单"和"趋于直接"的美学。

这些智慧，源自禅宗。

20 世纪 50 年代，东方神秘的禅宗受到了美国西海岸地区青年人的欢迎。人们期望打开感官之门，从中寻觅生命的意义和生活的答案。受这种风气的影响，乔布斯和朋友翻阅了那个时代所有的标准读物，其中日本禅宗大师铃木俊隆的著作《禅者的初心》日后对乔布斯产生了深远的影响。

19 岁的乔布斯，在进入大学一个学期后，便决定休学，并通过打工筹钱，和朋友去印度开启了苦修之旅。半年后，他们终于发现，印度没有想象中那么神秘，乔布斯放弃了通过宗教力量解决内心困惑的想法。但他为什么还信奉禅宗呢？因为禅宗强调内心的修行，以发掘自己的真实本性。

禅修的心，始终是一颗初心，归复回无边的初学者的心态，不受各种习性的羁绊，忠于自己的内心，寻找隐藏在内心的智慧，突破迷惘，让内心一切创造的动力得以自由地发挥。乔布斯在这种初心中回归生命的本真，他表现出与常人不同的思维，抛弃日常生活的思想习惯，对事物产生新的观点，一种认识生命的真理和美以及认识世界的新方式，在意识深处找寻到力量的来源，去自由地创造、重生。

然而，年轻时的乔布斯对禅修的理解在于跟随直觉和打破常规。休学后，他听从好奇心，去旁听书法课，之后，这门美妙的艺术几乎开启了图形化计算机的历史，也成了今天人们津津乐道的"因果"。

20世纪70年代，乔布斯遇见了人生中的精神导师和终身益友——日本禅宗大师乙川弘文。这位导师除了教乔布斯打坐、冥想，更教会他如何聆听自己的内心。"修行的真正目的是发现你内心的智慧。如果不能发现自己，就无法与任何人交流。"

这种对内心的觉察，让乔布斯拥有不同寻常的感知，也潜移默化地影响着他的未来。那时候，乔布斯对禅宗的理解停留在知性的层面。1985年，当他被驱逐出自己创办的公司时，他认为这是毁灭性的打击。但这正是一个绝好的契机，帮助他身体力行地修行禅宗。在他犹豫是去日本修行还是继续创业时，乙川弘文导师劝导他，禅不必一定要去深山修炼，努力把事情做好的本身就是开悟。修行已落入窠臼，只有在生活中参禅和悟禅，只有在参悟后投入生活，才堪称当行本色。

听从了导师的建议，他仍然从事着自己喜爱的工作，在接下来的5年，他先后创建了NeXT和Pixar，并和他的妻子劳伦相识。之后的故事，光辉的版本是，Pixar制作了世界上第一个用电脑制作的动画电影——"玩具总动员"，后来被迪士尼收购，NeXT则在后来被苹果收购，让乔布斯再次回归他的"初恋"。被光辉版本遗忘的则是，1993年，NeXT和Pixar曾先后遭遇重创，但乔布斯表现出的是一种坚韧不拔的性格和意志，他靠着强大的内心带来的勇气和决心撑了下去。由此可见，禅修不仅让乔布斯保持着开放"初心者"的空杯心态去觉察、接纳和创造，这种长期修行的力量也在日积月累地充盈着他的内心，使他有足够的智慧和勇气去迎接每一个挑战。

每项优势、成功都是修行的一部分；而每个阻碍、问题都有助于定义修行的内涵。许多年后，当乔布斯再次回顾那段"毁灭性"的岁月，他却认为，被苹果炒鱿鱼是一生中最妙的事，因为成功者带来的负重感被创业者的轻松感所代替，他对任何事情都不那么特别看重了。这让他觉得异常自由，进入了他生命中最有创造力的一个阶段。

一错再错也是禅，经历过一连串逆境之后，修行的意义得到体现。当重生的乔布斯回到苹果后，他始终保持着那种初心，身上的轻松感超越了成功所带来的巨大压力，他挣脱束缚，开始谱写撼动世界的乐章。

接下来的故事，大家都耳熟能详，苹果推出了 iMac、iPod、iPhone 和 iPad，一举登顶全球公司市值榜第一。这样的业绩让人们把乔布斯奉为"神"一样的人物。可是，为何那颗只砸了牛顿一次的苹果，接二连三地惠顾乔布斯呢？受禅宗的影响，乔布斯不仅个人生活习惯极其简单（比如他的黑色套头衫、蓝色牛仔裤和 New Balance 993 跑鞋），在产品设计上也追求着极简的体验。初心开放的思考方式也让乔布斯能够摆脱现实的约束。一天，他坐在草坪上想，电脑上能不能没有那些麻烦的键盘？他逢人就问，很多人的答案都是否定的，只有一个工程师愿意尝试。于是他们很快就设计出触摸屏。乔布斯认为如果能有可以实现"人手"功能的产品，那一定是非常受欢迎的。2003 年，乔布斯罹患胰腺癌，在与病魔斗争时，他离死亡是最近的。他觉得死亡像一个开关，"啪"的一声，人就不见了。这也是他不喜欢在产品上使用开关的原因之一。结合了禅宗极简的风格，乔布斯有了一种独特的设计思路：No Button。他的开放、他的执着和他的经历直接催生了 iPhone 和 iPad。

现在，你知道了，那几个苹果，是乔布斯内心顿悟的智慧。长期的禅修使他把深奥的原理内化，在创造性的瞬间爆发出的，正是乔布斯的直觉。这种直觉，使他能够跟自己的创造性源泉敞开心扉地交流。2005 年，在斯坦福大学毕业典礼上，乔布斯鼓励大家"最重要的是，勇敢地去追随自己的心灵和直觉，只有心灵和直觉才知道你自己的真实想法。"

乔布斯把一种全面的、以人为目的、以人为根本的人文情怀赋予到产品中，这种思维让他的产品充满人性化，这是他创新的根本，也是对他"追随内心"的信守与坚持。

很多人评价，苹果产品在于极致的用户体验。然而，了解乔布斯与禅宗故事的人却清楚，乔布斯的创新精神，是一种直指内心的智慧。

也许乔布斯对禅宗的理解不是最完美的，但他把禅宗和技术产品结合得足够好。创新的来源到底在哪里？乔布斯的创新，是长期修行得到的，直指内心的智慧。也许国内的企业家，也应保持一颗禅者的初心，突破世俗和现实的限制，以一颗空心去观察世界，去接纳多元的文化，去创造源自内心的直觉，然后，重生。

禅宗中有一句话：初学者的心态。拥有初学者的心态是件了不起的事情。不要迷惑于表象而要洞察事物的本质，初学者的心态是行动派的禅宗。所谓初学者的心态，是指不要无端猜测，不要期望，不要武断，也不要偏见。初学者的心态正如一个新生儿面对这个世界一样，永远充满好奇、求知欲、赞叹！

结　语

在20世纪30年代初，西方世界正深陷经济危机的泥潭之中，凯恩斯曾经撰文指出未来的经济发展将会呈现一个与过去几百年完全不同的面貌：全球经济规模在未来的100年之内会增长7倍，生产技术的创新使得我们将会迎来一个物质生活十分丰裕的时代，人们不再为生计而发愁，每天只需要工作3个小时，一周只有15小时的工作时间。更为重要的是，技术的进步和生产效率的提升，将让人类彻底摆脱过去为生存而奋斗的状态，转而进入懂得消费、追求享受的新经济时代。

进入丰裕社会后，随之而来的问题就是，由于机器替代了人工，我们恐怕再也不需要那么多的劳动力了，可是这些被替代下来的人将要怎么打发自己的空闲时间呢？凯恩斯认为既然为生存需要而拼命生产的模式已经不再适用，那么我们将会更多地去追求艺术、宗教和文化活动，借此发挥人类的新的能力。

转眼之间，我们已经很接近100年的时间临界点。回头望去，这100年，世界经济的确在快速地向前发展，技术的进步更是日新月异，快马加鞭。也许，我们还没有完全进入凯恩斯所说的那种消灭饥荒、消除贫困的美好时代。不过至少对于大部分地球人而言，粮食和安全已经不再是我们为之奋斗的主要目标。相反，我们发展出了消费社会和体验经济，对生活的品位、追求超出了基本的功能需要。当构成社会运转的基本工具都已经完备的时候，剩下的也许就是对其附加上更多个人娱乐和灵感创造的价值。

苹果的 iPhone 本质上还是手机，但在原本通话的功能上增加了更多娱乐因子，从此为我们的娱乐需求开辟了新的领地。特斯拉的汽车依旧发挥着最基本的交通工具功能，但是也开辟了新的娱乐休闲的领域。在传统工业时代，我们的工作与娱乐活动是完全分开的，但是在互联网进入到我们的各行各业之后，打通了以往泾渭分明的工作与娱乐边界，让工作更富于娱乐化倾向，在同一时间内，我们可以将两者融合于一体。

机器的发展迟早会解放，或者将替代很大一部分生产线上的工人，过去凭借专业技能吃饭的大部分人才将必须转型，因为纯粹的理性和逻辑操作活动，机器永远比人更为可靠。而就像凯恩斯所说，当我们的物质生活得到极大丰富之后，必然会追求艺术和文化等需要高度创造力和情感度的精神生活。而这正是机器所无法做到的，这也将是未来最具有价值的职业领域。工程师、统计师和技工等职业将会被大大缩减，而工艺设计、各类服务的手艺以及创意体验人才将会成为主流。的确，未来的世界将是高感知和高情商的人的天下。

未来的组织将向何处去？世界经济论坛执行董事李·豪威尔认为，在当今这个高度互联、相互依存的世界里，没有哪个国家或组织能够凭借一己之力预测、预防或管理未来风险的冲击，最好的方式是建立一种富有弹性的组织，以适应无法预知的政治、经济和技术环境，同时拥有强大的创新能力，"因为一个富有弹性和创造性的组织，无论在何种情况下都会令人敬畏。"

在李·豪威尔看来，这种能够根据形势变化而随机应变的组织能够像"狐狸"一样思考，相对而言，通常以刻板的方式来处理问题的组织则像"刺猬"，它们喜欢深钻某个细小的领域，并用相对简单的方式认识和处理问题，这样就很难对未来的形势作出准确判断和应对。

未来的企业形态，将出现两种分化，其一是大企业像平台化趋势发展，越来越多地提供创新服务和交易支持活动，如同放大版的咖啡馆。而众多的微创公司则成为市场竞争的主体成员，它们数量将会越来越庞大，体量也会更加轻盈，甚至会大量存在一人一公司的情况。今后，我们所说的企业，将是这种"大平台＋小团体"

的松散和虚拟的企业组织形态。过往对于企业组织的那种机器思维，将被更加动态、不确定性和持续进化的生物思维所取代。

　　看完本书，相信你会明白，互联网时代我们的企业和个人将会以怎样的生存形态立足于世？做一个高感知的人，建立一个高弹性的组织，将会是在互联网深度改造我们这个社会之后，个人和企业的立身之道。

1. [加] 雅各布斯著 . 美国大城市的死与生 . 金衡山译 . 南京：译林出版社，2006

2. [美] 托马斯·库恩著 . 科学革命的结构 . 金吾伦，胡新和译 . 北京：北京大学出版社，2003

3. [美] 唐纳德·诺曼著 . 设计心理学 . 梅琼译 . 北京：中信出版社，2003

4. [美] 亚德里安·斯莱沃斯基著 . 需求 . 魏薇，龙志勇译 . 杭州：浙江人民出版社，2013

5. [美] 米尔顿·弗里德曼著 . 自由选择 . 张琦译 . 北京：机械工业出版社，2013

6. [美] 克里斯·安德森著 . 免费 . 蒋旭峰，冯斌，璩静译 . 北京：中信出版社，2012

7. [美] 凯文·凯利著 . 失控 . 东西文库译 . 北京：新星出版社，2010

8. [美] 唐·佩珀斯，玛莎·罗杰斯著 . 共享经济：互联网时代如何实现股东、员工与顾客的共赢 . 钱峰译 . 杭州：浙江大学出版社，2014

9. [美] 阿尔文·托夫勒著 . 未来的冲击 . 蔡伸章译 . 北京：中信出版社，2006

10. [加] 明茨伯格著 . 卓有成效的组织 . 魏青江译 . 北京：中国人民大学出版社，2012

11. [美] 杰克·韦尔奇，苏茜·韦尔奇著 . 赢 . 余江，玉书译 . 北京：中信出版社，2013

12. [美] 布莱福曼，贝克斯特朗著 . 海星模式 . 李江波译 . 北京：中信出版社，2008

13. [美] 德鲁克著 . 卓有成效的管理 . 许是祥译 . 北京：机械工业出版社，2009

14. [美] 德鲁克著 . 管理的实践 . 齐若兰译 . 北京：机械工业出版社，2009

15. [美] 德鲁克著 . 21 世纪的管理挑战 . 朱雁斌译 . 北京：机械工业出版社，2009

16. [美] 韦伯著 . 无处不在：社交媒体时代管理面临的变革与挑战 . 曹进，郭亚文译 . 北京：中信出版社，2012

17. [美] 里德·霍夫曼，本·卡斯诺查，克里斯著 . 联盟：互联网时代的人才变革 . 路蒙佳译 . 北京：中信出版社，2015

18. [美] 约翰·基思·默宁翰著 . 无为而治：停止过度管理，成为一个杰出的领导者 . 杨可可，方芊云译 . 北京：华夏出版社，2013

19. [美] 克里斯·安德森著 . 创客：新工业革命 . 萧潇译 . 北京：中信出版社，2012

20. [美] 威廉·大内著 . Z 理论 . 朱雁斌译 . 北京：机械工业出版社，2013

21. [英] 斯图尔特·克雷纳著 . 管理百年 . 闾佳译 . 北京：中国人民大学出版社，2013

22. [加] 马歇尔·麦克卢汉著 . 理解媒介：论人的延伸 . 何道宽译 . 南京：译林出版社，2011

23. [加] 罗伯特洛根著 . 理解新媒介：延伸麦克卢汉 . 何道宽译 . 上海：复旦大学出版社，2012

24. [美] 伊丽莎白·哈斯·埃德莎姆著 . 麦肯锡传奇 . 魏清江，方海萍译 . 北京：机械工业出版社，2010

25. [美] 戴维·温伯格著 . 知识的边界 . 胡泳，高美译 . 太原：山西人民出版社，2014

26. [美] 阿伦·拉奥，皮埃罗·斯加鲁菲著 . 硅谷百年史：伟大的科技创新与创业历程（1900—2013）. 闫景立，侯爱华译 . 北京：人民邮电出版社，2014

27. [美] 克莱·舍基著 . 认知盈余 . 胡泳译 . 北京：中国人民大学出版社，2012

28. [古希腊] 柏拉图 . 理想国 . 张竹明译 . 南京：译林出版社，2012

29. [美] 萨尔曼·可汗著 . 翻转课堂的可汗学院：互联时代的教育革命 . 刘婧译 . 北京：中国人民大学出版社，2014

30. [美] 约瑟夫·熊彼特著 . 经济发展理论 . 郭武军，吕阳译 . 北京：华夏出版社，2015

31. [美] 夏洛特·谢尔顿著 . 量子飞跃：改变你工作和生活的 7 种量子技巧 . 刘芊译 . 北京：中国财政经济出版社，2008

32. [英] 戴维斯著 . 上帝与新物理学 . 徐培译 . 长沙：湖南科学技术出版社，2007

33. [美] 彼得·圣吉著. 第五项修炼. 张成林译. 北京：中信出版社，2009

34. [法] 古斯塔夫·勒庞著. 乌合之众：大众心理研究. 冯克利译. 北京：中央编译出版社，2014

35. [英] 罗素著. 西方哲学史. 何兆武等译. 北京：商务印书馆，2003

36. [法] 莫兰著. 迷失的范式：人性研究. 陈一壮译. 北京：北京大学出版社，1999

37. [美] 乔治·索罗斯著. 开放社会：改革全球资本主义. 王宇译. 北京：商务印书馆，2011

38. [美] 埃莉诺·奥斯特罗姆著. 公共事物的治理之道：集体行动制度的演进. 余逊达，陈旭东译. 上海：上海译文出版社，2012

39. [日] 稻盛和夫著. 稻盛和夫：阿米巴经营. 陈忠译. 北京：中国大百科全书出版社，2013

40. [日] 铃木俊隆著. 禅者的初心. 梁永安译. 海口：海南出版社，2012

41. [美] 丹尼尔·平克著. 驱动力. 龚怡屏译. 北京：中国人民大学出版社，2012

42. [美] 菲利普·科特勒，何麻温·卡塔加雅，伊万·塞蒂亚万著. 营销 3.0：从产品到顾客，再到人文精神. 毕崇毅译. 北京：机械工业出版社，2011

43. [美] 艾伯特·拉斯洛·巴拉巴西著. 爆发：大数据时代预见未来的新思维. 马慧译. 北京：中国人民大学出版社，2012

44. [美] 克莱·舍基著. 人人时代. 胡泳，沈满琳译. 北京：中国人民大学出版社，2012

45. [美] 艾·里斯，杰克·特劳特著. 定位. 谢伟山，苑爱冬译. 北京：机械工业出版社，2010

46. [美] 威廉·庞德斯通著. 无价. 闾佳译. 北京：华文出版社，2011

47. [德] 乌尔里希·森德勒著. 工业 4.0：即将来袭的第四次工业革命. 邓敏，李现民译. 北京：机械工业出版社，2014

48. [美] 杰里米·里夫金著. 第三次工业革命：新经济模式如何改变世界. 张体伟，孙豫宁译. 北京：中信出版社，2012

49. [英] 维克托-迈尔·舍恩伯格，肯尼思·库克耶著. 大数据时代：生活、工作与思维的大变革. 盛杨燕，周涛译. 杭州：浙江人民出版社，2013

50. [美]乔姆斯基,[法]福柯著,[荷]方斯·厄尔德斯编.乔姆斯基、福柯论辩录.刘玉红译.桂林：漓江出版社,2012

51. 徐志斌.社交红利.北京：北京联合出版公司,2013

52. 张波.O2O：移动互联网时代的商业革命.北京：机械工业出版社,2013

53. 徐晓萍.微信思维.广州：羊城晚报出版社,2014

54. 胡泳,郝亚洲.张瑞敏思考实录.北京：机械工业出版社,2015

55. 程苓峰.自由人：互联网实现了自由人的自由联合,这是一个天翻地覆的时代.北京：电子工业出版社,2014

56. 方兴东,刘伟.阿里巴巴正传.南京：江苏凤凰文艺出版社,2015

57. 中央电视台大型纪录片《互联网时代》主创团队.互联网时代.北京：北京联合出版公司,2014

58. 吴军.浪潮之巅.北京：人民邮电出版社,2013

59. 胡泳.众声喧哗：网络时代的个人表达与公共讨论.南宁：广西师范大学出版社,2013

60. 汤敏.慕课革命：互联网如何变革教育.北京：中信出版社,2015

61. 腾讯科技频道.跨界：开启互联网与传统行业融合新趋势.北京：机械工业出版社,2014

62. 段永朝.互联网思想十讲：北大讲义.北京：商务印书馆,2014

63. 曹天元.上帝掷骰子吗？量子物理史话.北京：北京联合出版公司,2013

64. 黎万强.参与感：小米口碑营销内部手册.北京：中信出版社,2014

65. 陈威如,余卓轩.平台战略.北京：中信出版社,2013

66. 钱穆.中国历代政治得失.北京：三联书店,2005

67. 许倬云.从历史看管理.南宁：广西师范大学出版社,2011

68. 许倬云.从历史看领导.南宁：广西师范大学出版社,2011

69. 胡世良等.移动互联网——赢在下一个十年的起点.北京：人民邮电出版社,2011

70. 陈光锋.互联网思维：商业颠覆与重构.北京：机械工业出版社,2014

71. 周鸿祎.周鸿祎自述：我的互联网方法论.北京：中信出版社,2014

72. 胡世良.移动互联网商业模式创新与变革.北京：人民邮电出版社,2013

73. 彭志强.商业模式的力量.北京：中信出版社,2013

74. 宋杰，张敏，李清莲，刘晓峰，胡绯绯．移动互联网成功之道：关键要素与商业模式．北京：人民邮电出版社，2013

75. [美] 杰弗里·摩尔著．公司进化论：伟大的企业如何持续创新．陈劲译．北京：机械工业出版社，2007

76. 郭宇宽．开放力：基业长青的经营王道．北京：中国商业出版社，2012

77. 刘锋．互联网进化论．北京：清华大学出版社，2012

78. 徐和平，蔡绍洪．当代美国城市化演变、趋势及其新特点．城市发展研究，2006年第5期

79. 张红岭．鲍德里亚的消费社会理论探要．广西社会科学，2008年第7期

80. 刘涛．移动互联网时代微博引领新媒体之路．世界电信，2011年第8期

81. 刘凤军，雷丙寅，王艳霞．体验经济时代的消费需求及营销战略．中国工业经济，2002年第8期

82. 刘涛．互联网公司的手机梦——信息经济时代竞争规律转变下的一次破坏式创新．互联网天地，2012年第7期

83. 刘涛．将互联网植入生活——Google Glass引领后手机时代的互联网服务．互联网天地，2012年第10期

84. 谢九．互联网金融：革新与毁灭．三联生活周刊，2014年第8期

85. 刘涛．"互联网+"战略指引中国工业制造业走向2025．人民邮电报，2015年4月27日

86. 刘涛．互联网式营销——把产品当人看，把用户当朋友处．人民邮电报，2015年1月12日

87. 刘涛．互联网时代企业竞争力重构的三板斧．人民邮电报，2015年3月12日

88. 阿里巴巴研究院．互联网+研究报告．2015年3月

89. 马化腾．"互联网+"的时代已经到来．腾讯财经频道，2015年3月5日

90. 崔婧．阿里"玩"大数据．中国经济和信息化，2013年第3期

91. 刘涛．信息革命：催生全新的互联网精神．资源再生，2014年第10期

92. 刘涛．别把工业4.0炒成制造业的"互联网思维"．通信世界，2015年第8期

93. 宋超营．最具互联网范儿的孵化器．中国电信业，2014年第4期

《互联网＋红利时代：传统企业互联网转型实战》

透彻剖析互联网＋五大商业模式，深刻解读互联网＋七大案例；

高度凝练企业转型五大关键要素、八大策略以及独家"六步法"
秘籍；

助力推进互联网＋行动计划，积极践行国家战略行动路线图。

定价：49 元

ISBN：978-7-115-40172-4

出版日期：2015 年 9 月

《互联网金融模式与创新》

全面解读阿里巴巴、腾讯、中国平安、苏宁、电信运营商等企业互
联网金融发展现状和未来趋势。

深入剖析互联网金融六大模式——第三方支付、P2P 网贷、电商金融、
众筹模式、直销银行模式和余额宝模式。

定价：59 元

ISBN：978-7-115-37010-5

出版日期：2015 年 1 月

《移动互联网商业模式创新与变革》

移动互联网九大商业模式，即平台模式、免费模式、软硬一体化模式、
专业化模式、O2O 模式、品牌模式、双模模式、核心产品模式和速
度模式。

360、小米、UC、苹果、凡客、Facebook 商业模式大揭密。

定价：55 元

ISBN：978-7-115-31604-2

出版日期：2013 年 6 月